国家“十一五”科技支撑项目“奶牛主要疾病综合防控技术规范研究”
国家奶牛产业技术体系项目“奶牛疾病防控研究”

奶牛常见病综合防治技术

主　编
郑继方　杨志强

副主编
罗超应　李建喜

编著者
李世宏　王东升　罗永江
巩忠福　辛蕊华　王学智

金盾出版社

内 容 提 要

本书由中国农业科学院兰州畜牧与兽药研究所郑继方、杨志强研究员主编。内容包括：奶牛养殖基础知识，奶牛常见普通病、营养代谢病、中毒病和传染病的综合防治技术等，涉及奶牛临床各科，荟萃奶牛常见病48种。文字通俗易懂，内容科学全面，技术可操作性强，可供广大兽医技术人员以及奶牛养殖场(户)、兽药厂、饲料厂的技术人员阅读使用，亦可供农业院校相关专业师生、畜牧兽医科研和管理工作者参考。

图书在版编目(CIP)数据

奶牛常见病综合防治技术/郑继方，杨志强主编. -- 北京：金盾出版社，2010.3

ISBN 978-7-5082-6219-2

Ⅰ.①奶… Ⅱ.①郑…②杨… Ⅲ.①乳牛—牛病：常见病—防治 Ⅳ.①S858.23

中国版本图书馆CIP数据核字(2010)第033294号

金盾出版社出版、总发行

北京太平路5号(地铁万寿路站往南)

邮政编码：100036 电话：68214039 83219215

传真：68276683 网址：www.jdcbs.cn

封面印刷：北京印刷一厂

正文印刷：北京军迪印刷有限责任公司

装订：海波装订厂

各地新华书店经销

开本：850×1168 1/32 印张：8 字数：201千字

2011年8月第1版第2次印刷

印数：8 001～14 000册 定价：16.00元

前　言

在现代集约化养殖条件下,奶牛疾病的发生已由单一的诱因向多因素演变,其发病规律已经远远超越了疾病本身而涉及养殖环境、草料应用、生产技术、饲养管理、卫生防疫和兽药使用等诸多环节,因而决定了奶牛疾病综合防治是一项非常复杂的系统工程,其中既有理念与意识因素,又有技术与物化条件,是自然与社会多学科的融合。

养殖环境是奶牛得以生存的最基本条件之一,适宜的养殖环境,既可保持奶牛机体健康、预防疾病发生,又可提高其生产性能和降低生产成本;饲草、饲料是奶牛赖以生存的重要物质基础,卫生洁净、营养丰富和配比科学合理的饲草、饲料,不仅是提升奶牛生产性能的基础,而且也是预防各种疾病发生的保障;生产技术是奶牛养殖过程中成本与效益的智慧博弈,用适度的生产性能取得合理的养殖效益,不仅可以减少疾病、延长奶牛使用寿命,而且还可起到节本增效的作用,体现了资源持续利用和产业持续发展的科学发展观;饲养管理是奶牛养殖过程中极为重要的环节之一,基于奶牛自身需求,将已有的物质资源与现有的养殖技术进行有序和高效的配比,既可高效利用资源,又可防止因饥饱不均、饲喂管理不善而继发的各种疾病,反映了疾病防治寓于细微之处的理念;卫生防疫是防范奶牛一切病症、保障无病养殖的重要技术手段,切实可行的卫生消毒措施和行之有效的防疫制度,是奶牛疾病综合防治的技术支撑,突显了防重于治的前沿战略思维;兽药使用既是奶牛疾病防治不可或缺的有力武器,又是污染乳汁的重要元素,对奶牛养殖过程中的兽药使用进行严格的休药和弃奶时限规范,旨在征服奶牛疾病的同时确保其乳汁不受污染,从而强化了乳品质量卫生安全意识。

由此可见，从养殖环境到草料应用，从生产技术到饲养管理，从卫生防疫到兽药使用，从国家相关行政法规到行业部颁技术标准，从经典的检测方法到公认的流行技术，多角度地架构奶牛疾病防治技术参数，全方位地构建奶牛疾病综合防治技术体系，同时将已有的物质资源与时鲜技术进行有序契合、高效利用、合理配比和科学使用，使之更加适应于不同生产模式下的奶牛常见病的综合防治，最大限度地发挥其行之有规、为之有范的效应。在国家“十一五”科技支撑项目“奶牛主要疾病综合防控技术规范研究”和国家奶牛产业技术体系项目“奶牛疾病防控研究”的平台上，我们编写了《奶牛常见病综合防治技术》一书，全书共分5章，从奶牛养殖基础知识，到奶牛普通病、营养代谢病、中毒病和传染病的防治，荟萃奶牛主要疾病48种，涉及奶牛临床各科。本书立足全面，突出简练实用的特点，彰显通俗易懂的风格，可供广大临床兽医技术人员和奶牛养殖场（户）、兽药厂、饲料厂技术人员阅读使用，亦可供农业院校相关专业师生、畜牧兽医科研和管理工作者参考。

由于我国幅员广大、地域辽阔，在奶牛养殖方式、方法上具有浓郁的地方特色，加之时间仓促、笔者水平有限，书中错误、遗漏之处在所难免，敬请广大读者批评指正。

编著者

目　录

第一章　奶牛养殖基础知识

奶牛养殖，既是我国农民增收的优势产业，又是农业结构调整的一项战略性措施。发展奶牛业不仅改善了人民食品的消费结构，而且还提高了人民的健康水平。为了使我国奶牛业更好地向优质高效、环保健康的方向跨越式发展，各养殖场（户）应依据国家有关动物防疫的相关政策法规，借鉴各地奶牛养殖经验，结合奶牛常见病综合防治实际，立足奶业产品安全，着力优化养殖环境，促进奶牛养殖与生态环境协调发展。

第一节　养殖环境

奶牛养殖是一项复杂的系统工程，有其自身的规律性。根据规模化、集约化饲养的特点，兼顾奶牛疾病综合防治技术措施的实施，其养殖场的选址应本着经济实用与节能环保相结合，高效生产与生态建设相结合，当前生产与持续发展相结合，统一规划管理与分户集约养殖生产模式相结合的原则，充分利用现代技术设备、优越的基础条件，发挥辐射、示范和带动功能的作用，以此提升我国奶牛养殖水平，促进我国奶牛养殖业的跨越式发展。

一、养殖环境要求

（一）养殖场选址要求　总的要求是地势高而平坦、背风向阳、渗湿干燥、透气性强、吸湿性低和保温性高的沙质土壤，同时要求排水良好，地下水位在 3 米以下，环境幽静，交通便捷，远离“三废”污染，防疫屏障较佳和从未发生过任何疫病，且地处城镇及居民生活区的下风向。严禁在低洼潮湿、排水不良和人口密集的地方建立奶牛养殖场。

(二)圈舍建筑要求 牛舍建筑应符合卫生标准,坚固耐用,冬暖夏凉,宽敞明亮,地面和墙壁应选用适宜材料,以便于进行彻底清洗消毒。舍内应具备良好的清粪排尿系统,舍外应设粪尿沟,直通化粪池,有条件者可利用奶牛粪尿生产沼气。牛舍内的温度、湿度、气流和光照应满足奶牛不同饲养阶段的需求,舍内空气质量优良。

(三)牛舍运动场要求 在牛舍外的向阳面设立运动场,并和牛舍相通,每头牛占用面积 20 米^2 左右。运动场地面平坦,为沙土地,有一定坡度,四周建有排水沟。运动场内设遮阳棚、饮水槽、补喂饲草及矿物质的补饲槽,四周围栏坚实、美观。牛舍和运动场周围设绿化带,有计划地栽树、种花、种草,美化环境,改善奶牛养殖场的小气候。

(四)交通与防疫要求 要符合国家动物防疫条例规定,同时要求拥有《动物防疫合格证》。在保障运送物化产品道路通畅便捷的基础上,应距公路和铁路等交通主干线及其他畜禽养殖区 600 米以上,距城镇居民区、学校、医院等人群集聚的公共场所 1 000 米以上,距水源保护区、风景旅游区、屠宰场、畜产品加工厂、垃圾和污水处理场所 2 500 米以上。

(五)水电供应要求 要求水源丰裕,洁净卫生,取用方便,水质应达到无公害食品畜禽饮用水标准。电力供应除依靠当地电力公司电网供应外,有条件的地方还应自备发电机组,确保 24 小时供电充分,不间断供电。

(六)饲草基地要求 饲草是奶牛养殖必不可少的物化因素之一,因而奶牛养殖应置于耕地面积宽广的农牧生产区,必须具有发展牧草种植的土地空间,每头奶牛至少应配备 1 000～1 200 米^2 的饲草生产基地,以满足奶牛饲喂需要。

二、养殖环境布局

奶牛养殖环境的规划，应本着节约土地资源，便于生产和管理的原则，总体协调、布局科学合理。可设生活管理区、奶牛生产区、隔离区、废弃物无害化处理区等。牛舍及周围建筑应按照布局规划就地取材，因地制宜，以坚固结实与经济实用相结合为原则。

（一）生活管理区　建筑设施相对集中，通常位于养殖场区上风向。一般设有办公室、技术服务室、微机管理室、与生产区相通的更衣消毒室等。

（二）奶牛生产区　应位于生活管理区与废弃物无害化处理区之间，以产奶牛舍为中心，分设值班室、人工授精室、挤奶厅、其他牛舍、运动场、草料加工预制间和青贮窖等。建筑排序方式为挤奶厅－成母牛舍－其他牛舍－人工授精室－草料加工预制间－草料贮备场－青贮窖。

（三）隔离区和废弃物无害化处理区　应位于养殖场区下风向，与奶牛生产区间隔100～150米。可设兽医室、病牛观察室、化粪池、粪便堆积与废弃物无害化处理区等。

（四）道路铺设　为了使人员和草料运送采取单一流向，应将奶牛养殖场的净道和污道严格分开。污道主要用于粪便等废弃物的出场，净道和污道不得交叉混用。

（五）隔离与绿化　奶牛养殖场的内环境，应采用围墙或防疫沟与外界环境隔离，通常在场区周围建立5～10米宽的由草或树组成的绿化隔离带。

三、养殖设施技术参数

（一）圈舍檐墙高　牛舍的建筑高度，应根据当地实际情况和养殖习性而因地制宜，通常牛舍檐墙高度在2.8～3.4米。

（二）圈舍大门　奶牛圈舍大门应开于山墙，正对牛舍中央走道，以便于生产饲喂和易于机械化作业管理。通常门宽 2.3 米，高 2.5 米。在需养殖 30～50 奶牛头的圈舍或长 30 米以下的圈舍，檐墙只开 1 道门；在需养殖 80～100 头奶牛的圈舍或长 50～60 米的圈舍，檐墙可开 2 道门。门一律不设门槛和台阶，舍内地面通常高出外部 10～15 厘米，全部采用悬挂式推拉门。

（三）圈舍窗户　窗户通常在牛舍的南北墙上对开，旨在使空气对流，有利于通风换气和防暑降温。窗户面积在南方炎热地区略大，在北方寒冷地区略小，窗台高度在 1.4～1.6 米为宜。

（四）圈舍地面　圈舍地面的总体要求是不硬不滑，坚固耐用而富有弹性，防潮而不漏水，保温而又隔热，不仅要排水方便，而且还要能抵抗奶牛粪尿和人工消毒药液的腐蚀。

（五）犊牛栏舍　奶牛养殖场的犊牛通常采用单栏培育，根据当地地形、地貌和资金建筑条件，可分别选建固定式单栏舍或移动式单栏舍，每头犊牛栏舍占地面积通常控制在 5 米^2 为宜。基于犊牛生长习性和饲养管理特点，犊牛栏舍大多采用坐北朝南的前开放式箱形结构，前部为独立活动场，后部为箱形犊牛舍。通常活动式箱形犊牛舍可选用彩钢板或装潢板制作，前高 1.1～1.3 米，后高 1～1.1 米，长 2.3～2.5 米，门宽 1.1～1.3 米。固定式单栏犊牛舍可采用直径 7～9 毫米的钢筋制作椭圆形围栏，以供犊牛露天活动。为便于清除粪便、卫生消毒和疾病的综合防控，其前栏可设成长 1.7～1.9 米、宽 1.1～1.3 米、高 1～1.1 米。

（六）育成牛圈舍　一般育成牛圈舍以双列式牛舍为主体，跨度以 10 米为宜。每头按占用建筑面积 6～8 米^2 计算，长度以建筑地点的地形、地貌特征和饲喂数量多少而定。通常牛床长1.4～1.8 米，宽 0.7～1.1 米，坡度为1.1％～1.6％，其颈夹、饲槽、通道和粪尿沟与成年母牛舍的样式相同。

（七）成年母牛舍　为了便于饲养和管理，成年母牛圈舍一般多采用双列式对头饲养模式。每头成年母牛占用的建筑面积按

7～11 米^2 设计，牛舍跨度通常为 10～13 米，长度可根据建筑地形和养殖数量而定。通常牛床长 1.5～1.9 米，宽 1～1.3 米，坡度为 1.1%～1.6%，中央通道 2.8～3.6 米、拱度 1.1%，建设槽底宽度为 0.6 米的就地式饲槽，颈夹采用高 1.4～1.8 米、宽 11～19 厘米的自动或半自动推拉式锁定系统，粪尿沟宽 25～45 厘米，深 6～9 厘米，沟底坡度 4%～7%，其沟沿呈斜形。

(八)运动场与围栏 运动场是奶牛养殖生产过程中必不可少的场所，因而是牛舍的重要组成部分，通常位于牛舍的南侧。每头牛所占用的运动场面积有所不同，通常成年母牛按 18～22 米^2、育成牛和青年牛按 14～16 米^2、犊牛按 9～11 米^2 计算。为防止腐蹄病的发生，运动场铺砖硬化和沙质土地应各占一半，并有 1.1%～1.4%的坡度，近舍侧高、远舍侧低、中高边低，周边铺设排水沟。其外围可用钢筋或木条制作围栏，栏高 1.4～1.6 米，栏柱间距 2.4～2.6 米，围栏门宽 2.4～3 米。

(九)挤奶厅 挤奶厅是奶牛养殖场的生产中心，也是防控奶牛乳房疾病的重要场所，要求与泌乳牛舍之间距离较短，一边应接成年母牛舍，一端应与出场道路相连。主要由以下几部分构成。

1. 候挤室 是一个长方形通道，每头牛占 1.3～1.4 米^2，主要用于接纳等待挤奶的牛只。

2. 准备室 在入口处是一段只能允许 1 头牛通过的窄道，设有与挤奶台位数相同的牛栏，其内设有喷头，主要用于清洗挤奶牛的乳房。

3. 挤奶台 专门用于给奶牛挤奶，可安装中置式、鱼骨式、菱形或斜列式等挤奶设备。

4. 挤奶滞留室 在挤奶厅的出口处设立滞留栏，其作用是把需要干奶或治疗的牛只暂时赶入，以便接受相应的处理。

5. 乳品处理室 其作用是放置降温贮藏罐等乳品处理设备，用于牛奶的预处理。

(十)青贮窖 青贮饲料是奶牛养殖场的主要饲料来源,而青贮窖是制作青贮饲料的主要设施,是奶牛养殖场不可缺少的组成部分。所建青贮窖的墙体须牢固,排水要方便。窖形要求上大下小呈倒梯形,根据地下水位的高低设计为地下窖或半地下窖。

1. 位置 所建青贮窖的位置应以加工和取用方便为原则,通常应接近成年奶牛舍,亦可建于场区以外而自成体系。

2. 容积 通常以每头牛年消耗青贮饲料 8 000 千克计算,每立方米建筑容积以 600～700 千克计算,根据饲喂的群体规模确定本养殖场需建青贮窖的容积。

(十一)化粪池、粪便及废弃物无害化处理场 粪便处理场及废弃物无害化处理场应远离生产区,其周围不仅应有相应的排水沟,而且还要有防止粪液渗漏、溢流和蚊蝇孳生的设备和措施,以免污染周围环境。粪便应经无害化处理之后再加以利用。

1. 位置 化粪池、粪便及废弃物无害化处理场的选址位置,应与奶牛圈舍保持 250～400 米的距离,通常处于养殖场区的下风向。

2. 容积 按每头成年母牛日平均排出粪尿和冲污水量 80～130 升、育成牛 60～70 升、犊牛 35～55 升计算,根据所养奶牛的规模,从而确定所建化粪池的容积。

(十二)沼气设施 在有条件的地方,奶牛养殖场应将化粪池、粪便以及废弃物无害化处理场与沼气生产设施有机结合起来,将奶牛养殖过程中产生的粪便、废弃物等有害污物通过沼气发酵,进行无害化处理。既可为奶牛养殖场增加热力资源,又可产生出优质的有机肥料,同时又净化了环境,起到了节本增效的作用。符合可持续发展的科学观,促进了高效养殖与环境生态的和谐发展。

四、养殖附属设施要求

(一)圈外凉棚 通常采取东西走向、建于运动场中央、四面敞开的棚舍结构，建筑面积按每头牛 3～6 米^2 计算，一般以 3～4 米高为宜。

(二)兽医治疗室　通常应建于养殖场区的下风向，其地面和墙壁应平整牢固，以利于清洗消毒。主要包括疾病诊疗处理室、中西兽药房、生化检验室、病畜隔离室等。

(三)人工授精室　可在生产区或管理区的适当位置选址建设。通常包括精液贮存室与输精操作室，同时还应配备保定、人工授精和消毒等设备。

(四)消毒设施　一般在生活管理区与生产区之间、养殖场区的出入口建立消毒池或消毒通道。出入口消毒池多采用钢筋水泥浇筑，通常以长 4～5 米、宽 2.5～3.5 米、深 0.15～0.25 米为宜，主要用于养殖场工作人员、出入场区人员及车辆的消毒。供人员消毒的通道，一般以长 2～3 米、宽 1～2 米、深 0.04～0.06 米为宜，同时除在侧壁和顶部安装紫外线消毒设施外，还应具有洗手消毒设施。

(五)其他环境设施　除了以上附属设施以外，有条件的地方还应设有门卫值班室、饲料加工间、锅炉房、配电室、水塔等。

第二节　饲草和饲料

在奶牛养殖过程中，饲草和饲料既是维护奶牛自身健康和形成生产性能的基本元素，又是疾病综合防控非常重要的物化条件之一。奶牛饲料的优劣，直接关系到奶牛的生产性能，影响着养殖的经济效益。饲草、饲料的污染或霉腐变质不仅危害奶牛健康，同时还影响乳产品质量。优质合格的饲草、饲料与科学合理的饲料日粮配比，既是奶牛养殖的核心环节之一，又是疾病综合防控技术的有力技术支撑。为了更好地降低养殖成本，获得更大的养殖效益，在奶牛的饲喂过程中，要严格执行国家无公害食品奶牛饲养饲料使用准则，只有这样我们才能御病于牛体之外，把住病从口入关，为奶牛疾病综合防控奠定坚实基础。

一、粗饲料

粗饲料是奶牛日粮干物质的主要组成部分，主要包括作物秸秆和优质干草两部分。在奶牛养殖生产过程中如若粗饲料不足，则奶牛的新陈代谢低下，产奶能力下降。

（一）青干草 青干草质地软柔，颜色青绿，具有气味芳香、适口性好的特点，是奶牛的当家饲料之一，日饲喂量可达奶牛体重的2%。如果搭配适量精饲料，奶牛的产奶量可大幅度提高。青干草主要包括豆科的苜蓿与三叶草，禾本科的雀麦、鸡脚草、黑麦草等。

（二）青贮饲料 青贮饲料是以新鲜的全株玉米、青绿饲料、牧草、野草及收获后的玉米秸秆和各种藤蔓等为原料，切碎后将其装入青贮窖内，经乳酸菌发酵而成，是奶牛养殖生产中的主要饲料，通常可作为日粮的一部分常年均衡供应。

1. 苜蓿与黑麦草 采用苜蓿与黑麦草青贮时，其蛋白质、矿物质含量虽高，但水分大，青贮时损失多，在饲喂奶牛时其采食量通常没有干草多。

2. 玉米 在青贮饲料中，青贮玉米是饲料中能量的良好来源，但由于青贮玉米的蛋白质、矿物质含量只占干物质的7%左右，所以在给奶牛饲喂青贮玉米的同时，往往需要补充蛋白质和各种矿物质。

3. 燕麦与大麦 采用燕麦和大麦等作物制作青贮饲料时，可获得较高的粗蛋白质，但能量含量和适口性均不如青贮玉米。

（三）青绿饲料 青绿饲料是奶牛养殖生产过程中价廉物美、时令鲜活的饲料。青绿饲料主要包括天然青草、人工栽培牧草和绿色饲料作物。青绿饲料中的蛋白质营养价值较高，富含维生素和钙、磷，尤其是幼嫩的豆科植物茎叶，营养丰富，适口性好，容易消化，是奶牛的理想饲料。由于青绿饲料含水分较多，能量价值较低，对高产奶牛应限量饲喂。豆科青草过量饲喂，易引起瘤胃臌胀，也应限量饲喂。在机场、交通干线和工厂附近生长的野青草，往往受到各种污染，用其饲喂奶牛时应防止发生中毒事件。

（四）农作物副产品　农作物副产品是农作物收获后所遗留下来的废弃之物，主要包括稻草、麦秸、玉米秸、豆秸、甘蔗尾梢和花生壳等。在奶牛养殖生产中尤以玉米秸和稻草应用最多，由于稻草与玉米秸的木质素和粗纤维含量高，蛋白质和维生素含量低，致使其消化率低，所以应限量饲喂。

（五）根茎瓜果类　根茎瓜果类饲料主要包括甘薯、胡萝卜、马铃薯、南瓜和甜菜等，其适口性好，容易消化。在冬天缺乏青绿饲料的季节里，胡萝卜就成为奶牛不可缺少的维生素补充饲料。若成年奶牛每头日喂 10 千克，对提高奶牛生产性能效佳。饲用甜菜对提高产奶量虽然极为有效，但牛奶乳脂率会有所下降。由于南瓜含胡萝卜素丰富，长期饲喂会使乳汁变为黄色。

二、精 饲 料

（一）谷实类　奶牛的谷实类饲料主要包括玉米、高粱、大麦和燕麦等，其淀粉含量高，粗蛋白质含量低，磷多钙少，缺少维生素 A 和维生素 D，所以饲喂这类饲料时应补充钙质。谷实类通过加工后，可提高其消化率，但磨碎过细的谷物，反而会影响消化率和乳脂率，而且还能导致瘤胃酸中毒。

1. 玉米　玉米的能量水平大于其他任何一种谷实类饲料，淀粉含量较多，粗蛋白质含量较少，粗纤维含量很低，故极易消化。但玉米应与含蛋白质、矿物质和维生素丰富的饲料进行合理搭配，否则营养难以平衡，牛体也易肥胖，从而影响产奶量。

2. 大麦　大麦是常用的一种奶牛饲料，其蛋白质与粗纤维含量较高，能量低于玉米。如果要给奶牛长期大量饲喂本品，必须慢慢增加喂量,以使奶牛逐渐适应。

3. 燕麦 燕麦是奶牛很好的饲料,其所含能量较玉米低,但粗蛋白质与粗纤维含量高。将本品适当粉碎后再喂,既可提高谷物纤维含量和疏松性,又可维持瘤胃的正常功能。

4. 高粱 高粱所含蛋白质稍高于玉米,但含有苦涩的单宁成分,影响了适口性,因而不能饲喂过多,如若过量饲喂常常引起奶牛便秘。

(二)饼粕类

1. 大豆粕 大豆粕是奶牛重要的植物性蛋白质饲料,其钙、磷含量多,品质好,因而又常常是高产奶牛最常用的一种蛋白质补充饲料。生大豆含有脲酶,不宜与尿素一起饲喂。每头奶牛整粒生大豆的日喂最大量为 2 千克,而且饲喂时也应让奶牛逐渐适应,以避免发生腹泻和食欲下降。

2. 菜籽饼 其蛋白质含量因品种和加工方法不同而有差异,粗纤维含量较多,赖氨酸、蛋氨酸含量较少。由于菜籽饼中所含的棉酚可与蛋白质结合,故对蛋白质和碳水化合物的消化吸收有一定影响。菜籽饼味道辛辣,适口性差,且含有硫氰酸毒素,可引起奶牛中毒,故每头日喂量不得超过 1.5 千克,犊牛和妊娠母牛最好不喂。

3. 棉籽饼 棉籽饼脂肪含量较高,蛋白质含量比大豆粕略低,低廉的价格使其常常成为奶牛的蛋白质补充饲料。但整粒棉籽每头日喂量最大限额为 3 千克,尤其是妊娠母牛应尽量少喂。喂量过多,既增加乳中黄油的硬度,又会引起奶牛便秘。在饲喂前应用清水或热水浸泡可除去一部分毒素。

4. 花生饼 花生饼是优良的饼类饲料,与豆饼营养相似,其适口性好,有通便作用。花生饼与豆饼或其他饼类混喂效果良好,但饲喂量过多能使胴体中软脂肪酸的含量增高,还可引起奶牛腹泻。同时,花生饼不易贮存,易受潮变质产生黄曲霉,引发奶牛中毒，且在牛奶中残留，所以用新鲜花生饼饲喂最好。

（三）糠麸和渣糟类

1. 麦麸　麦麸中蛋白质和纤维素含量均比谷实类饲料多，且淀粉含量少，磷和B族维生素含量较多，但钙含量少，所以在饲喂麦麸时，尤其要注意补钙。由于麦麸具有轻泻作用，经常给产后母牛喂以麦麸粥，可以调节其消化功能而有助于提升产奶量，但用量不宜过大。

2. 米糠　米糠中含有较多的能量和蛋白质，含B族维生素也较丰富，但含粗纤维较少。新鲜米糠适口性好，尤其是犊牛喜食，但米糠若存贮过久可使脂肪变质，容易引发犊牛腹泻。

3. 啤酒糟　啤酒糟是酿制啤酒的副产品，内含大量粗纤维，有效能值低，适口性差，成年奶牛每天饲喂鲜啤酒糟不要超过15千克，且要适当搭配其他饲料一同饲喂。如若饲喂过多将会影响奶牛食欲，从而降低产奶量。

4. 甜菜渣　甜菜渣能量含量高，蛋白质含量低，缺乏维生素，但适口性好，消化率高，可增加奶牛饲料中纤维素的含量，从而增进奶牛食欲，每头奶牛日喂量应控制在10千克左右，切勿过量，更不要饲喂霉败变质之品，以免引发奶牛腹泻。

5. 玉米淀粉渣　玉米淀粉渣内含蛋白质较多，含淀粉和粗纤维较少，缺乏维生素和钙。对提高泌乳牛产奶量效果较好，每头日喂量在15千克以内。玉米淀粉渣容易腐败，所以应与精饲料、青绿饲料、粗饲料混合新鲜饲喂最好。

6. 豆渣　豆渣适口性好、消化率高，内含丰富的粗蛋白质、赖氨酸和粗脂肪，但缺乏维生素。通常每头日喂量不要超过3千克，并且与青绿饲料搭配饲喂效果最佳。由于其含水量高，容易酸败，因此饲喂时应注意其新鲜程度。

三、添加剂饲料

添加剂饲料即添加剂预混料，在配合饲料中虽然添加剂量极微，但对于促进奶牛健康、改善饲料品质、提高饲料利用率和经济效益都有十分明显的作用。主要包括矿物质添加剂、维生素添加剂、纤维素添加剂、氨基酸与非蛋白氮添加剂和缓冲剂等，在此主要介绍一下矿物质添加剂和维生素添加剂。

（一）矿物质添加剂　矿物质主要是指钙、磷、钠等元素类物质，它们在奶牛的生长发育、新陈代谢和生产中都具有十分重要的作用。

1. 常量元素添加剂

（1）钙　钙是奶牛生长与生产过程中最为重要的常量元素之一，常用的钙制剂为碳酸钙，它是奶牛补充钙质最廉价易得的物质。奶牛若缺乏钙质，不仅产奶下降，而且还会继发一系列的病症。因此，在饲料中添加钙，既可提高奶牛的生产性能，又能预防因缺钙所引发的病症。通常按混合料的2.5％添加，其效果最佳。

（2）磷　磷也是奶牛机体中至关重要而不可或缺的常量元素，补充磷通常采用磷酸钙、磷酸氢钙和过磷酸钙。在奶牛养殖的生产实践中，磷缺乏或饲料中磷与钙的比例失调，往往会继发骨营养不良性代谢病。

（3）钠　钠是奶牛机体中又一个非常重要的常量元素，由于植物性饲料含钠数量有限，钠在奶牛体内储备又较少，奶牛在生产牛奶过程中往往随奶排出大量的钠元素，因此日粮中应补充钠。通常可在运动场内设置盐槽，其内放食盐舔砖，供牛自由舔食即可达到补饲效果。

2. 微量元素添加剂　微量元素是奶牛机体中的重要物质成分，它的盈缺对奶牛的生长发育、新陈代谢和生产性能都具有十分重要的影响。由于牛体中的微量元素均源于外源性饲料日粮，所以在舍饲的全价平衡日粮中常常需要根据饲料日粮微量元素的多少而补加铜、铁、锰、锌、钴、碘和硒等的微量元素添加剂。为了充分发挥入体微量元素的生理效应，达到合理添加，避免盲目使用的目的，添加时应注意以下两点。

一是动物所需微量元素主要源于外源性植物饲料，植物饲料中微量元素的含量又常受地球区域物化因素的影响。饲料生长地土壤和水中微量元素的盈缺，决定了饲料中微量元素的含量。因此，对本地区土壤、植被、饮水等的微量元素含量进行测定，是我们添加微量元素的基础。

二是机体对微量元素所需阈值本身就是微量，加之受机体综合调控机制的影响，健康状况下机体内各种微量元素的含量处于相对平衡之中。所以，补充时应考虑各种微量元素之间的相互作用关系，防止此种元素增多而引起彼种元素相对缺乏。本着缺什么就补什么的原则，切记不可妄自多加。

(二)维生素添加剂　维生素是奶牛维持正常生命活动所必需的一类特殊的有机营养物质，多数维生素又是某些酶的辅基组成部分，在物质分解代谢过程中起着重要的催化作用。在奶牛饲料中，缺乏任何一种维生素都会引起特定的营养性疾病。由于奶牛瘤胃中的微生物群能合成B族维生素和维生素K，因此这些维生素不必从日粮中专门供给，但应特别注意奶牛维生素A、维生素D、维生素E的缺乏病症。

另外，在奶牛阈值生产过程中，高产奶牛的日粮都处于高能量和高蛋白质水平。由于精饲料的比例增大，饲料浓度就相应增高，伴随而来的是奶牛消化功能紊乱、皱胃移位、瘤胃酸中毒和酮病的发生。为了缓解精饲料过多对瘤胃内环境的影响，常常在奶牛日粮中补加碳酸氢钠或氧化镁等缓冲物质来防止机体酸中毒、热性病和酮病等。

第三节　生产技术

在奶牛养殖过程中，奶牛的生产技术是一项非常复杂的系统工程。尤其是奶牛的草料饲喂标准及其配比，既是奶牛主要疾病综合防控技术规范的一个极为重要的核心内容，又是科学养殖、增加饲料利用率、提升奶牛养殖效益的基本技术依据。合理科学的日粮配比，不仅是将有限的物化资源与已有的科学技术有机融合，而且也是使之有序搭配和高效利用，借以满足奶牛生长和生产之需，达到高效养殖之目的。奶牛尤其是泌乳牛，只有按照其自身习性的草料类型与既定的饲养标准进行饲养，才能获得相应的养殖效益。否则不仅会扰乱奶牛的正常生理功能，影响营养物质的转化和利用，而且还可导致营养代谢失调，产生各种营养代谢性疾病，降低经济效益。因此，配合日粮时要因地制宜，充分利用当地的草料资源，尽量选用既满足营养需要，又价格低廉的饲料原料，以降低成本，提高生产经营效益。

一、生产奶牛的生产技术

（一）生产奶牛的日粮配比原则　根据奶牛的生产性能和泌乳状态，首先将牛群划分为高产、中产、低产和干奶牛群，再有针对性地分别配制日粮。饲喂时，可根据每头牛的产奶量和实际健康状况适当调整饲喂量。

在生产奶牛日粮配合过程中，必须以牛的营养需要为基础，充分满足不同生理阶段和不同生产水平对各种营养的需求。配合日粮的原材料种类应尽可能多样化，以提高日粮营养的全价性和饲料利用率。

奶牛日粮粗纤维含量要占日粮干物质的14%～25%，以维持正常消化及新陈代谢过程。精饲料是奶牛日粮中不可缺少的营养物质，其饲喂量应视奶牛产奶量而定，一般除维持需要外，每产3千克牛奶可饲喂1千克精饲料。

为了使奶牛有足够的采食量和维持正常的消化功能，必须要保证日粮有足够的容积和干物质含量。日产奶量在20～30千克的产奶牛，日采食日粮干物质应为其体重的3.2%～3.7%；日产奶量在15～20千克的产奶牛，日采食日粮干物质应为其体重的2.7%～3.4%；日产奶量在10～15千克的产奶牛，日采食日粮干物质应为其体重的2.4%～2.9%。在奶牛日常饲喂中，常见饲料原料的最大用量谷实类为75%，米糠、糟渣类、麦麸、饼粕类为25%，糖蜜为8%，尿素为1%～1.5%。

(二)生产奶牛的饲养标准　饲料原料的营养成分除采用实测值外，还可查阅由中国农业科学院畜牧研究所编写的《中国饲料成分及营养价值表》。奶牛的营养需要，由于品种不同而有差异。本书中仅以中国荷斯坦牛饲养标准为例予以说明，通常分为维持需要和生产需要两部分。

1. 营养需要

(1)维持需要　见表1-1。

表1-1　中国荷斯坦牛的维持需要

体重(千克)	日粮干物质(千克)	奶牛能量单位(NND)	粗蛋白质(克)	钙(克)	磷(克)
450	7.27	13.28	541.2	32.4	24
500	7.87	14.36	585.6	36	26.4
550	8.45	15.46	628.8	39.6	30
600	9.02	16.48	670.8	43.2	32.4
650	9.58	17.51	712.8	46.8	36

注：此为头胎牛的需要量，二胎牛减少10%，三胎牛及以后牛减少20%。夏季高温时维持消耗增加，25℃时增加10%，30℃时增加22%，32℃时增加29%，35℃时增加34%

(2)生产需要　见表1-2。

表1-2　中国荷斯坦牛的生产需要

乳脂率(%)	日粮干物质(千克)	粗蛋白质(克)	奶牛能量单位(NND)	钙(克)	磷(克)
2.5	0.31～0.35	76	0.8	3.6	2.4
3	0.34～0.38	85	0.87	3.9	2.6
3.5	0.37～0.41	90	0.93	4.2	2.8
4	0.4～0.45	95	1	4.5	3
4.5	0.43～0.49	100	1.06	4.8	3.2

注:此为日产奶30千克以上的需要量,日产奶不足30千克者,在此基础上减少4%的蛋白质供给量;日产奶不足25千克者,在此基础上减少12%的蛋白质供给量

2. 日粮配方参考　见表1-3至表1-6。

表1-3　中国荷斯坦牛日粮配方

饲料原料	占日粮(%)	日喂量(千克)	占精饲料(%)
植物蛋白粉	2.8	1	9.7
豆　饼	14.5	1.6	15.5
麦　麸	7.1	2.5	24.3
玉　米	13.5	4.8	46.6
苜蓿干草	5.6	2	—
谷　草	5.6	2	—
青贮饲料	50.8	18	—
胡萝卜	8.5	3	—
磷酸钙	0.57	0.2	1.9
食　盐	0.28	0.1	1

表 1-4　体重 600 千克、日产奶 20 千克奶牛日粮配方

饲料原料	占日粮(%)	日喂量(千克)	占精饲料(%)
玉　米	11.98	4	47.62
麦　麸	4.79	1.6	19.05
棉籽饼(或麻饼)	2.99	1	11.9
豆饼、胡麻粕	4.19	1.4	16.67
苜蓿干草	11.98	4	—
青贮饲料	53.89	18	—
胡萝卜	8.98	3	—
磷酸氢钙	0.6	0.2	2.38
食　盐	0.3	0.1	1.19

表 1-5　体重 600 千克、日产奶 15 千克奶牛日粮配方

饲料原料	占日粮(%)	日喂量(千克)	占精饲料(%)
玉　米	13.6	4.4	52.69
麦　麸	4.9	1.6	19.16
棉籽饼(或麻饼)	3.09	1	11.98
豆饼、菜籽粕	3.09	1	11.98
青贮饲料	49.46	16	—
谷　草	15.5	5	—
胡萝卜	9.3	3	—
磷酸钙	0.45	0.15	1.8
食　盐	0.3	0.1	1.2

表 1-6 干奶牛、育成牛日粮配方

饲料原料	占日粮(%)	日喂量(千克)	占精饲料(%)
玉　米	9.48	3	53.1
麦　麸	3.16	1	17.7
麻　饼	3.16	1	17.7
豆饼、菜籽粕	1.58	0.5	8.85
苜蓿干草	15.8	5	—
青贮饲料	56.87	18	—
胡萝卜	9.48	3	—
磷酸钙	0.16	0.05	0.88
食　盐	0.16	0.05	0.88

3. 日粮的容积和营养浓度　生产奶牛日粮容积的大小常影响牛只的采食量，特别是质量差、难消化的青粗饲料由于容积大，排出较慢，必然影响牛体的采食。优质青粗饲料可满足奶牛营养需要的 70%，尤其是泌乳奶牛需要的营养较多，必须用精饲料来补充。

在生产奶牛饲料中，当精饲料占到日粮的 50%以上，或日粮消化率达到 65%～68%或以上时，影响奶牛采食量的因素就转为日粮的浓度，所以要想多采食和多产奶并不能通过多饲喂精饲料来实现。因为精饲料比例过高，导致奶牛体内乙酸下降，丙酸增加，这一变化虽有助于体脂的形成和囤积，但不利于牛奶的合成，因而在奶牛的饲养上，优质青粗饲料的供给就显得特别重要。

在给生产奶牛配比日粮时，要提高泌乳奶牛对各种饲料的采食量，就必须适当缩短食糜在消化道中的停留时间。麦麸是常用的轻泻性饲料，它可在奶牛日粮中占到精饲料量的 25%～40%。在所喂草料中加入一定的麦麸或饲喂具有轻泻作用的青草和根茎类饲料，使所配饲料有着适当的轻泻性尤为重要.轻泻虽会使饲料的消化率有一定程度的降低，但总采食的营养物质却有所增加，同时还可减少饲料蛋白质在瘤胃中的降解，增加过瘤胃蛋白质的数量。

二、犊牛的生产技术

犊牛的生产技术是一项非常具有前瞻性的养殖工作。这一阶段工作的优劣，对其成年后的体型、采食粗饲料的能力、产奶量和繁殖都将产生至关重要的影响。

(一)初生期　出生后 7～10 天称为初生期，此时由于其皮肤保护功能低下，神经系统反应迟钝，体温调节机制尚处完善之中，消化道黏膜易被细菌感染，所以很容易受各种病菌的侵袭而发生疾病和死亡。因此，这一阶段的主要任务是预防疾病和促进机体防御机制的健康发育。

犊牛出生后的 5～7 天，其母牛所产乳汁为初乳。初乳中含有丰富的母源抗体，具有很多特殊的生物学活性，是新生犊牛不可或缺的重要物质。初生牛犊由于肠胃空虚，皱胃及肠壁黏膜不发达，对病菌的抵抗力很弱。而初乳一是可覆盖在胃肠壁上，代替肠壁黏膜的作用，阻止病菌的侵入，提高犊牛对疾病的抵抗力。二是含有溶菌酶和抗体蛋白质，能杀死多种细菌。三是酸度较高，可使胃液变成酸性，抑制有害细菌的繁殖。四是可促进皱胃分泌大量的消化酶，使胃肠功能尽早形成。五是含有较多的镁盐，具有轻泻作用，能促进胎粪的排出。同时，初乳的营养也十分丰富，并且易于消化。

犊牛出生后，抗体等大分子蛋白质可直接通过犊牛肠壁进入血液。2～3 小时后，由于肠道的渗透性降低，大的蛋白质分子即无法通过肠道入血。如果晚上出生的犊牛，到第二天饲喂初乳，就可能无法吸收全部抗体。出生 24 小时后，抗体的吸收功能几乎停止。因此，要在犊牛出生后2～3小时内饲喂其母体初乳。

(二)哺乳期 犊牛出生后应实施母子隔离，进行人工喂奶。经过3～5天的人工初乳饲喂之后，即开始进入常乳期饲养。在哺乳早期最好使用其母乳饲喂，10～15日龄后，可改用混合乳饲喂。由于初乳、常乳及混合乳中的营养成分差异很大，为避免造成消化不良和食欲不振，所以初乳、常乳及混合乳要逐渐改变，通常过渡期为4～5天。犊牛在60天的哺乳期内，其喂奶量可随日龄变化而有所不同，通常情况下，5～30日龄饲喂4～6千克，31～40日龄饲喂4～5千克，41～50日龄饲喂3～4千克，51～60日龄饲喂0.5～1.5千克。

(三)补饲期 犊牛的补饲主要从干草、精饲料、多汁饲料和青贮饲料着手。

1. 干草 从犊牛出生后的第二周，就可以开始训练其采食干草，以促进瘤胃发育，防止舔食异物。

2. 精饲料 从犊牛出生后第三周，可开始训练其采食精饲料。

3. 多汁饲料 从犊牛出生后第三周开始，可在日粮中加入胡萝卜或南瓜类饲料，以促进其消化器官的发育。

4. 青贮饲料 从犊牛满2月龄开始，就可喂给青贮饲料。

另外，犊牛仅靠牛奶中的含水量一般不能满足其正常代谢的需要，所以要供给其充足的清洁饮水。

三、育成牛的生产技术

在奶牛养殖生产中，通常将断奶后到产犊前的母牛称之为育成牛。这一阶段是牛体生长发育最快的阶段，其饲养管理不仅要使牛只有较高的增重速度，而且还要使心血管系统、消化和呼吸器官、乳房和四肢都得到良好的发育。

(一)分群饲喂 不论是散放饲养还是拴系饲喂，育成牛都要根据群体大小进行分群管理。通常可按断奶至 1 岁、1 岁以上至 1.5 岁、1.5 岁以上至 2 岁进行分群管理。尽量使其同步发育，并要适时配种。

(二)饲养标准适当 培育育成牛的饲养标准不能太高也不能太低，一定要适当。通常以 16～18 月龄时体重达到 340～410 千克为宜，最高不超过 440 千克。1.5 岁以前，每个奶牛能量单位可提供 45～50 克可消化粗蛋白质，妊娠以后日粮中每个奶牛能量单位供给53～55 克。

1. 0.5～1 岁 犊牛在 0.5～1 岁期间为性成熟期，体躯高度急剧增加，性器官和第二性征发育很快，前胃已相当发达，其容积扩大 1 倍左右。因此，在饲养上要求供给足够的营养物质，其日粮也应具有一定的容积，以利于刺激前胃继续发育。若按 100 千克体重的犊牛计算，其日粮配比最好以精饲料 1～1.5 千克、干草 1.5～2 千克、青贮饲料 5～6 千克和秸秆 1～2 千克为宜。1 岁育成牛的日粮中，可消化粗蛋白质的 20%～25%可用尿素代替，但在饲喂尿素时，应注意提高日粮中无氮浸出物的含量。

2. 1～1.5 岁 本阶段的特点是消化器官更加扩大，为刺激其进一步增长，日粮应以粗饲料和多汁饲料为主，以增加容受性。按干物质计算，通常精饲料占 25%，粗饲料占 75%，青草季节可以放牧为主。

3. 1.5～2 岁 这一时期由于牛体配种受胎，生长缓慢，体躯显著向宽、深发展。所以，日粮既不能过于丰盈，也不能过于贫乏，常以品质优良的青草、干草、青贮饲料和根茎类饲料为主，精饲料尽量少喂或不喂。但到妊娠后期，必须每日补饲 2.5 千克左右的精饲料，以促进体内胎儿迅速生长。若以干物质计算，精饲料可占 25%～30%，大容积的粗饲料占 70%～75%。在青草季节为降低饲养成本，育成牛可以放牧为主，并视牧草生长情况酌减精饲料。尤其应特别注意的是要保护好乳头，切忌擦拭乳头周围的异状保护物，以免引起乳头龟裂或因病原菌从乳头孔侵入而导致乳房炎。

（三）青粗饲料均衡　在育成牛养殖过程中，青粗饲料是营养物质的主要来源，不仅能改变瘤胃的发酵类型，而且还影响奶牛的生产性能和健康。青粗饲料中纤维素含量较高，它可在奶牛瘤胃微生物的发酵过程中被分解利用，从而降低生产成本，提升养殖效益。

1. 重用青粗饲料　育成牛日粮中的青粗饲料，可对瘤胃进行机械刺激，以强化瘤胃正常蠕动和反刍，促进唾液分泌，从而保证瘤胃内的酸碱平衡。青粗饲料在消化过程中，除产生挥发性脂肪酸为机体提供能量并合成牛奶以外，对于奶牛的健康和正常生理功能的维持均具有重要作用。

2. 多喂豆科牧草　各种豆科牧草都含有较高的粗蛋白质，且其粗纤维的消化率较高，是奶牛极好的青粗饲料。

3. 草料品种多样　奶牛对饲料要求比较严格，饲料多样化可使日粮具有完全的营养价值，能促进母牛消化液的分泌而增强食欲，提高饲料转化率，进而提升奶牛的产奶量。

（四）满足瘤胃发酵　奶牛的日粮组成，不仅要考虑奶牛的需要，更重要的是如何满足瘤胃微生物的需要，促进饲料在瘤胃中的发酵与消化。所以，选择易发酵与利消化的饲料，是配制奶牛日粮的技术关键。青粗饲料中以苜蓿营养成分为最高，且易发酵消化，含蛋白质和钙质量高，是奶牛最好的青粗饲料。带穗玉米青贮既是青粗饲料，也是精饲料，属易于消化的饲料，但略次于豆科青粗饲料。

第四节　饲养管理

奶牛的饲养管理是奶牛养殖场的核心工作，其饲养管理水平的高低，不仅直接影响奶牛养殖的效益和乳产品的质量安全，而且也是奶牛疾病综合防控技术的重要组成部分。奶牛的饲养管理，要严格按照奶牛养殖自身规律和特点进行规范，力求达到节约成本，提高养殖效益的目的。

一、严格健康引种

严禁从疫区引进种牛，引进的种牛应至少隔离观察 30～45 天，经兽医检疫部门进行严格检疫确认为健康后，方可使用。

二、保证草料充足

奶牛的饲草、饲料，既是维系奶牛机体新陈代谢的根本，也是保持生产性能的源泉。在奶牛养殖过程中是否具有优质、稳定和丰盈的饲草、饲料资源，不仅是节约养殖成本、提升养殖效益的基础，而且也是防止病从口入，构建奶牛疾病综合防控技术体系极为重要的工作。

应充分利用现有饲料资源，保证草料储备充足，饲料持续供应。一头高产奶牛全年应储备、供应的各类草料量为：青干草和一定比例的豆科干草 1 100～1 850 千克、青贮玉米 10 000～12 500 千克、块根茎及瓜果类 1 500～2 000 千克、糟渣类 2 000～3 000 千克、精饲料 2 300～4 000 千克。在精饲料中，蛋白质饲料应占 25%～30%，能量饲料应占 50%，矿物质饲料应占 2%～3%。精饲料应做到全年均衡供应，并尽可能做到经济高效。

大力提倡退耕还牧、种草养牛的模式。大量种植豆科及其他高效牧草作物，收获后制作青贮饲料和青干草喂牛。青干草的含水量应控制在 15%以下，且应绿色芳香、茎枝柔软、叶片多、杂质少，并应打捆设棚贮藏，防止营养损失。饲喂时的铡切长度应在 3 厘米以上。调制禾本科干草应在抽穗期刈割，豆科和其他牧草可在开花期刈割。

尽量制作带穗玉米青贮，青贮玉米应在蜡熟期收获加工制作，原料要求富含糖分，干物质应在25%以上。禾本科野草应在结籽前收贮，各类含水分较多的块根、块茎类应经风干或掺入10%～20%的糠麸类饲料青贮，也可将禾本科牧草和豆科牧草混贮。最好采用薄膜包裹或青贮窖加工贮藏，使制作的青贮饲料呈黄绿色或棕黄色，气味微酸带酒香味。

块根、块茎类及瓜果类饲料，应尽量选用含干物质和糖分多且耐贮藏的品种。饲用过程中注意防冻和防霉，喂前须洗净后切成小片。糟渣类可单喂，也可与切碎的秸秆混贮。严禁饲喂被病菌和黄曲霉污染的饲料以及农药残留饲料、冰冻饲料、黑斑病甘薯及未经处理的发芽马铃薯等有毒饲料。在应用化学和生物活性添加剂时，必须了解其作用机制和对乳产品质量安全性的影响。

库存精饲料的含水量不能太高，通常不得超过14%。谷实类饲料在喂前应加工成1～2毫米的粗粒或压扁，一次加工不应过多，以夏季北方一般在10天、南方一般在5天内喂完为宜，以免产生霉变，影响奶牛的健康。同时，要重视矿物质饲料的来源和组成，在矿物质饲料中应含有食盐和一定比例的骨粉、碳酸钙、磷酸二氢钙、磷酸氢钙等常量和微量元素制剂，并要定期检查饲喂效果。

在应用商品混合饲料饲喂时，必须明确其成分含量和营养配比，按照奶牛营养需求添加其他成分，使之真正成为全价日粮。此外，配合日粮还应根据当地饲料资源、各种饲料的营养配比，结合奶牛对营养的需求，因地制宜地选用原料，进行加工配制。

三、注重营养需求

奶牛处于不同的生理发育阶段和不同生产水平状态时，对营养需要有着很大的差别。科学满足各阶段的营养配比，既是养好奶牛的前提条件，也是奶牛疾病综合防控的关键措施之一。奶牛的主要功能就是为人们生产营养丰富的乳汁，而一切饲喂都是紧紧围绕泌乳变化而开展工作。

(一)干奶期　干奶期日粮干物质应占奶牛体重的 2%～2.6%，每千克日粮干物质应含 1.75 NND(奶牛能量单位)、0.6%的钙、0.3%的磷和 11%～12%的粗蛋白质，粗饲料与精饲料的比例应为 3∶1，通常粗纤维含量不少于 20%。

(二)围产期　于奶牛分娩前 2 周开始，其每千克日粮干物质应含 2 NND、0.2%的钙、0.3%的磷和 13%的粗蛋白质，日粮干物质应占总体重的 2.4%～3.1%；分娩后粗饲料与精饲料的比例应立即改为 3∶2，磷占 0.3%，钙占 0.6%，粗纤维含量不少于 24%。

(三)泌乳盛期　进入泌乳盛期的奶牛，其每千克日粮干物质应含 2.4 NND、16%～18%的粗蛋白质、0.7%的钙和 4.5%的磷。日粮干物质应由占总体重的 2.4%～3.1%逐渐增加至 3.6%以上，粗饲料与精饲料的比例由 3∶2 逐渐改为 2∶3，粗纤维含量通常不少于 16%。

(四)泌乳中期　进入泌乳中期的奶牛，其每千克日粮干物质应含 2.13 NND、0.45%的钙、0.4%的磷和 13%的粗蛋白质，日粮粗饲料与精饲料之比为 3∶2，粗纤维含量不少于 15%，日粮干物质应占总体重的 3%～3.2%。

(五)泌乳后期　进入泌乳后期的奶牛，其每千克日粮干物质应含 2 NND、0.45%的钙、0.35%的磷和 12%的粗蛋白质，日粮中粗饲料与精饲料的比例为 7∶3，粗纤维含量不少于 20%，日粮干物质应占总体重的 3%～3.2%。

四、精心规范饲养

在奶牛养殖过程中，饲喂是一个非常重要的环节。由于各种草料从收获到饲喂，其间经历了运输、贮藏和加工等很多工序，不可避免地会带进一些泥沙、塑料和金属异物等杂质。这些杂质进入牛体后，不仅难以消化，而且还会继发其他病症。因而在饲喂这些草料的同时，要保持清洁新鲜，对于霉烂变质和冰冻的饲料，不能用于饲喂奶牛。饲料中夹杂的铁钉、铁丝、玻璃、石头和塑料等杂物必须除去，不然奶牛很容易吃进胃内而继发各种疾病。

在奶牛的饲养上，首先要做到定时定量、少喂勤添。奶牛必须按时合理饲喂，才能保证其消化功能的正常活动。各次上槽都要掌握饲料量，按不同泌乳阶段，根据其体重、产奶量和乳脂率配比日粮，并按具体情况，灵活调整饲喂量。喂得过多或过少，都会影响奶牛的健康和生产性能。对泌乳牛必须根据其个体特性、采食快慢和不同嗜好分别对待。更换饲料种类时要逐渐进行，慢慢增加新的饲料，逐渐减少被代替的饲料，采用交叉式的过渡办法，才比较安全，通常过渡的时间应在 7 天左右。

不同时期的奶牛群要分别饲喂，泌乳盛期、日产奶量较高或干奶期和妊娠后期的奶牛，都应有明显的标志，以便区别饲养。饲喂必须定时定量，每日饲喂 3～4 次，每次饲喂的草料建议精粗交替，多次给予，并在运动场内设补饲槽，供奶牛自由采食饲草。饲喂过程中应坚持少喂勤添，防止过食精饲料和糟渣类饲料，以免引发前胃疾病和消化功能紊乱。

干奶期是母牛身体蓄积营养物质的关键时期，既要满足妊娠和维持需要，又要使干奶牛在此期间获得良好的体况。干奶期的饲喂应以粗饲料为主，控制精饲料喂量，不要饲喂过多的苜蓿干草和青贮玉米。同时，应补喂食盐和矿物质，并确保喂给一定数量的长干草。其每日干物质的采食量应为体重的 1.25%～1.5%，日粮能量供给每 100 千克体重为 6.688～7.524 兆焦，日粮干物质粗纤维含量应达 25%～35%，日粮粗蛋白质含量应为 8%～12%。在干奶期若把奶牛喂得过肥，既易造成难产，又易患代谢病和传染病。在干奶期应以粗饲料为主，减少精饲料和青贮饲料的喂量。产前 2 周可增加精饲料喂量，临产前可达到体重的 1%，使奶牛适应在产后饲喂大量精饲料。钙的喂量应限制在 100 克以内，以减少产后瘫痪的发生。

头胎牛在分娩前2～3个月应转入成年母牛群，并按成年母牛干奶期的营养水平进行饲喂。分娩后应增加20%的饲喂量以维持营养需要，若系第二胎则增加10%较为适宜。

奶牛在围产期要精心饲养，分娩前2周可逐渐增加精饲料喂量，但饲喂精饲料的量不得超过总体重的1%。禁止喂给甜菜渣，适当减少其他糟渣类饲料的供给量；分娩后1～2天应喂给易于消化的草料，并补饲40～60克硫酸钠，让其自由采食优质饲草，适当控制食盐喂量，严禁饮用冰水；分娩后3～4天，可逐渐增喂精饲料，每天可视其体重增喂0.5～0.8千克，青贮饲料和块根饲料的饲喂量也必须控制；在分娩2周后，若奶牛恶露排净、食欲良好、消化正常、乳房生理肿胀消退，日粮可按标准喂给，并可逐渐加喂青贮、块根类饲料。但是，此时应防止块根和渣类饲料的过食而继发消化功能紊乱。

泌乳盛期必须饲喂高能量的饲草、饲料，并使高产奶牛保持良好的食欲，尽量采食较多的干物质和精饲料，但切勿过量。可采取少量多次的方法，适当增加饲喂次数，多喂品质好、适口性好的草料。在泌乳高峰期，青干草、青贮饲料应自由采食。泌乳中后期，应逐渐减少日粮中的能量和蛋白质。泌乳后期，可适当增加精饲料，但要防止奶牛形体过胖。

在奶牛的饲喂过程中，不同生长时期和生理阶段至少应达到奶牛相应阶段的营养需要和饲养标准。所饲喂的饲料及添加剂应符合国家相关规定，不应在饲料中额外添加未经国家有关部门批准使用的各种化学制剂、生物制剂及抗氧化剂、防霉保护剂等。

夏季应适当提高奶牛日粮的营养浓度，保证供给充足的饮水，降低饲料粗纤维含量，增加精饲料和蛋白质的比例，并补喂块根茎及瓜类饲料；冬季日粮应营养丰富，适当增加能量饲料，禁饮冰水，有条件者可使饮水温度保持在10℃以上。全年饲料供给应均衡稳定，冬夏两季饲料必须合理搭配，日粮组成不得过于悬殊。在给予配合日粮时，建议喂给青干草10千克（不少于3千克），青贮饲料25千克，青草50千克，糟渣类10千克（白酒糟少于5千克），块根茎与瓜果类10千克，玉米、大麦、燕麦、豆饼各4千克，麦麸3千克，豆类1千克。

奶牛养殖场区应有足够的生产和饮用水源，以满足牛只正常的自由饮用。其饮水质量应达到相关规定标准，经常清洗和消毒饮水设备，避免细菌孳生。若有水塔或其他贮水设施，则应有防止污染的措施，并予以定期清洗和消毒。

五、强化科学管理

在奶牛养殖过程中，饲养管理工作就是将已有的物化资源与现有的技术流程有机结合，从制度层面上体现出高度有序，使各生产环节对接流畅和科学合理。它不仅是提升奶牛生产性能、节本增效的重要保障，而且也是奶牛疾病综合防控规范的技术支撑。

（一）强化制度 奶牛养殖场禁止饲养其他畜禽，尤其是偶蹄目动物，并要防止周围其他畜禽进入场区。着力保持各生产环节环境及用具的清洁，防止污染乳汁，确保乳制品卫生。牛场工作人员应定期进行健康检查，发现传染病患者应及时调出。

（二）细化管理 在水草质量、饲喂方式和日常卫生方面，形成科学合理的程式。按饲养规范饲喂，不堆槽，不空槽，不饲喂发霉变质和冰冻饲料。应拣出饲料中的异物，保持饲槽清洁和卫生；保证足够新鲜和清洁的饮水，定期清洗消毒饮水设备。饮水要清洁卫生，要保证需要。水对奶牛来说非常重要，其约占奶牛体重的65%，是奶牛不可缺少的营养要素。水在牛奶中高达85%以上。日产奶50千克的奶牛每天需要饮水100～150升，一般奶牛每日也需50～70升。奶牛饮水充足可以提高泌乳量10%～19%，若饮水不足，就会直接影响产奶量。因此，必须保证奶牛每天有足够的饮水，每天最低饮水 3～4 次，夏天还应增加饮水次数，有条件的地方最好是自由饮水。蹄病不但造成奶牛行走困难，影响生产性能，而且还可导致奶牛不发情，影响奶牛的繁殖能力。因而对成年奶牛要经常刷拭牛体，既可保证牛体清洁卫生，又可调节体温、促进皮肤新陈代谢，同时还能提高乳品质量。夏季用水冲刷牛体，不仅有助于奶牛皮肤的清洁卫生，使皮肤的新陈代谢更加旺盛，而且还可起到防暑降温的作用，有利于预防疾病和提高产奶量。定期护蹄和浴蹄，保持奶牛蹄壳、蹄底和蹄叉的清洁，同时还要定期修蹄。必须每天铺换垫草，坚持刷拭，清洗乳房和牛体上的粪便污垢。

（三）饲喂有序　奶牛场各饲养阶段的奶牛要分群管理，注意卫生，精心饲喂，合理安排挤奶、饮水、运动与休息等工作流程，一切生产作业都必须在规定的时间内完成，作息时间不应轻易变动，以便形成规律。

（四）增强运动　在奶牛养殖过程中，奶牛的运动十分重要。在舍饲期间，奶牛每天要有适当的运动，若运动不足易使牛体肥胖，不仅可降低产奶量和繁殖力，而且也易使奶牛降低甚至丧失对外界气温及其他因素急剧变化的适应能力，从而易患感冒、消化道疾病和呼吸道疾病等。同时，由于运动不足，也易使母牛体质衰退，易患肢蹄疾病。因此，除每天对奶牛坚持 2～3 小时的驱赶运动外，每次饲喂和挤奶后，还应放于运动场内让其自由活动。对乳房容积大、行动不便的高产母牛，每天应保持牵行一定时间和距离的缓慢运动。但在夏季酷热天气，中午舍外温度过高时，应改变放牛和运动时间。

（五）防暑防寒　荷斯坦牛的最适气温是 10℃～16℃，夏季外界气温超过 25℃、湿度在 70%以上时，奶牛往往精神不振，食欲不佳，产奶量显著下降。因此，夏季最好每周进行 1 次水浴或淋浴，气温高时可每天 1 次，并应采取排风和其他防暑降温措施。奶牛对寒冷有较高的适应能力，但对泌乳牛、围产期奶牛、犊牛，必须做好防寒保暖工作。

(六)重视干奶期 干奶期是泌乳牛在下一次产犊前的一段不泌乳的时间，通常为60天。奶牛经过持续10个月的泌乳，为了给下一个泌乳期提供休养生息的机会就必须人为地给予干奶，这是奶牛饲养管理上的一个重要技术环节。干奶期既是胎儿迅速生长发育需要较多营养的阶段，也是母牛改善营养状况，为下一泌乳期更好、更持久地生产做必要准备的阶段。同时，干奶期间乳腺分泌停止，是分泌上皮细胞更新为下一泌乳期正常分泌细胞的必要准备阶段。因此，奶牛干奶期的饲养管理，对犊牛的健康，母牛分娩后泌乳性能的充分发挥，乃至防止产后泌乳量下降过快和围产期综合征的发生都具有重要意义。

奶牛干奶最好采用快速干奶法。干奶前用加州乳房炎诊断法(CMT)或兰州乳房炎诊断法(LMT)进行隐性乳房炎检查，对"++"以上者应治疗后干奶。在最后一次挤奶后，向每个乳头内注入干奶药剂进行干奶，干奶后应加强乳房的检查与护理。

加强运动是干奶牛管理的重要措施，运动不仅能促进血液循环，有利于健康，而且可减少和防止肢蹄病及难产的发生率。同时，还可增加日照时间，有利于维生素D的形成，从而防止产后瘫痪。

干奶期奶牛要加强饲喂卫生。冬季饮水温度最好在10℃～19℃，不然饮水量会受到限制。不饮冰冷的水，不喂腐败发霉的饲料，以免引起流产。

干奶期奶牛要强化牛体卫生。母牛在妊娠期间，皮肤代谢旺盛，易生皮垢，因此每天应加强刷拭，以促进血液循环，同时使牛更加驯服易管。

(七)力保顺产 奶牛在产前2周进入产房，对出入产房的奶牛要进行健康检查，建立产房档案。产房必须通风明亮、干燥卫生、无贼风侵袭。建立产房值班和交接班制度，加强围产期奶牛的护理。母牛分娩前应对其后躯、外阴进行消毒，一般让其自然分娩，仅在特殊情况下才实施人工助产。如遇难产，要请兽医及时处理。奶牛分娩后应及早驱赶使其站立，并饮以温水、喂以优质青干草，同时用温水或消毒液清洗乳房、后躯和牛尾，然后清除粪便，更换清洁柔软的垫草。分娩后60～90分钟进行第一次挤奶，但不要挤净，同时观察母牛食欲、粪便及胎衣的排出情况，如发现异常，要及时诊治。分娩15天后，应做酮病等的检查，无疾病、食欲正常者，可转入大群饲养。

六、强化挤奶技术

挤奶是一项非常重要的技术性工作。挤奶的时间、挤奶的手法、挤奶的数量，均对奶牛产奶效应有很重要的影响。它不仅涉及奶牛的生产性能，而且也蕴含了奶牛乳房疾病的综合防控技术规范。

（一）制定挤奶计划　首先每年应编制每头奶牛的产奶计划，按照每头奶牛的年龄、分娩时间、产奶量、乳脂率以及饲料供应等情况，对奶牛的泌乳数据逐头进行综合评估和详尽预算。根据各泌乳阶段、产奶水平，制订奶牛每天的挤奶次数。原则上每天挤奶3次为宜，也可根据挤奶量的高低酌情增减。

（二）培训挤奶人员　挤奶人员应保持相对稳定，不应轻易更换。挤奶人员必须经常修剪指甲，时常保持手指清洁卫生。挤奶前穿好工作服，在0.1%漂白粉溶液中洗净双手，每挤完一头奶牛，均应清洗手和手臂。

（三）净化挤奶环境　挤奶工具使用前后必须彻底清洗消毒，奶桶及胶垫处必须清洗干净。先用冷水冲洗，后用温水冲洗，再用45℃左右的0.5%氢氧化钠溶液刷洗干净，并用清水冲洗，然后进行蒸汽消毒。橡胶制品清洗后，应用消毒液浸泡消毒。挤奶环境应保持安静，对奶牛的态度要温和。挤奶前先拴系牛尾，并将后躯、腹部和尾部用温水清洗干净，然后用45℃～50℃的温水按乳房、乳头、乳房底部中沟、左右乳区与乳镜的顺序擦洗。开始时可用带水的湿毛巾，然后将毛巾拧干，自下而上擦干乳房。

（四）规范挤奶程序 乳房洗净后进行按摩，待乳房鼓胀、乳静脉怒张，出现排乳反射时，应立即开始挤奶。挤出的前3把牛奶一般含菌较多，通常应弃去。挤奶时严禁用牛奶或凡士林擦抹乳头，挤奶后还应再次按摩乳房，然后一手托住各乳区底部，另一手把牛奶挤净。头胎牛在妊娠5个月以后应进行乳房按摩，每日2次，每次按摩5分钟，通常应于分娩前10～15天停止。

手工挤奶应采取拳握式，手法应温柔，有节奏感。开始用力宜轻，速度宜慢，待排乳旺盛时应加快速度，每分钟压挤次数在80～120次，挤奶量不少于1.5千克。

每次挤奶必须挤净，先挤健康牛，后挤病牛。牛奶挤净后，擦干乳房，再用消毒液浸泡乳头。

若用挤奶机挤奶，其真空压力应控制在4.66～5.06帕（斯卡），搏动器搏动次数通常每分钟控制在60～70次，在泌乳量少时应对乳房进行自上而下的按摩，切忌空挤。挤奶结束后，要将挤奶机清洗消毒。分娩10天以内的母牛，最好采用手工挤奶；患乳房炎的母牛不得用挤奶机挤奶，应转入病牛群用手工挤净后进行治疗，待病愈后再恢复用挤奶机挤奶。

七、适时配种

（一）建立发情预报制度 若见母牛发情，不论配种与否，均应及时记录。配种前除进行行为表现的观察与黏液鉴定外，还应进行直肠检查，以便根据卵泡发育状况适时输精。奶牛分娩后20天要进行生殖器官检查，如有病变应及时治疗。对超过70天不发情或发情不正常的母牛要及时检查，并从营养和管理方面寻找原因，及时改善饲养管理。

(二)选择优质精液　采用优良种公牛的优质精液对母牛进行适时配种，奶牛产后70天左右(最迟不超过90天)开始配种，初配年龄以15～16月龄、体重达成年母牛体重的60%以上时为宜。同时，合理安排产犊计划，尽量做到全年均衡产犊，在炎热地区的酷暑季节可适当控制产犊头数。

八、翔实资料记录

奶牛生产应按照全国统一制订的记录表格，逐项准确地填写各项生产记录，以备日后查存之用。牛只个体记录应长期保存，根据原始记录定期进行统计、分析和总结，用于指导生产。

(一)繁殖育种记录　包括耳号、谱系、发情、配种、妊检、流产、产犊和产后监护等项目。

(二)生产记录　包括产奶量、乳脂率、生长发育和饲料消耗等项目。

(三)病死和淘汰记录　病死和淘汰牛只应做好记录，出售淘汰牛时应抄写副本随牛带走，并保存好原始记录。

第五节　卫生防疫

兽医卫生防疫既是奶牛疾病综合防控技术的重要组成部分，也是奶牛安全生产的重要保障。奶牛饲养的兽医卫生防疫工作，必须严格执行国家无公害食品奶牛饲养兽医防疫准则。

一、卫生消毒

奶牛场的环境卫生是一个系统工程，主要体现在日常的卫生清扫与各种消毒事务之中，是奶牛疾病综合防控的有机组成部分，其环境卫生消毒质量应符合国家相应规定的要求。要达到洁净的环境卫生，必须进行一系列的环境卫生消毒程序。

(一)选择合格的消毒药物 为获得洁净卫生的养殖环境，除有合格、洁净、卫生的水源之外，必须采用消毒剂进行消毒。通常应选择对人、畜和环境较为安全、无残留毒性、对设备无破坏性和在牛体内无有害蓄积的消毒剂。一般废弃物堆积场所可选用石炭酸(酚)、煤酚、来苏儿、双酚类消毒剂消毒，圈舍可选用次氯酸盐、有机碘混合物、过氧乙酸、生石灰、氢氧化钠(火碱)、高锰酸钾、硫酸铜、新洁尔灭、酒精等消毒剂消毒。

(二)选择科学的消毒方法 奶牛养殖场应按照规定要求建立规范的消毒方法。

1. 喷雾消毒 采用一定浓度的次氯酸盐、有机碘混合物、过氧乙酸、新洁尔灭、煤酚等进行喷雾消毒，主要用于牛舍清洗完毕后的带牛环境消毒以及牛场道路、周围环境和进入场区车辆的喷洒消毒。

2. 浸液消毒 采用一定浓度的新洁尔灭、有机碘混合物或煤酚的水溶液，用于工作人员洗手、洗工作服或胶靴等。

3. 紫外线消毒 对养殖场人员入口处应设紫外线灯，以起到杀菌效果。

4. 遍撒消毒 在养殖场牛舍周围、入口、产床和牛床下面遍撒生石灰或氢氧化钠，以杀死细菌或病毒。

5. 热水消毒 用35℃～45℃温水和70%～75%热碱水清洗挤奶机及管道，以除去其中残留的矿物质。

(三)选择合理的消毒方式 对不同的消毒对象，要采取不同的消毒方式，才能达到消毒目的。

1. 环境消毒 对养殖场牛舍周围及运动场环境每周可采用2%氢氧化钠溶液消毒或撒生石灰1次。养殖场周围及养殖场场内污水池、排粪坑和下水道出口，每月用漂白粉消毒1次。在养殖场大门口和牛舍入口处应设消毒池，采用2%氢氧化钠或煤酚溶液进行消毒。

2. 人员消毒　奶牛养殖场的工作人员在进入生产区时应更换工作服，并进行紫外线消毒，工作服严禁穿出养殖场外。外来参观者进入场区参观时应彻底消毒，更换场区工作服和工作鞋，并遵守养殖场内的卫生消毒制度，听从养殖场管理人员统一指挥。

3. 牛舍消毒　牛舍在每班牛只下槽后应彻底清扫干净，定期用高压水枪冲洗，并进行喷雾或熏蒸消毒。

4. 用具消毒　可用0.1%新洁尔灭溶液或0.2%～0.5%过氧乙酸溶液定期对饲喂用具、饲槽和饲料车等进行消毒，对疾病防治、助产、配种、挤奶设备和奶罐车等日常用具，在使用前后应彻底清洗和消毒。

5. 带牛环境消毒　可采用0.1%新洁尔灭溶液、0.3%过氧乙酸溶液和0.1%次氯酸钠溶液定期进行带牛环境消毒，有利于减少环境中的病原微生物，减少传染病和肢蹄病的发生。在带牛环境消毒时，应避免消毒剂污染牛奶。

6. 牛体消毒　在注射治疗、配种、助产、挤奶及任何对奶牛接触操作前，都应先将乳房、乳头、阴道口和后躯等有关部位进行消毒擦拭，以降低牛奶中的细菌数，保证牛体健康。

二、预防疾病

奶牛养殖过程中的疾病治疗和预防，是奶牛疾病综合防控技术规范的关键环节和重中之重。对于危及奶牛生命安全的重大疫病和影响奶牛生产性能的主要疾病，要严格按照国家相关法律、法规做好综合防控。

(一)净化环境　为了净化养殖场内环境，首先要严格禁止非生产人员进入生产区，特殊情况下非生产人员需经淋浴消毒后方可入场，并遵守场内一切卫生防疫制度，并禁止在奶牛养殖场内屠宰和解剖牛只。

(二)严格检疫 奶牛养殖场不得从有海绵状脑病的国家引进牛只,外来或购入的奶牛需有兽医检疫部门的检疫合格证,并经隔离观察一定时间和检疫后,确认无传染病时方可并群饲养。

(三)免疫接种 奶牛养殖场应根据《中华人民共和国动物防疫法》及其配套法规的要求,结合当地实际情况,有选择地进行疫病的预防接种工作,并注意选择适宜的疫苗、免疫程序和免疫方法,适时进行预防免疫。

(四)无害化处理 对于非传染病和机械创伤引起的牛只疾病,应及时进行治疗,使用药物后所生产的牛奶不应作为商品牛奶出售,死牛要及时定点进行无害化处理。发生传染病时,要立即对病牛进行隔离封锁,病牛所产乳汁和死牛应做无害化处理。在奶牛养殖场区内,应于生产区的下风向处设贮粪场,粪便及其他污物应有序管理。每天应及时除去牛舍内和运动场的垫草、污物和粪便,并将粪便及污物运送到贮粪场。场内应设粪尿、垫草和污物等的处理设施,废弃物应遵循减量化、无害化和资源化的原则进行处理。

(五)灭蚊蝇与灭鼠 搞好牛舍内外环境卫生、消灭杂草和水坑等蚊蝇孳生地,定期喷洒消毒药物,或在牛场外围设诱杀点,消灭蚊蝇。定期投放灭鼠药,控制啮齿类动物。投放灭鼠药应定时、定点,及时收集死鼠和残余鼠药,并做无害化处理。

三、疫病监测

奶牛养殖场应依照《中华人民共和国动物防疫法》及其配套法规的要求,结合当地实际情况,制定疫病监测方案。

(一)法定疫病 奶牛养殖场常规监测的疾病至少应包括口蹄疫、结核病、布鲁氏菌病、蓝舌病、炭疽和牛白血病,同时需注意监测我国已扑灭的疫病和外来病的传入,如牛海绵状脑病、牛瘟和牛传染性胸膜肺炎等。除上述疫病外,还应根据当地实际情况,选择其他一些必要的疫病进行监测。

(二)其他疫病　根据当地实际情况由动物疫病监测机构定期或不定期进行必要的疫病监督抽查,并将抽查结果报告当地畜牧兽医行政管理部门。母牛在干奶前 15 天,应做隐性乳房炎的检验,以便于在干奶时用有效抗菌制剂封闭治疗,确保乳产品安全。

四、疫病控制和扑灭

奶牛场发生疫病或怀疑发生疫病时,驻奶牛养殖场兽医应依据《中华人民共和国动物防疫法》及时进行诊断,并尽快向当地畜牧兽医行政管理部门报告疫情,及时采取以下措施。

(一)及时隔离封锁　若确诊发生牛瘟、口蹄疫、牛传染性胸膜肺炎等重大疫病时,奶牛场应配合当地畜牧兽医管理部门,对牛群实施严格的隔离、封锁和扑杀措施;发生牛海绵状脑病时,除了对牛群实施严格的隔离、封锁和扑杀措施外,还需追踪调查病牛的亲代和子代;发生炭疽时,扑杀病牛;发生蓝舌病、牛白血病、结核病、布鲁氏菌病等疫病时,应对牛群实施清群和净化措施。

(二)严格消毒毁尸　对发生疫病的牛场,要进行彻底的清洗消毒。对病死或扑杀牛的尸体必须进行严格的无害化消毒处理,以防止病原外传。

第六节　兽药使用

在奶牛生产过程中,兽用药物是兽医临诊人员与奶牛疾病抗争的有力武器之一。科学、合理、规范地使用兽药,是奶牛疾病综合防控技术的重要组成部分。由于奶牛所产乳汁品质的优劣直接涉及人类的健康,若乳产品中存在违规禁用的药物残留,将会引发次生污染,严重危及人类食品卫生安全。所以,在奶牛生产过程中,兽药的使用要严格执行《国家无公害食品　奶牛饲养兽药使用准则》(NY5046-2001)的要求，该用则用，不该用者绝对不用，可用可不用者尽量不用，非用不可者，要注意休药和弃奶时间。

一、奶牛常用药物使用原则

在奶牛养殖生产过程中，应加强饲养管理，采取各种切实有效的综合防控措施减少应激，以增强奶牛自身的免疫力。同时，要严格按照相应的免疫程序进行疾病的预防控制，最大限度地减少化学药品和抗生素的使用。若确需治疗用药时，须经实验室诊断确诊后，在兽医指导下进行处方用药。用于预防、诊断和治疗奶牛疾病的兽药应符合国家相关规定，并来自具有《兽药生产许可证》和产品批准文号的正规生产企业或者具有《进口兽药许可证》的供应商。在使用兽药的同时，还应遵循以下原则。

(一)药物来源正当 在奶牛疾病综合防控过程中所用的电解质、体液、血浆制品，钙、磷、钾、硒等补充药物，抗贫血、助消化、酸碱平衡、维生素、吸附与泻下、润滑与酸化剂，局部止血、收敛药和微生态制剂等药物，均应符合《中华人民共和国兽药典》、《中华人民共和国兽药规范》、《兽药质量标准》和《进口兽药质量标准》的要求。

(二)药物使用规范 应使用符合《中华人民共和国兽用生物制品质量标准》规定的疫苗来防控奶牛疾病；只允许使用酚类以外的消毒防腐剂对奶牛饲养环境、圈舍和器具进行防控消毒；允许使用符合《中华人民共和国兽药典》和《中华人民共和国兽药规范》规定的的中药材和中成药来预防和治疗奶牛疾病；在使用抗菌药物、抗寄生虫药物和生殖激素类药物时，更要严格遵守规定的给药途径、使用剂量、疗程和休药期；抗寄生虫药物外用时注意避免污染鲜奶；未规定休药期的药物，应遵守肉用不少于 4 周、奶废弃期不少于 1 周的规定。

(三)严禁使用禁用药物 慎用作用于神经系统、循环系统、呼吸系统、泌尿系统的兽药；禁止使用有致畸、致癌和致突变作用的兽药；禁止在奶牛饲料及饲料产品中添加《饲料药物添加剂使用规范》以外的兽药品种，特别是影响奶牛生殖的激素类药物、具有雌激素样作用的物质、催眠镇静药物和肾上腺素类药物等；禁止使用未经国家畜牧兽医行政管理部门批准的用基因工程方法生产的兽药。

二、奶牛特殊用药原则

在奶牛临床上使用的常用药物虽然很多，但不外乎西药制剂和中药制剂两类。它们都主要用于预防、诊断和治疗疾病，有目的地调节奶牛机体生理功能，并规定相应的主治与功能、用法与用量的物质。囊括了血清、疫苗、诊断液等生物制品，兽用的中药材、中成药物、化学原料及其制剂、抗生素和生化药品等。除兽用的中药材、中成药物外，其余兽药制剂都有不同程度的毒副作用和药物残留，严重影响乳产品的质量，危及人类食品卫生安全，因而奶牛有其特殊的用药原则。这些药物有的是在整个奶牛饲喂期间都严格禁止使用，有的药物则是在奶牛泌乳期间严格禁止使用，有的药物必须具有休药期和奶废弃期。

（一）生物制剂　生物制剂就是利用现代生物技术，借助某些微生物、植物或动物来生产所需的药品，即采用 DNA 重组技术或其他生物新技术研制的蛋白质或核酸类药物。它直接补充机体所需要的蛋白质、激素、细胞因子等，对治疗奶牛体内蛋白质或多肽等物质紊乱效果较好。但是这类制剂极不稳定，不易运输和贮藏。在奶牛养殖生产过程中，用于疾病综合防控的疫苗并不多，具体使用方法详见本书第五章相关内容。

（二）严格禁止使用的药物　根据农业部关于食品动物禁用的兽药及其他化合物清单，以下药物制剂在整个奶牛养殖期间都要严格禁止使用。

β-兴奋剂类，包括克仑特罗、沙丁胺醇、西马特罗及其盐、酯；性激素类，包括己烯雌酚及其盐、酯，甲基睾丸酮、丙酸睾酮、苯丙酸诺龙、苯甲酸雌二醇及其盐、酯；具有雌激素样作用的物质，包括玉米赤霉醇、去甲雄三烯醇酮、醋酸甲孕酮；氯霉素及其盐、酯(包括琥珀氯霉素)；氨苯砜；硝基呋喃类，包括呋喃唑酮、呋喃它酮、呋喃苯烯酸钠制剂；硝基化合物，包括硝基酚钠、硝呋烯腙；催眠、镇静类，包括安眠酮、氯丙嗪、地西泮(安定)；各种汞制剂，包括氯化亚汞(甘汞)、硝酸亚汞、醋酸汞、吡啶基醋酸汞；硝基咪唑类，包括甲硝唑、地美硝唑。

(三)泌乳期间禁止使用的药物 在奶牛泌乳期间，有以下药物制剂必须严格禁止使用。

苄星邻氯青霉素注射液；恩诺沙星注射液、长效恩诺沙星注射液；乳糖酸红霉素注射用粉针；盐酸土霉素注射用粉针；磺胺嘧啶片剂、磺胺二甲嘧啶片剂、磺胺二甲嘧啶钠注射液；阿苯达唑片剂；伊维菌素注射液；盐酸左旋咪唑片剂、盐酸左旋咪唑注射液；奥芬达唑片剂；三氯苯唑混悬液；绒毛膜促性腺激素注射用粉针；苯甲酸雌二醇注射液；醋酸促性腺激素释放激素注射液；促黄体素释放激素 A2 注射用粉针、促黄体素释放激素注射用粉针；垂体促卵泡素注射用粉针、垂体促黄体素注射用粉针；黄体酮注射液、复方黄体酮缓释圈；缩宫素注射液；氨基丁三醇前列腺素 $F_{2\alpha}$ 注射液；孕马血清促性腺激素注射用粉针。

(四)具有休药期和奶废弃期的药物 在奶牛疾病综合防控的技术实践中，有时为了有效防治奶牛疾病必须使用以下药物，但必须执行严格的休药期和奶废弃期(表 1-7)。

表 1-7　具有休药期和奶废弃期的药物

药　名	制剂与用法	用量(用量以有效成分计)	休药期和奶废弃期
青霉素钾(钠)	粉针,肌内或静脉注射	1万～2万单位/千克体重,2～3次/天,连用2～3天	奶废弃期3天
普鲁卡因青霉素	粉针,肌内注射	1万～2万单位/千克体重,1次/天,连用2～3天	休药期10天,奶废弃期3天
硫酸链霉素	粉针,肌内注射	5～10毫克/千克体重,2次/天,连用2～3天	休药期14天,奶废弃期2天
苄星青霉素	粉针,肌内注射	2万～3万单位/千克体重,必要时3～4天重复1次	休药期30天,奶废弃期3天
苄星邻氯青霉素	注射液,乳管注入	每乳室50万单位	休药期28天,奶废弃期为产犊后4天的奶
头孢氨苄	乳剂,乳管注入	每乳室200毫克,2次/天,连用2天	奶废弃期2天
氨苄西林钠	注射液,皮下或肌内注射	5～7毫克/千克体重	休药期6天,奶废弃期2天
	粉针,静脉或肌内注射	10～20毫克/千克体重,2～3次/天,连用2～3天	
氯唑西林钠	粉针,乳管注入	泌乳期奶牛,每乳室200毫克	休药期10天,奶废弃期3天
		干奶期奶牛,每乳室200～500毫克	休药期30天
氨苄西林钠＋氯唑西林钠	乳膏剂,乳管注入	泌乳期奶牛,每乳室氨苄西林钠0.075克＋氯唑西林钠0.2克,2次/天,连用数天	休药期7天,奶废弃期3天
		干奶期奶牛,每乳室氨苄西林钠0.25克＋氯唑西林钠0.5克,隔3周再输注1次	休药期28天,奶废弃期30天

续表 1-7

药　名	制剂与用法	用量(用量以有效成分计)	休药期和奶废弃期
恩诺沙星	注射液,肌内注射	2.5 毫克/千克体重,1～2 次/天,连用 2～3 天	休药期 28 天
长效恩诺沙星	注射液,肌内注射	10～20 毫克/千克体重	休药期 28 天
乳糖酸红霉素	粉针,静脉注射	3～5 毫克/千克体重,2 次/天,连用 2～3 天	休药期 21 天
盐酸土霉素	粉针,静脉注射	5～10 毫克/千克体重,2 次/天,连用 2～3 天	休药期 19 天
碘胺嘧啶	片剂,口服	首次 0.14～0.2 克/千克体重,维持量 0.07～0.1 克/千克体重,2 次/天,连用 3～5 天	休药期 8 天
磺胺嘧啶钠	注射液,静脉注射	0.05～0.1 克/千克体重,1～3 次/天,连用 2～3 天	休药期 10 天,奶废弃期 3 天
复方磺胺嘧啶钠	注射液,肌内注射	20 毫克/千克体重,1～2 次/天,连用 2～3 天	休药期 10 天,奶废弃期 3 天
磺胺二甲嘧啶	片剂,口服	首次 0.14～0.2 克/千克体重,维持量 0.07～0.1 克/千克体重,1～2 次/天,连用 3～5 天	休药期 10 天
磺胺二甲嘧啶钠	注射液,静脉注射	0.05～0.1 克/千克体重,1～2 次/天,连用 2～3 天	休药期 10 天
阿苯达唑	片剂,口服	10～15 毫克/千克体重	休药期 27 天
双甲脒	溶液,药浴、喷洒、涂擦	配成 0.025%～0.05%的溶液	休药期 1 天,奶废弃期 2 天
溴酚磷	片剂、粉剂,口服	12 毫克/千克体重	休药期 21 天,奶废弃期 5 天

续表 1-7

药　名	制剂与用法	用量(用量以有效成分计)	休药期和奶废弃期
氯氰碘柳胺钠	片剂、混悬液，口服	5毫克/千克体重	休药期 28 天，奶废弃期 28 天
	注射液，肌内或皮下注射	2.5～5毫克/千克体重	
芬苯达唑	片剂、粉剂，口服	5～7.5毫克/千克体重	休药期 28 天，奶废弃期 4 天
氰戊菊酯	溶液，喷雾	配成 0.05%～0.1%的溶液	休药期 1 天
伊维菌素	注射液，皮下注射	0.2毫克/千克体重	休药期 35 天
盐酸左旋咪唑	片剂，口服	7.5毫克/千克体重	休药期 2 天
	注射液，肌内或皮下注射	7.5毫克/千克体重	休药期 14 天
奥芬达唑	片剂，口服	5毫克/千克体重	休药期 11 天
三氯苯唑	混悬液，口服	6～12毫克/千克体重	休药期 28 天

三、奶牛常用药物配伍禁忌

为了增强药物在奶牛主要疾病综合防控技术中的治疗效应，更好地提升药物综合防控能力，掌握以下奶牛常用药物在临床诊疗过程中的配伍禁忌(表 1-8)，对于提高从业人员的综合防治技术水平，具有十分重要的作用。

表 1-8　奶牛常用药物配伍禁忌

类别	药物	禁忌配伍的药物
抗微生物药物	青霉素	酸性药液、四环素类药物注射液，磺胺类药物、碳酸氢钠注射液等碱性药液，高浓度乙醇、重金属盐、高锰酸钾等氧化剂
	链霉素	较强的酸、碱溶液，氧化剂、还原剂、利尿酸、多黏菌素 E
	红霉素	磺胺类药物、碳酸氢钠注射液等碱性药液，氯化钠、氯化钙、林可霉素
	磺胺类药物	盐酸普鲁卡因、酸性药物和氯化铵等
	四环素类抗生素	中性和碱性溶液，如碳酸氢钠注射液，生物碱沉淀剂，阳离子
	氟喹诺酮类药物，如诺氟沙星等	强酸性或强碱性药液和金属阳离子等
	敌百虫	肌松药、甲基硫酸新斯的明和碱类药物
	莫能菌素或盐霉素	竹桃霉素和泰乐霉素
	硫双二氯酚	四氯化碳、乙醇与稀碱液
	左旋咪唑	碱类药物
循环系统药物	洋地黄毒苷	鞣酸、钾盐、钙盐、酸性或碱性药物和重金属盐
	硫酸亚铁	氧化剂与四环素类药物
	肝素钠	碳酸氢钠、乳酸钠和酸性药物
	酚磺乙胺	盐酸氯丙嗪与磺胺嘧啶钠
	枸橼酸钠	氯化钙和葡萄糖酸钙等钙制剂
	毒毛旋花子苷 K	氨茶碱和碳酸氢钠等碱性药液

续表 1-8

类　别	药　物	禁忌配伍的药物
消化系统药物	干酵母	磺胺类药物
	乳酶生	鞣酸蛋白、酊剂、铋制剂和抗菌剂等
	碳酸氢钠	生物碱类、酸及酸性盐、钙盐、镁盐、次硝酸铋、鞣酸及其含有物
	胃蛋白酶	强碱、强酸、重金属盐与鞣酸溶液
	人工盐	酸性药液
	胰　酶	稀盐酸等酸性药物
	硫酸镁	中枢抑制药物
	硫酸钠	钡盐、钙盐与铅盐
呼吸系统药物	麻黄碱	肾上腺素与去甲肾上腺素
	氨茶碱	维生素C等酸性药液和四环素类药物
	碘化钾	酸类或酸性盐类药物
	氯化铵	碳酸氢钠、碳酸钠等碱性药物和磺胺类药物
泌尿生殖系统药物	垂体促黄体素	抗肾上腺素药、抗胆碱药、麻醉药、抗惊厥药与安定药
	呋塞米	链霉素、新霉素、庆大霉素等氨基糖苷类药物，头孢噻啶和骨骼肌松弛剂
	山梨醇	生理盐水或高渗盐
	甘露醇	高渗盐水或生理盐水

续表 1-8

类别	药物	禁忌配伍的药物
神经系统药物	尼可刹米	碱性药物
	咖啡因	盐酸土霉素、盐酸四环素、碘化物与鞣酸
	水合氯醛	碱性溶液，或久置、高热
	溴化钠	氧化剂、生物碱类与酸类
	硝酸毛果芸香碱	碘及碘化物、鞣质、碱性溶液与硼砂
	水杨酸钠	铁等金属离子及其制剂
	安乃近	氯丙嗪
	巴比妥钠	氯化铵和酸类
	苯巴比妥钠	酸类溶液
	盐酸普鲁卡因	氧化剂和磺胺药物
	二甲苯胺噻唑	碱类溶液
	乙酰水杨酸	氨茶碱、碳酸钠和碳酸氢钠等碱类药物
	肾上腺素	氧化物、三氯化铁、碱类、碘酊与洋地黄制剂
影响组织代谢药物	维生素 B_1	碱类药物、氧化剂、还原剂、生物碱、氨苄青霉素、头孢菌素Ⅰ和头孢菌素Ⅱ、氯霉素、多黏菌素
	维生素 B_2	头孢菌素Ⅰ和头孢菌素Ⅱ、氨苄青霉素、氯霉素、多黏菌素、四环素、金霉素、土霉素、红霉素、新霉素、链霉素、卡那霉素、林可霉素与碱性药液等
	氢化可的松	强效利尿药、苯巴比妥钠、降血糖药和水杨酸钠等
	维生素 C	钙制剂溶液、碱性药液、氧化剂、氨苄青霉素、头孢菌素Ⅰ和头孢菌素Ⅱ、氯霉素、多黏菌素、红霉素、新霉素、链霉素、四环素、金霉素、土霉素、卡那霉素、林可霉素等
	氯化钙	碳酸氢钠与碳酸钠溶液
	葡萄糖酸钙	水杨酸盐、碳酸钠溶液、碳酸氢钠和苯甲酸盐溶液等

续表 1-8

类别	药物	禁忌配伍的药物
消毒防腐药物和解毒药物	乙醇	氯化剂与无机盐等
	高锰酸钾	乙醇、鞣酸、氨及其制剂、甘油和药用炭
	硼酸	鞣酸与碱性药物
	碘及其制剂	生物碱类药物、铵盐类、淀粉、氨水、重金属盐、龙胆紫和挥发油
	过氧化氢溶液	高锰酸钾、碱类、药用炭、碘及其制剂
	硫代硫酸钠	亚硝酸钠等氧化剂与酸类药物
	亚硝酸钠	碘化物、氧化剂、酸类与金属盐等
	碘解磷啶	碱性药物
	亚甲蓝	氧化剂、强碱性药物、还原剂及碘化物等
	漂白粉	酸性药物
	硫酸阿托品	碘及碘化物、碱性药物、鞣质与硼砂等药物
	依地酸钙钠	硫酸亚铁等铁制剂药物

四、奶牛疾病中药特色治疗

在奶牛主要疾病综合防控技术实践中，对奶牛的脾胃病、寒证、热证、虚证、实证和感冒病症，采用中兽医药进行综合防治，有西医不可替代的优势和特色。

（一）脾胃病　奶牛以其独特的多胃结构而在生理、病理上有其自身的特点，因而在治疗上也应有区别于其他动物的用药特色。尤其是各胃之间在生理上的相互联系，病理上的相互影响，给临床治疗带来了许多变数，所以其用药技巧也就更加突显，对指导奶牛疾病综合防控技术和临床治疗用药，都具有十分重要的意义。反刍，是奶牛脾胃功能的一个重要生理特点，由于恐惧、愤怒、痛苦、过劳和各种疾病，都可出现反刍无力、减少、弛缓或停止。脾胃为后天之本，气血生化之源，是供给奶牛营养、增强体力、促进痊愈的基础，所以一般都把恢复奶牛的反刍功能和预防反刍疾病的发生，作为奶牛疾病综合防控技术的重要措施之一。在生产实践中，用于促进反刍效应的中药，通常有以下几种。

1. 槟榔　有人用槟榔 50～100 克，配合其他健脾理气药物，治疗奶牛前胃弛缓等前胃疾病，用药后 1～1.5 天反刍增强，3～5 天反刍恢复正常。

2. 椿根皮　有人用椿根皮 60 克，配常山、萝卜子、槟榔等药组成椿皮散，治疗奶牛顽固性前胃弛缓，1～2 剂即可出现反刍。

3. 常山　为虎耳草科植物黄常山的干燥根。古有“常山遇甘草必吐，生用、重用作用加强”之说。有人用常山 200 克、甘草 100 克，治疗奶牛瘤胃积食 1 000 余例，疗效甚佳。由此可知，常山生用、重用、配甘草用，是优良的促进反刍药物。

4. 蟾酥　有人用蟾酥 10 克、香附 480 克、大黄 120 克，配成蟾酥散，治疗奶牛前胃疾病效果良好。用药 1～2 次后，症状消失，瘤胃出现蠕动，反刍恢复正常。

5. 马钱子酊　又名番木鳖酊，一般列为苦味健胃药，常用量 10～30 毫升。本品具有促进胃肠蠕动和兴奋反刍的作用，主要用于消化不良和前胃弛缓等病症。

6. 藜芦　藜芦为百合科植物，有效成分为藜芦碱、原藜芦碱和伪藜芦碱。本品可加强瘤胃平滑肌收缩，常用 6～24 克，可兴奋奶牛反刍。

7. 啤酒花　用开花阶段的啤酒花全草干品 150～350 克，煎 2 次，合并煎液，一次胃管投服，治疗奶牛前胃疾病效果甚好。服药后 30 分钟即出现瘤胃蠕动音，反刍次数增加，反刍时间延长。

8. 榆白皮　榆白皮有增强平滑肌收缩，增强肠胃蠕动，促进反刍的作用。每次用本品 1 000～1 250 克切碎，水煎成浓汤灌服，治疗奶牛前胃弛缓，1～2 剂即可治愈。

9. 侧柏叶　有人用干侧柏叶粉给犊牛饲喂，每次 50 克，每日 3 次，发现服药后瘤胃蠕动频率、反刍食团数、再咀嚼次数、咀嚼速度以及昼夜总咀嚼次数均显著增加，说明用侧柏叶治疗奶牛反刍停止确有疗效。

（二）奶牛寒证　在治疗奶牛寒证的临床实践中，常常妙用二术、二皮与桂茴，可以收到立竿见影的效果。在治疗奶牛疾病的中兽医文献中，寒证主要是指寒侵和水伤脾胃，故用药多从脾胃着手。

1. 二术的妙用　二术即苍术和白术，中兽医认为苍术能健脾和中、去温发汗，白术温胃进食、补脾土能止泻。苍术味辛、白术味甘。两者一辛一甘、一散一补，燥湿升阳散郁，健脾补气生血，两者相须为用，呈培土和中之功，相辅相成。故《牛经大全》中因伤及脾胃而患脾病、胃翻病、鬼气抽脾、困水膈痰之病牛用二术，而对于新病、实证之脾痢病、水伤病只用苍术，对体虚脾弱之患泻荡病牛，只用白术，药切病机，恰到好处。

2. 二皮的妙用　二皮即青皮和陈皮，青皮偏入肝胆、破气散郁、兼能治疝气，陈皮偏入脾肺、理气和胃、燥湿化痰。两者一破气，一理气，一疏肝、一和胃，相互配伍，不仅是治疗脾胃寒证的理气主药，而且也是治疗其他脏腑气滞寒凝或血瘀的要药。对奶牛的脾痢病、胃翻病、水伤病、泻荡病、困水伤五脏等病症均用二皮治疗，用途非常广泛。

3. 桂茴的妙用　桂茴即肉桂和茴香，肉桂温命门之火、逐腹中之寒，茴香散寒止痛、和胃理气。中兽医古籍有肉桂"暖荣、行气止痛、善能调冷气"，茴香"走小肠、去腹痛，开胃腑"和"增进食欲"等记载。临床治疗奶牛的脾胃寒证，常用桂茴而少用姜附、吴茱萸、丁香等药的道理，在于奶牛脾胃寒证多因寒湿侵入，冷水伤及之故，除表现有脾胃寒证外，还有颤忙忙、四肢不收、长眠头伏地等肾阳虚衰之象，这在临床上不难见到，而桂茴较其他温里药具有脾肾同治的特点，两者配伍，药力更强，实际运用，收效甚好。

（三）奶牛热证 在治疗奶牛热证的临床实践中，常常用二母配伍，其临床疗效尤佳。二母即知母和贝母，知母滋阴降火、润燥滑肠，无黄连、栀子等苦寒药化燥伤阴之弊，贝母润肺散结、止咳化痰，在治疗奶牛疾病时则广泛用于治疗肺热喘息病、肺痛把膊、肺痨病、瘟疫病、心风狂病等热证。热邪侵入奶牛机体，在内多侵害肺与胃肠，表现为喘促、渴饮、粪燥等症状。在外邪侵犯肌表，多呈体表发热、疮黄肿毒等。二母相伍，内可清泻肺胃、滋阴滑肠，外可解肌热、消肿散结，功兼内外，相得益彰，可收到事半功倍之效。配伍技巧独创新意，拓宽了二母配伍的应用范围。

（四）奶牛虚证 治疗奶牛虚证采用白芍与温补药共用，效果极好。白芍苦酸凉、敛阴和营、补血柔肝、缓急止痛，敛可阻止机体继续虚脱，补可修复机体受损之处，与肉桂、吴茱萸、白术和甘草等温补药为伍，一敛阴固脱，一助阳益气，一静一动，气血俱补，阴阳互生。所谓温，从扶正角度看，具有补的性质，温补之法也符合“虚者必挟寒”的理论。如在奶牛患脾痢病、困水伤五脏、黄癫瘦病、胞虚病时，均可采用白芍配合温补药物治疗。这种配伍技巧有法可循，有方可依，诉诸理论可证，验诸实践可信，体现了中兽医学“虚者补之、损者益之、劳者温之”的治疗原则，这对采用中药配伍来进行奶牛疾病综合防控具有很大的指导作用。

（五）奶牛实证 治疗奶牛实证，常用攻逐泻下药物。在奶牛疾病综合防控的临床诊疗实践中，除寒实和实热证外，实证主要是指胃肠积滞之症。水草胀肚、宿草不转、料伤脾胃和百叶干燥，均可采用大戟、甘遂、牵牛、滑石、大黄、猪脂等常用药物进行攻逐泻下。之所以这样，是因为奶牛在生理上不仅有 4 个胃，肠的圆盘也较多，水草容量大，故积滞后较难治疗；从病理上看，胃积滞与肠便秘可相互影响，互相累及。如草料积滞，既可化腐生热，又可导致气血瘀滞，水液代谢受阻，引起痰湿积聚。因此，治当速战速决，攻逐泻下。若姑息养奸，势必酿成后患。再从药物功用上看，大黄、滑石、猪脂的通肠和滑肠功能，主要是针对草料的积滞而言。而大戟、甘遂、牵牛不仅具有致泻作用，更主要的是能逐水湿从粪便排出，可见后者与病机更加贴切，两者配伍力量更大，其立意深远。运用攻逐法治疗奶牛的胃肠疾病，屡用屡验，经久不衰。大戟、甘遂、牵牛、滑石、大黄、猪脂等药，也被作为治疗奶牛胃肠实证的传统通用药物，如果与黄芪同用，既可攻逐泻下，又能防止正伤，这种配伍技巧，在治疗奶牛的脾胃病症中尤为重要。

(六)奶牛外感　四季皆有不正之气，故四季均有外感病，六淫之邪通过内因始生致病作用。外邪侵入的部位不同所致症状不同，其治法也各异。辨表里即为分层次，论虚实即考虑邪、正关系。所以，治疗奶牛外感病的中药也有其自身特点。

1. 祛邪予出路　在治疗上，驱除外邪要予以出路，万不可闭门留寇。祛邪之路有三，为汗、为二便。邪在表以汗解，在里多从粪便而除。因此分清表里和邪之部位最为重要。在奶牛疾病综合防控的临床诊疗中，过汗则伤津，致阴虚而邪不去；过下则正衰而气下陷，致旧邪未除新邪又侵。汗之、下之恰到好处实为临床诊疗人员较难掌握之事，若引邪由膀胱水道外出则较为妥帖。外感发热初期邪偏表可以芦根伍浮萍，则外邪可从汗、尿两途而去，外感2～3日不解可用芦根伍茅根，芦根生津偏清气分之热，而茅根则偏清血分之热，可引热从尿液而去又可透疹。当邪热已偏里，可用竹叶伍滑石，以清里热、利小便。以上对药既不伤津又可清热，使邪从汗、尿而解。

2. 辛温凉共济　临证中纯属外感风寒，风寒束表者较之风热感冒者为少，故以麻桂相伍远不如桑菊相伍用得多。桑叶辛凉疏风清热，菊花辛凉解表明目，合用以治风热为患，头昏目眩流涕等。治疗流感每在桑菊对药基础上加用金银花配连翘，再根据辨证适当配伍相关药品，取效甚捷。金银花、连翘辛凉解表清热，据现代药理研究分析两者均有抗菌消炎和抗流感病毒的作用。

3. 肺大肠同治 外感咳嗽，上呼吸道感染，其表证未解者，可用白前伍前胡，白前降气化痰止咳，前胡散风清热降气去痰，两者合用治表证未解，肺气不宣，咳嗽初起，痰吐不爽，咽痒气逆之症。外感数日，上呼吸道感染表邪甚少，肺热已见，咳嗽吐痰加重，每以百部配白前以润肺清热降气除痰；或以海浮石伍旋复花，海浮石清热化痰，旋复花去痰止咳，两者一化一宣以治痰热咳嗽，痰吐不易，起卧不安诸症；紫菀伍橘红，化痰止咳，对痰阻胸膈所致咳嗽吐痰者亦为常用；见咳嗽痰黏稠，肺阴受伤，粪便干燥者，以杏仁伍川贝，两者清热化痰，润肺止咳；对上呼吸道感染日久不愈，已无表证，咳嗽喘有痰者，以紫菀伍苏子，紫菀止咳逆上气去痰，苏子止咳平喘下气消痰，两者一润一降，止咳平喘；对久喘不愈者常用麻黄配熟地黄或麻黄伍胡桃仁治之，偏肾阴亏者熟地黄补肝滋胃，麻黄宣肺平喘，麻黄之辛散去熟地黄之腻，熟地黄又制麻黄之燥散，一肺一肾可治久喘。如若偏肾阳亏者以胡桃补肾阳以纳气，伍麻黄共治久喘。

4. 寒凉勿早使 外感不宜过早使用寒凉黏腻之品，如生地黄、麦门冬、黄芩、黄连、黄柏、石膏、大黄等常致引邪入里，邪无出路必伤正气，则邪愈盛热愈炽，病不愈反加重，此即谓闭门缉盗。但是临证常见表未解而里热已炽，此时可用栀子伍豆豉，石膏伍薄荷，黄芩伍芥穗，既可解表又可清热，相互为用效果亦彰。

五、奶牛常用无抗饲料添加剂

奶牛的无抗饲料添加剂，既具有增进食欲、促进消化吸收和快速生长的功能，又具有抗菌消炎、有效提高机体免疫力、预防和治疗多种疾病，以及提高奶牛成活率的效应。同时，还有营养结构合理，可提高奶牛产奶量，纯天然、无污染、高效低毒、绿色环保等优点。开发无抗奶牛饲料添加剂，不仅可解决奶牛的药物残留问题，而且能改进牛奶和肉的品质及风味，进而增强乳品企业的市场竞争力。可提高区域饲料加工的附加值，为饲料加工业寻求新的经济增长点，促进当地奶牛养殖业的跨越式发展。

(一)主要原料　奶牛无抗饲料添加剂的原料来自动物、植物、矿物质及其产品，经长期筛选，保持了各组分的自然状态和生物特性，保留了对人和奶牛有益无害且易被吸收的天然物质精华。

1. 主料　豆饼、麦麸、啤酒糟、玉米等。

2. 药料　除添加艾草、白芍、陈皮、苍术、蚕蛹、神曲、冬瓜子、黄芩、红花、莱菔子、苜蓿、麦芽、牛蒡、山楂、淡竹叶、吴茱萸、鱼腥草、延胡索、益智仁、枳实、楮实等多种常用中草药外，还可添加以下有专属功能的药料。

(1)增强免疫性能的药物　包括刺五加、穿心莲、大蒜、党参、当归、茯苓、黄芪、马兜铃、水牛角、商陆、甜瓜蒂、淫羊藿、猪苓等。

(2)促进激素样效应的药物　包括补骨脂、虫草、穿心莲、大蒜、当归、甘草、枸杞子、高良姜、附子、秦艽、雷公藤、人参、酸枣仁、水牛角、蛇床子、吴茱萸、五味子、香附、细辛、淫羊藿等。

(3)提升抗应激功能的药物　包括刺五加、柴胡、党参、地龙、黄芪、黄芩、人参、水牛角、西河柳、延胡索、鸭跖草等。

(4)强化抗微生物能力的药物　包括阿胶、板蓝根、穿心莲、当归、丹参、大蒜、大青叶、枸杞子、桔梗、金银花、鸡血藤、连翘、蒲公英、蟾酥、何首乌、射干等。

(5)增加驱虫效果的药物　包括百部、槟榔、贯仲、南瓜子、硫黄、使君子、乌梅等。

(6)突显疾病防治作用的药物　包括百部、大蒜、胡颓子、桑白皮、苏子、石榴皮、蛇床子、仙鹤草、杏仁等。

3. 微量添加剂　包括磷酸氢钙、食盐、谷氨酸钠、赖氨酸等。

4. 益生合剂　包括枯草芽孢杆菌、地衣芽孢杆菌等。

(二)配制原则　配制的无抗饲料添加剂，微量高效，可替代抗生素,产生非特异性调节因子。经加工混入饲料后,室温下不易氧化分解;进入肠道后能抑制大肠杆菌、沙门氏菌、葡萄球菌、梭状芽孢杆菌等致病菌;在胆汁中,要求低 pH 值,稳定性好。

(三)配制方法 将各种物料粉碎后充分混匀,使其色泽一致,没有色斑。尤其是微量成分,一定要按照先少后多、逐级放大的原则进行混合。

先将主料除去杂物后粉碎成 20 目细粉;药料经筛选、清理、干燥后,先粉碎成 1～2 厘米的粒度,再粉碎成 1～2 毫米的细粉;微量添加剂称量后,分别粉碎成 100 目左右的细粉,以利于混合均匀。

将粉碎后的玉米、啤酒糟拌入按菌种比例配好的益生合剂,于 60℃左右堆积培养 24 小时,至每克产生 10^6 个以上的大量芽孢。

将 0.1%益生合剂、1%微量添加剂与主料一起,按微量成分先与少量主料混合均匀后,再与物料混匀的原则,充分混匀后,再与 7%的中草药细粉充分混合均匀。

混匀的物料于 48℃～50℃、蒸汽压 0.21～0.4 兆帕的调质机内调制,并通过制粒机压制成 0.1 厘米×1～2 厘米的颗粒。制粒后,将颗粒料通过冷却器冷却至室温,并使水分蒸发至 12%～13%,使颗粒硬化。然后将物料过筛,未成型的物料经筛分后与配好的物料重新混合压制。最后将颗粒成品称量,装袋,于干燥、避光、通风处贮藏。

第二章 奶牛普通病

奶牛普通病是指奶牛的非传染性疾病，如胎衣不下、不孕症、乳房炎、肢蹄病、产后瘫痪、酮病、瘤胃酸中毒、肥胖综合征、流产、难产、子宫脱出、前胃疾病、皱胃变位、创伤性网胃-心包炎、犊牛腹泻、脐带炎、血尿等。这些疾病虽不传染或传染性比较弱，但经常发生，除其本身对奶牛健康与生产性能造成危害外，还会使奶牛机体抵抗力下降，给传染病的发生创造条件，故也是临床上主要防治的疾病。由于酮病等营养代谢病多为群体发生，尤其是随着规模化与集约化养殖的不断加强，其对奶牛业所造成的危害日趋明显。因此，为了加强对奶牛普通病的研究与防治，将其单列成章。

第一节 概 述

一、奶牛普通病的病因特点

奶牛普通病主要是由于饲养管理、环境卫生、气候变化等非传染性因素所致，但也不排除有感染性因素的联合或继发性感染，如乳房炎、子宫内膜炎等。普通病给人的印象似乎是某一种因素引起的病症，但实际上常常是多种因素联合作用，或以某种因素为主，或是几种疾病混合发生，或是某种病理结果与其致病因素一起作用，作为后继疾病发生的原因等。如奶牛乳房炎，不仅与其有关的病原就有 150 余种，而且气候变化、饲料中微量元素与维生素等营养因素，也对其发生与临床防治效果具有重要的影响。在饲料中单独或联合添加硒、胡萝卜素等，可以降低奶牛群的乳房炎发生率。机体免疫功能状态改变、脓肿形成、抑制抗生素物质的产生，以及在实验室条件下没有表现出来，但在动物活体中产生的毒素等，使抗生素的临床疗效常常与实验室药敏试验结果不相关联等。因此，在对奶牛普通病病因的考察与分析中，切忌拘泥于某种所谓的"主要因素"，而忽视其他因素与病症的存在。在临床治疗与处理中，既要抓住重点，又要兼顾其他的因素与病症的存在，做到全面、准确又有重点，才能取得绝佳的临床治疗效果。

二、奶牛普通病的临床症状特征

大多数普通病都有其临床症状特征，尽管这些症状千姿百态，但仍有其自身的规律和属性。根据临床症状特征，可以做出所患疾病的初步或提示性诊断。然而，由于疾病发生、发展与转归过程中各种因素的影响，或与其他疾病混合发生，临床特征有时表现得不十分明显，或是在一种疾病的临床特征下掩盖着另一种或几种病症。这就要求我们在临床实践中，既要依据临床特征，又要全面综合考察，才能做到准确无误或尽量减少失误。

三、奶牛普通病的诊断方法

普通病的诊断，主要是根据其临床特征与相应的实验室检验进行的。由于普通病种类多，许多病症的临床特征具有一定的相似性，且临床上常常有可能是混合发生，或相互为诱因继发发生，其临床诊断一定要在全面、仔细、深入了解与综合分析的基础上做出，特别是要在排除烈性传染病或寄生虫病的前提下进行，以免因出现重大失误而造成巨大损失。

四、奶牛普通病的防治措施

防止普通病发生的方法，一是进行药物预防，在饲料或饮水中添加增强奶牛抵抗力的药物；二是加强饲养管理，搞好饲养环境的卫生消毒，进行科学的饲喂与管理。只有奶牛群体抗病能力增强，才能有效抵御疾病的发生。

第二节　奶牛常见普通病的综合防治

奶牛普通病的种类很多，由于受我国地域物化因素的影响，各地奶牛普通病的发生也不一样。下面根据近年来奶牛的临床发病情况，对下列普通病做一介绍。

一、前胃弛缓

前胃弛缓是由于各种原因引起奶牛前胃神经兴奋性降低、收缩力减弱，草料停滞于胃，瘤胃内容物运转缓慢，微生物区系失调，产生大量发酵和腐败物质，导致以消化功能障碍，食欲、反刍减少为主要特征的一种疾病。临床上以食欲减少、前胃蠕动减弱或停止、反刍和嗳气缺乏为特征，一年四季皆可发生。

【病　因】 原发性前胃弛缓多因饲养管理不善，长期单一饲喂麦秸、豆秸等不易消化的粗纤维饲料，或饲喂发酵、腐败、变质或冰冻的饲料，伤及奶牛消化功能；或长途车船运输，内伤阴冷影响胃肠的传输，致使机体得不到足够的营养物质而羸瘦、虚弱、气血不足，进而导致消化功能障碍；或精饲料喂量过多，不能很好消化；粗饲料不足，糟粕类等工业副产品饲喂过量；粗饲料品质低劣，突然改变饲养方式和饲料品种，如适口性差的饲料改为适口性好的饲料；或受寒感冒、卫生不良、牛舍阴暗、密集饲喂等；也可因百叶干、腹胀、宿草不转、急性传染病、血液寄生虫病、创伤性网胃炎、酮病、乳房炎和中毒病等继发本病。

【症　状】 病牛精神不振，头低耳耷，卧多立少，鼻镜干燥。食欲减退或挑食，采食量下降，反刍次数减少或见咀嚼运动减弱，嗳出气体具有不良气味，瘤胃收缩减弱，运动次数减少，瘤胃内容物呈酸性且纤毛虫数量减少；或伴有腹泻，粪便呈泥状、半液体状或水样，有恶臭；病程长者被毛粗乱、眼窝下陷、四肢发凉、消瘦，严重者发生脱水和酸中毒，卧地不起，泌乳停止。

【诊　断】 根据病史与临床症状等即可做出诊断。用胃管抽取瘤胃液体，若 pH 值低于 5.5、纤毛虫数量低于 7 万个/毫升，可作为辅助诊断依据。

【治　疗】 消除病因、清理肠胃、兴奋瘤胃、制止腐败发酵、防止脱水和酸中毒。

1. 西药治疗

(1)促进瘤胃蠕动　酒石酸锑钾 2～4 克，口服，每日 1 次，连用 3 天；或用促反刍液 500～1 000 毫升，一次静脉注射；或用 10%氯化钠注射液 300～500 毫升和 10%安钠咖注射液 20～30 毫升，一次静脉注射；或用新斯的明 20 毫克，一次皮下注射，隔 2～3 小时再注射 1 次(妊娠母牛忌用)。

(2)改善瘤胃功能　5%氯化钙注射液 250 毫升、10%氯化钠注射液 400 毫升、10%苯甲酸钠咖啡因注射液 20 毫升，静脉注射；也可用 5%葡萄糖注射液 1 000 毫升静脉注射，同时肌内注射胰岛素 150 单位。

(3)制止过度发酵　伴有瘤胃臌气时，可用松节油 30 毫升或鱼石脂 6～15 克，加水适量灌服；便秘时可灌服硫酸镁或硫酸钠 100～300 克；继发胃肠炎时，可用磺胺类药物或抗生素。

(4)健胃促进消化　恢复期可给予龙胆粉、干姜粉、碳酸氢钠各 15 克，马钱子粉 2 克，混合一次灌服，每日 2 次。

2. 中药治疗　根据临床证候予以辨证遣方派药。

若精神短少、体瘦毛焦、倦怠乏力、多卧少立、食欲减退、粪便稀薄、口色淡白、脉细无力，证属中焦气虚、脾胃失和，则可补中益气、健脾和胃。如用扶脾散，茯苓 30 克，泽泻 18 克，白术(炒)、苍术(炒)、党参、黄芪各 15 克，青皮、木香、厚朴各 12 克，甘草 9 克，共研为细末，温水调后灌服，连服数剂。或用参苓白术散，白扁豆

60克，党参、白术、茯苓、甘草、山药各45克，莲子肉、薏苡仁、砂仁、桔梗各30克，共研为末，开水冲调，候温灌服，或煎汤灌服。或用补中益气汤，炙黄芪90克，白术、陈皮、党参各60克，炙甘草45克，柴胡、升麻各30克，水煎滤液，候温灌服。也可电针关元俞、脾俞、百会等穴，或采用红花50克，加水适量浸泡30分钟（水量以浸透红花为宜），文火煎煮后制成红花液100毫升，用注射器吸取20～30毫升，于左侧或左右两侧耳根穴（耳后凹陷处）皮下注射，一般在注射后10～30分钟，前胃蠕动音即开始增强，瘤胃蠕动波明显。4～12小时开始反刍，并排出粪便。个别病例12小时内若无明显效果，可再用药1次，多在1～3日内康复。

若奶牛倦怠喜卧、行走乏力、食欲时好时差、口内黏滑或口涎外流、腹部胀满、大便溏泻、小便短少、舌苔白腻、脉细缓，证属脾失健运、湿困中焦，则可健脾祛湿、养胃消食。如用平胃散加味，大枣90克，白术、苍术、党参、茯苓、黄芪各60克，陈皮、厚朴各45克，甘草、生姜各20克，共研为末，开水冲调，候温灌服。或用胃苓汤，白术、陈皮、苍术、茯苓、厚朴各45克，泽泻、猪苓各30克，甘草18克，肉桂15克，加姜、枣，水煎候温灌服。也可电针脾俞、百会、肚角、关元俞，或采用0.2%硝酸（或盐酸）士的宁注射液5～10毫升，用12号注射针头于脾俞穴垂直刺透皮肤，然后改变进针方向，平行于皮肤，沿皮下刺入约3厘米，注药即可。

若奶牛口内酸臭，口津黏少、色红赤，苔黄腻，粪便黏腻不爽，尿液黄而少，脉濡数，证属湿聚中焦、郁久化热，则可清热利湿、开胃消食。如用三仁汤，神曲、麦芽各60克，滑石、薏苡仁各45克，白术、茯苓各35克，半夏、杏仁各30克，白蔻仁、通草、竹叶、厚朴各15克，水煎滤液，候温灌服。或用黄芩滑石汤，黄芩、滑石、猪苓、茯苓各45克，白蔻仁、大腹皮、通草各15克，水煎滤液，候温灌服。或用健脾散加味，党参、山药、山楂、麦芽、神曲各50克，白术、陈皮、木香、肉豆蔻、砂仁各45克，茯苓、黄连各30克，甘草20克，水煎取汁，候温灌服。无热者去黄连，气虚者加黄芪，腹胀甚者加厚朴、枳实。也可针脾俞、百会、肚角、关元俞、顺气穴等。

若奶牛耳鼻皮温偏低、四肢发凉、被毛逆立、鼻汗不成珠、口流清涎、大便稀薄、小便清长、脉沉迟微弱，证属脾虚累胃、阳虚寒生，则可温中散寒、消食醒脾。如用理中汤合保和丸加减，党参、干姜各 45 克，白术、茯苓、莱菔子、山楂、神曲、炙甘草各 30 克，半夏 25 克，水煎后取滤液，候温灌服。或用健脾散去黄连合桂附理中散，白术、党参各 50 克，附子、干姜、肉桂各 30 克，炙甘草 20 克，便泻甚者加灶心土，腹痛甚者加白芍、延胡索，水煎后取滤液，候温灌服。也可针脾俞、肚角、关元俞，或采用 10％葡萄糖注射液 20 毫升、0.2％硝酸士的宁注射液2～4 毫升，混合注入右侧颈静脉沟上 1/3 与中 1/3 交界处的食管与气管之间的健胃穴，针向对侧斜下方刺入 5～6 厘米，针尖抵达气管轮后，稍向上退再刺入少许即可。

【预　防】 加强饲养管理，根据生理状况和生产性能的不同而合理配给日粮，注意精粗饲料比和磷钙比，尤其是要防止单纯追求泌乳量而片面追加精饲料的现象，以保证机体能够获得必要而全面的营养物质。要坚持合理的饲养管理制度，不突然变更饲料，严禁饲喂发霉变质饲料。及时发现、诊断与治疗相关疾病，减少继发性前胃弛缓的发生。

二、瘤胃积食

瘤胃积食是因瘤胃内食物停留和积滞过多，引起胃壁过度伸张，致使其体积增大、运动功能紊乱，并引起病牛脱水和毒血症的一种疾病，多发于冬季。

【病　因】 多因突然更换饲料，贪食大量干饲料后饮水不足；或久喂干红薯藤、豆饼、块根等粗硬且易于膨胀的饲料；或长期运动不足和管理不善，致使消化功能低下，宿食停滞；或因前胃弛缓、创伤性网胃炎、百叶干、皱胃炎等病，致使消化功能紊乱，瘤胃内长期宿积超量草料，使胃壁扩张、麻痹，蠕动降低，导致瘤胃内环境和pH值均发生变化，食物积滞不能腐熟，遂发生本病。

【症　状】 食欲、反刍、嗳气减少或废绝，病牛呻吟、努责、腹痛不安、腹围显著增大，尤其是左肷部表现明显。外部触诊瘤胃充满、坚实并有痛感，叩诊呈浊音。排便稀软或腹泻，尿少或无尿，鼻镜干燥，呼吸困难，结膜发绀，脉搏快而弱，但体温正常。后期出现严重的脱水和酸中毒，呈现眼窝下陷，红细胞压积由30%增加至60%，瘤胃内pH值也显著下降。最后，病牛步态不稳，站立困难，昏迷倒卧于地。

【诊　断】 发病牛有采食过多的病史，腹围增大，左侧瘤胃上部饱满，中下部向外突出；病牛不时回头顾腹，按压瘤胃病牛躲闪、内容物充满，且指压留痕；瘤胃蠕动力量减弱，蠕动次数减少。

【治　疗】 消除病因和积滞、兴奋瘤胃、补液强心、纠正酸中毒。

1. 西药治疗

(1)制止异常发酵　硫酸钠或硫酸镁500～800克，配成8%～10%水溶液，一次灌服；或用液状石蜡1 000～1 500毫升，一次灌服；或用硫酸钠800克、鱼石脂20克，加足够常水，一次灌服。治疗期间可限制采食1～2天，但不限制饮水，待食欲、反刍出现后，逐渐少喂一些柔软的饲草。

(2)兴奋瘤胃　酒石酸锑钾8～10克，溶于2 000毫升的水中，每日灌服1次；或用10%氯化钠注射液500毫升，一次静脉注射；或用10%氯化钙注射液200毫升、10%葡萄糖注射液1 000毫升，一次静脉注射，同时肌内注射新斯的明60毫升。

(3)防止酸中毒　5%碳酸氢钠注射液500毫升、5%糖盐水2 000～3 000毫升、25%葡萄糖注射液500～1 000毫升，一次静脉注射。

2. 中药治疗　若病牛左肷部膨大坚实，拱腰努责，常作排便状，站立不安，回头顾腹，时有出气喘粗，食欲反刍减少或停止，粪便呈黑色，表面覆盖黏液或带血，鼻镜无汗或少汗，口赤津少，脉象沉实，病程短，病牛多壮实，证属食积于胃、滞而不通，则可攻积导滞、泻下通肠。如用行气散加减，芒硝 250 克，神曲 120 克，大黄、黄芪、滑石各 60 克，黄芩、厚朴、牵牛子、枳实各 45 克，大戟、甘遂各 30 克，猪脂 25 克，水煎后取滤液，候温灌服。或用椿皮散，椿皮 60～90 克，柴胡、常山各 20～25 克，莱菔子 60～90 克，枳实或枳壳 30 克，甘草 15 克，水煎取汁，候温灌服，或研末用温水调服。或用大承气汤加减，芒硝、山楂、麦芽各 120 克，鸡内金 100 克，大黄、枳实各 60 克，陈皮、厚朴各 45 克，诸药研末，温水冲调灌服。或用食醋草木灰油法，食醋 400～600 毫升，加 1 倍量水，煎数沸；草木灰水 2 000～3 000 毫升；猪油 500～1 500 克，加开水冲化。各药间隔 15～30 分钟，先灌服食醋，再灌草木灰水，最后灌猪油。4～6 小时后，再煎服五谷虫 100 克，萝卜干 150 克，以促进消化。或用保和丸加味，炒莱菔子 100 克，炒神曲 80 克，山楂、黄连各 30 克，陈皮 24 克，木香 15 克，共研为细末，加食醋 500 毫升和开水适量，加温灌服。臌气者加乌药、香附、枳壳，瘤胃蠕动无力者加高良姜、草豆蔻、麦芽，粪便干黑、量少者加大黄，石膏，耳鼻发凉者加桂枝、生姜，流涎者加半夏、茯苓、苍术，流鼻液者加瓜蒌。

也可先放出瘤胃内气体，然后根据瘤胃内臌胀情况，用 25～30 升 18℃～30℃的温水灌胃，再连同内容物一并导出；隔 30～60 分钟再导洗 1 次，2～3 次即可。洗胃时间宜在中毒性瘤胃炎发生之前，但体弱及伴有支气管炎、肺气肿的病例不宜使用。或在左侧倒数第二至第三肋间，距脊椎 18 厘米处取食胀穴，用圆利针向斜下方刺入 12～15 厘米，配百会穴，通电 30 分钟拔针，然后牵遛。一般针后 2 小时开始反刍，逐渐恢复食欲。

若病牛瘦弱、站立痴呆、四肢颤抖、卧地呻吟，瘤胃蠕动微弱或停止，按压坚实而留压痕，口黏津少、色淡白、脉沉细，证属脾失健运、积胃成滞，则可健脾开胃、消积化滞。方用消积导滞散，芒硝250～600克，大黄90～120克，厚朴、麦门冬、神曲、山楂、枳实各60克，槟榔30克，诸药共研为细末，开水冲调，候温灌服。或用和胃消食汤，槟榔、茯苓、刘寄奴、山楂、枳壳各30克，木通、青皮、神曲各18克，厚朴、木香各15克，甘草12克，水煎滤液，候温灌服。或用保和丸，山楂180克，半夏、茯苓各90克，神曲60克，陈皮、连翘、莱菔子各30克，诸药研末，每次150克，开水冲调，候温灌服。

也可针治山根、百会、脾俞、滴明穴；或用胃管导胃，首先站立保定病牛，助手用牛鼻钳将牛头提起伸直，术者左手拉出牛舌并靠在嚼肌上，以防咀嚼，右手将胃导管尖端插入口腔，随吞咽动作送到贲门，边转动胃导管边慢慢推入瘤胃。如有排尿姿势或排尿液，即表示已达适宜部位，可停止再进，并退出10厘米左右，随即转动胃导管送入，再退出20～30厘米，再送。如此反复进退、转动和搅动，促使病牛吐出胃内容物。

3. 洗胃与手术疗法　用直径20～25毫米、长250～300厘米的胶质胃管插入瘤胃内，来回抽动，以刺激瘤胃收缩，并使瘤胃内液状物经导管流出。若瘤胃内容物不能自动流出，可在导管另一端连接漏斗，取生石灰500克，加入3 000～4 000毫升水，搅匀静置后取上清液2 000～4 000毫升通过漏斗注入瘤胃，取下漏斗并放低牛头和导管，反复用虹吸法将瘤胃内容物引出体外，也可将精饲料洗出。对顽固性瘤胃积食，在应用保守疗法无效时，应立即行瘤胃切开术，取出大部分内容物以后，再放入适量的健康牛瘤胃液。

【预　防】　加强饲料保管，严格执行饲喂制度，防止过食。精饲料、糟粕类饲料应按规定量供给；粗饲料应做好加工调制，并适量饲喂。治疗本病时一般先停食1～2天，再按摩瘤胃，促进其活动，以帮助排除胃内容物。若能结合温水反复洗胃，清除胃内容物，再结合针灸或药物治疗，常能获得满意效果。

三、皱胃移位

皱胃移位是指皱胃由瘤胃和网胃的右侧腹底及体正中线偏右的正常位置，移至瘤胃与网胃的左侧与左腹壁之间，引起消化器官功能紊乱的一种疾病。其临床特征是慢性消化系统紊乱，85%～88%的病例为左侧移位，常发生于母牛分娩后，高产奶牛特别易发。

【病　因】 干奶期精饲料、玉米青贮喂量过高，加重了消化道的负担，导致瘤胃、皱胃弛缓的发生；妊娠后期，子宫逐渐膨大，将瘤胃上抬，皱胃逐渐向前推移到瘤胃左方；当皱胃张力降低时，食糜和气体在皱胃内积滞使其扩张，到妊娠末期已处于半变位状态；分娩时，由于子宫内胎儿排出，重力突然消除，瘤胃突然下沉，将游离的皱胃挤到瘤胃的左方，因皱胃内含有大量气体，进一步向上方移动，致使皱胃挤于瘤胃与左腹壁之间；双胎、胎衣不下、产后瘫痪和酮病也可导致皱胃弛缓，继发本病；母牛发情时爬跨，使皱胃的位置发生改变，也可成为本病的诱因。

【症　状】 病牛食欲减退，有的拒食精饲料，尚能采食少量的青贮饲料和干草，精神沉郁，体温、呼吸、脉搏正常，瘤胃蠕动减弱或消失，粪少而呈糊状，在左腹壁出现扁平状隆起，渐进性消瘦，喜卧懒动，后期卧地不起。

【诊　断】 在左侧肩胛骨的下1/3水平线的11～12肋间听诊皱胃音时，出现高朗的“叮铃”声或似叩击钢管的金属音，音响短促，无规律；在上1/3肋骨处叩诊，能听到一种“乒”声或“钢条”样金属音；病程较长者，直肠检查可见瘤胃体积变小，瘤胃背囊向正中移位，右侧腹胁部较空虚。在左侧10～11肋间的腹壁中1/3处，用18号针头行皱胃穿刺，抽吸出的皱胃液呈黄褐色或带绿色，pH值在2～3。

若高产母牛于分娩后食欲减退，粪便稀薄或腹泻，左侧最后3

根肋骨间膨大，但两侧肷窝均不饱满，牛奶、尿液中有酮体，瘤胃蠕动音不清，但在左侧可听到皱胃蠕动音。穿刺抽出内容物 pH 值小于 4，且无纤毛虫。左肷部听诊，并在左侧最后几根肋骨处用手轻叩，可听到明显的金属音。直肠检查发现瘤胃背囊明显右移，则多为皱胃左方变位。

若病牛突然不时回头顾腹、腰背下沉，粪便色黑、混有血液；右侧肋弓后方明显膨胀，冲击式触诊可听到液体振荡声，用手叩打腹部时可听到乒乓声，穿刺液呈明显的咖啡色；直肠检查在后侧右腹部能触摸到膨胀而紧张的皱胃；病牛脱水、眼窝下陷，则多为皱胃右方变位。

【治　疗】 消除病因，促进复位，积极治疗原发病。

1. 翻滚法 将牛四蹄捆缚住，腹部朝上，猛向右滚又突然停止，以期皱胃自行复原。也可使病牛右侧横卧，滚转成背卧式，以牛背为轴心，向左、向右呈 90°角反复摇晃 3 分钟，突然停止晃动，使牛呈左侧横卧姿势，最后使牛站立。翻滚前 2 天禁食、停水，以使瘤胃体积缩小。本方法的优点是方便、简单、快速，缺点是疗效不确实、易复发。

2. 手术疗法 即切开腹壁，整复移位的皱胃。可采取站立式两侧腹壁切开或侧卧保定腹中旁线切开，适用于病后任何时期。由于将皱胃固定，疗效确实。

【预　防】 加强围产期母牛的饲养管理，严格控制干奶期母牛精饲料的饲喂量，保证充足的干草，增加运动，以增强机体的体质，防止母牛肥胖。对产后母牛，应加强监护，精饲料应逐渐增加，不能为催乳而过度加料。为了促使其消化功能尽快恢复，要保证干草的供给。对消化功能降低的病牛应及时治疗，使之尽快康复。

四、乳房炎

乳房炎是指乳房受到物理、化学和生物学的因素作用而引起的乳房实质、间质或间质实质组织的炎症过程。按照症状和乳汁的变化，可分为临床型与隐性型两种。临床型以乳房出现红、肿、热、痛和乳汁变性为特征。本病对奶牛业危害极大。

【病　因】 饲养管理不当，奶牛久卧湿地，湿热浊气蕴结，乳络不畅，气血凝滞；或因挤奶技术不熟练，造成乳管黏膜损伤，挤奶前未清洗乳房或挤奶人员手不干净，以及其他污物污染乳头；或因乳汁分泌过盛犊牛吸吮不完，产后犊牛死亡乳汁停滞不通等；或因大肠杆菌、葡萄球菌、链球菌、结核杆菌等病原微生物通过乳头管侵入乳房而引起的感染；或因牛体抵抗力下降，乳汁中免疫蛋白降低，乳腺易感性增强，均可导致本病发生。

【症　状】 临床型乳房炎，初期患侧乳房肿胀变硬，色红灼热，触之疼痛，母牛拒绝吮乳，乳汁分泌不畅，行走缓慢，两后肢张开，不愿卧地；乳房上淋巴结肿大，乳汁排出不通畅，泌乳量减少或停止；乳汁稀薄，内含凝乳块或絮状物，有的混有血液或脓液，继而病牛精神沉郁，食欲下降，反刍减少，体温升高，乳汁呈淡棕色至黄褐色，甚至出现凝乳块或血丝。隐性型乳房炎，乳汁中无肉眼可见的异常变化，只有在实验室检查时才能确证，可见乳汁中白细胞和病原菌数量增加，同时乳汁检验呈阳性反应。

【诊　断】 奶牛泌乳减少或停止，乳房红肿热痛，乳房上淋巴结肿大，乳汁性状异常。乳汁的检查在乳房炎的早期诊断和确定病性上，有着重要的意义。

1. 临床型乳房炎的检查　通过对病牛全身和局部的望、闻、问、切以及对乳汁颜色、凝块、絮状物等性状的观察，可确诊临床型乳房炎。

2. 隐性型乳房炎的检查　由于隐性型乳房炎病牛没有明显的临床症状，只有采用实验室方法才能确诊。若每毫升乳汁中体细胞数超过 50 万个者，即可诊断为乳房炎。还可采用加州乳房炎诊断法、日本乳房炎简易检验法(PL 试验)、兰州乳房炎诊断法、杭州乳房炎诊断法(HMT)和北京乳房炎诊断法(BMT)进行诊断。在加州乳房炎诊断法试剂的作用下,乳汁细胞中的脂类物质发生乳化,乳汁细胞被破坏,释放出的 DNA 发生沉淀或凝块,根据其量的多少来间接判定乳汁中细胞数的多少而达到诊断目的。

还可采用麝香草酚兰检验法(BTB)诊断,乳房炎发生时,乳汁 pH 值上升,通过测定乳汁 pH 值便可达到判定目的,包括试管法和玻片法两种方法。

另外,采用奶牛乳房炎试纸可进行隐性型乳房炎的现场诊断。

西北农林科技大学研制出的 XND-A 型奶检仪,是以导电极为传感器的便携式奶检仪,它体积小,能快速、综合地检出掺假、酸败和患乳房炎的奶。

【治　疗】 抗菌消炎,防止败血症,恢复乳腺功能。

1. 西药治疗

(1)乳房用药　首先严格消毒乳导管、乳头和术者手,挤净乳房内的乳汁和残留物,如遇脓液而不易挤出时,可先用 2%～3% 苏打水使其水化后再挤;再将对病原菌高度敏感的抗菌药物,或专用的乳房炎治疗药剂注入乳房内。每次挤完奶后立即注药,注药后,可轻轻揉动乳房,防止漏出。

(2)全身用药　全身症状明显的病牛,可采用青霉素 350 万单位,链霉素 4 克,一次肌内注射,每日 2 次;四环素按每日 5～10 毫克/千克体重,分 2 次静脉注射,严重者可加 2～3 倍量,效果更好。

(3)乳房基底封闭　前叶发炎时,在乳房前腹壁与乳房基底部之间,将针头向对侧膝关节方向刺入 8～10 厘米,注入药液;后叶发炎时,术者位于牛的后方,在左右乳房中线距离乳房基底部后缘 2 厘米处,用针头对向同侧腕关节方向刺入,注入 0.25%～0.5% 盐酸普鲁卡因注射液 150～200 毫升。若与乳房内或全身用药结合效果更好。

2. 中药治疗　初期可用瓜蒌散加味治疗,全瓜蒌 1～2 个,紫花地丁、蒲公英、金银花各 60 克，贝母 30 克，当归 15 克，木香、没药、乳香、生甘草、天花粉各 9 克。诸药共研为细末，以黄酒 120 毫升为引，开水冲调，候温灌服。或用牛蒡瓜蒌汤治疗，瓜蒌 60 克，陈皮、甘草、金银花、连翘、牛蒡子、蒲公英、天花粉各 30 克，黄芩、栀子各 24 克，青皮 15 克，柴胡 12 克。共研为细末，开水冲调，候温灌服。

成脓期应在波动最明显的中央切开排脓，并内服透脓散加味，当归、党参、瓜蒌、黄芪各 30 克，白术、炒山甲各 18 克，川芎、皂角刺各 15 克，升麻 9 克。共研为细末，开水冲调，候温灌服。

破溃期补正排脓，口服托里消毒散，党参、黄芪、金银花各 30 克，白术、当归、茯苓、熟地黄各 24 克，白芍 18 克，川芎、甘草各 15 克。共研为细末，开水冲调，候温灌服。或用知柏散加减治疗，盐炒黄柏、盐炒知母各 120 克，海藻、生蒲黄、五灵脂各 30 克，木香、木通各 15 克。水煎滤液，候温灌服，隔日 1 剂。急性乳痈的后期，若脓液清稀，疮口难敛时，加白术、黄芪各 30 克；慢性乳痈若伴有肾虚者，加青盐 30 克。妊娠母牛减去蒲黄，加夏枯草 30 克。有外伤者，涂擦碘酊。或用土鳖虫散治疗，土鳖虫 40 克，川芎、当归、牡丹皮、蜂房、红花、连翘、瓜蒌皮、木通、青皮、金银花、桃仁各 30 克，甘草、牛膝、通草各 20 克，研末，开水冲调，候温灌服。食欲不振者加山楂、莱菔子各 30 克，妊娠者去桃仁、通草、土鳖虫、牡丹皮，加乳香、没药、蒲公英各 30 克。或用金蒲方，蒲公英 90 克，金银花、紫花地丁各 80 克，连翘 60 克，陈皮、青皮各 40 克，生甘草 30 克，以白酒适量为引。水煎滤液，候温灌服，每日 1 剂，严重者每日 2 剂。也可用加味降痈活命饮，益母草 200 克，生黄芪 160 克，瓜蒌、连翘、全当归各 100 克，穿山甲、苍术各 80 克，陈皮、桂枝、青皮各 50 克，甘草 30 克，诸药共研为细末，温水冲调灌服。还可用 25～35 毫瓦氦氖激光照射阳明穴，激光功率密度 9.5 毫瓦/厘米^2，输出端与照射部位的距离为 30～60 厘米，波长 6 328 埃，每日照射 1

次,每次10分钟,10次为1个疗程。

【预　防】饲料营养均衡,保持奶牛良好的体况;运动场、牛舍、牛床应清洁干燥,定期消毒,牛床应有干净垫草以保证乳头清洁;挤奶机在每次使用完毕后按照要求和程序清洗消毒;挤奶人员要固定,身体健康,每次挤奶前要用消毒液洗手;健康牛和乳房炎病牛分别挤奶,先挤健康牛,乳房炎病牛用手挤,避免病菌污染挤奶器而将疾病传染给其他牛;挤奶前将牛体特别是后躯刷拭干净,先用温的消毒药水彻底清洗乳房,再以50℃温水和干净毛巾清洗乳房,洗后擦干;机器挤奶时用含有消毒剂的水清洗乳头,然后1头牛用1张纸巾将乳头吸干;前3把奶含有较多细菌,不宜作为商品奶,应挤在专门的容器内,并观察乳汁是否正常;应选用高效、安全的药浴液进行乳头药浴,于挤完奶后1分钟内进行,使半个乳头浸入药液;干奶牛在干奶前10天每天进行1次乳头药浴,临产牛从预产期前10天开始乳头药浴,药浴液现用现配,剩余的药浴液不得再使用。

五、子宫内膜炎

子宫内膜炎是指子宫黏膜的浆液性、黏液性或化脓性炎症,是奶牛常见的一种生殖器官疾病,也是导致母牛不孕的重要原因之一。根据病程有急、慢性之分,以阴门排出浆液性、黏液性或脓性分泌物为主要特征。

【病　因】饲养管理不当,运动场泥泞积水,牛舍阴暗潮湿,环境卫生差,通风不良,消毒效果不确切,环境中存在大量病原菌;分娩环境、牛体、助产者手臂、器械消毒不严格,助产操作不当;分娩后母牛抵抗力下降、子宫颈口开张,环境中的病原菌经阴门、阴道、子宫颈进入子宫,引起子宫感染;阴道检查、人工输精、子宫给药时器械消毒不严格,将病原菌带入子宫;营养不平衡,缺乏微量元素硒、锌、碘、维生素A、维生素D、维生素E等,母牛过肥、过瘦,均可降低抵抗力，发生感染。同时，流产、早产、难产、产双胎、胎衣不下、产道损伤、子宫脱出、阴道脱出、产后瘫痪、乳房炎、严重的酮病、子宫弛缓、产后卵巢功能恢复过晚等均可继发本病。

【症　状】 急性子宫内膜炎，病牛食欲不振，泌乳量降低，拱背努责，常做排尿姿势，从阴道排出黏液性、黏液脓性或污红色恶臭的渗出物，卧地时流出量更多，严重时体温升高，精神沉郁，食欲下降，反刍减少。直肠检查，触感一侧或两侧子宫角变大，收缩反应减弱，有时有波动。阴道检查可见子宫颈外口充血肿胀。慢性子宫内膜炎，病牛全身症状不明显，从子宫流出透明的或带有絮状物的渗出物，直肠检查子宫松弛，子宫壁变厚。子宫冲洗物静置后有沉淀，临床特征是屡配不孕。

【诊　断】

1. 临床诊断　母牛产后1周内，若在尾部看到排出物污染的痕迹，在阴门处见到稀薄、污红、恶臭的子宫分泌物，同时伴有发热(40℃～41℃)、心动过速、食欲不振、产奶量下降、瘤胃停滞等症状。直肠检查发现子宫积液，子宫呈弛缓状态，或发生子宫积气，这些多是急性子宫内膜炎的表现。奶牛恶露异常，产后2周恶露不能排净，提示有子宫感染。若在母牛尻部、尾巴、大腿后外侧及跗关节见到脓痂或污物，外阴黏膜潮红或充血，在不发情时从母牛阴门流出黏脓性或脓性分泌物，发情时黏液浑浊，或混有少量灰白色或灰黄色絮状物或小块状物，或黏液变稀薄；阴道及子宫颈口处黏膜潮红或充血，子宫颈口开张，子宫颈口处及其周围有炎性分泌物存在，取出开膣器时往往可见沾有脓液；直肠检查子宫颈、子宫体和子宫角增大，子宫壁增厚，质地稍硬，子宫收缩微弱，这些均是慢性子宫内膜炎的表现。

2. 实验室诊断

(1)子宫内膜活检　隐性子宫内膜炎活检时，可见上皮下有中性白细胞集聚，血管扩张充血，子宫腺体萎缩。子宫内膜刮下物的标本片上可见淋巴细胞和淋巴样细胞明显聚集,但上皮细胞正常。

(2)子宫颈口黏液白细胞检查 在发情期采取子宫颈外口黏液涂片,用95%乙醇固定,姬姆萨染色,在油镜下进行白细胞计数,共检查100个视野。白细胞少于10个,判为"—",11～30个判为"+",31～80个判为"++",81～150个判为"+++",150个以上判为"++++"。国外判定标准为全视野无白细胞者为"—",呈点状散在者为"+",全视野中白细胞密集者为"+++",介于"+"与"+++"之间者为"++"。

(3)精液诊断法 在加温至38℃的载玻片上,分开滴上2滴精液(保存在液氮中,用2.9%柠檬酸钠溶液于38℃～40℃下解冻),再将被检母牛子宫分泌的黏液加入到其中1滴精液中,盖上干净的盖玻片,置于显微镜下检查。如果精子在黏液中逐渐不运动或被凝集,说明被检测奶牛患有子宫内膜炎。

(4)Yautcaun改良法 将2毫升被检牛子宫分泌黏液和2毫升4%氢氧化钠溶液加入已洗涤干净的青霉素小瓶中,使其混合,然后在酒精灯上加热至开始沸腾,冷却后根据液体颜色判定结果,无色为阴性反应(—);慢慢变成微黄色者为可疑(±);出现柠檬酸变黄者为阳性(+),即为患有炎症者。

(5)化学检查法 取恶露2毫升,加硝酸0.5毫升,放入沸水中1～2分钟,取出冷却后加33%氢氧化钠溶液1.5毫升,摇匀观察液体液色,如为黄绿色,判定为阳性反应(+),琥珀色为卡他性反应(++),橙色为卡他性脓性反应(+++),液体颜色不变者为阴性(—)。针对以上检验也可以进行pH值检查,取子宫分泌物1～2毫升,用精密pH试纸检查,如pH值为7.5～8.5,判定为阳性(+),低于7为阴性(—)。

(6)尿液与硝酸银作用诊断法 取牛尿液2毫升放入清洁的试管中,加入5%硝酸银溶液1毫升,加热煮沸2分钟,试管底部有黑色沉淀物者为阳性反应,褐色或色淡者为阴性反应。

(7)子宫内膜冲洗回流液诊断法　隐性型子宫内膜炎的子宫冲洗回流液静置30～60分钟，会出现沉淀及絮状浮游物；慢性卡他性子宫内膜炎的冲洗回流液像淘米水；慢性卡他性脓性子宫内膜炎的冲洗回流物似面汤或米汤；慢性脓性子宫内膜炎的冲洗回流液呈稀面糊状的黄色脓液。

【治　疗】

1. 西药治疗　急性子宫内膜炎，应控制并消除感染，防止感染扩散；清除子宫内容物，促进子宫收缩；对症治疗，消除全身症状。慢性子宫内膜炎也应抗菌消炎，促进子宫收缩使炎性分泌物排出，改善子宫局部血液循环，促进组织修复和子宫功能恢复。一般采用子宫局部用药，如出现发热等全身症状应配合全身抗生素疗法，使用抗生素制剂时应注意奶废弃期。

(1)子宫投药　子宫投放土霉素粉，每日3克，或将1000万单位青霉素钠溶于250毫升生理盐水中投入子宫，连用3天。

(2)全身用药　静脉注射土霉素13.2～15.4毫克/千克体重，每日用药1～2次；或肌内注射普鲁卡因青霉素22000单位/千克体重，每日1～2次；或用头孢噻呋钠2.2毫克/千克体重，每日1次；或用氨苄青霉素11～22毫克/千克体重，每日1～2次；或用庆大霉素4.4毫克/千克体重，每日2～3次。

促排子宫内容物，可静脉注射50单位缩宫素，也可注射麦角新碱、前列腺素$F_{2\alpha}$或其类似物，但禁止应用雌激素。

支持疗法可静脉注射5%糖盐水，添加5%碳酸氢钠注射液、维生素C、复合维生素B和强心剂。

在伴有全身症状时禁止冲洗子宫，以防止因损伤子宫黏膜引起感染扩散和毒素吸收而加重病情。避免使用碘、醋酸洗必泰等有刺激性的化学药物。可进行阴道检查，并通过轻轻按摩促进子宫内容物的排出。对产后超过3天的胎衣不下且容易取出的牛，应设法将胎衣取出。

隐性子宫内膜炎如想在当次发情配种，可选用青、链霉素子宫内灌注，青霉素 3 支、链霉素 1 支，用 10～20 毫升生理盐水溶解，在输精 2 小时后注入子宫。如当次发情不准备配种，可用清宫液 1 支(100 毫升)，子宫内灌注，隔日 1 次，连用 2～3 次，下次发情即可输精配种。

2. 中药治疗

(1)强阳保肾散　芡实 36 克，补骨脂、覆盆子、葫芦巴各 35 克，韭菜子、五味子各 32 克，茯苓、肉苁蓉、沙苑子、蛇床子、阳起石、淫羊藿、远志各 30 克，小茴香 24 克，肉桂 20 克。共研为末，开水冲调，候温灌服。

(2)当归羊藿散　当归、菟丝子、淫羊藿、阳起石、益母草各 55 克，诸药共研为末，开水冲服或水煎灌服。

(3)羊红膻　羊红膻全草研为粉末，用沸水和成稀糊状，候温灌服。或用开水浸透，候温混于饲料中投喂，每剂 500～600 克，隔日 1 剂，5 剂为 1 个疗程。如不见效，10 日后再进行第二个疗程。

(4)复方仙阳汤　淫羊藿、阳起石、益母草各 120 克，补骨脂、赤芍、当归、枸杞子、熟地黄、菟丝子 (或黄精)各 70 克，浸泡 1～2 小时后煎 2 次，至总药液量为 5～10 升，候温用胃管灌服。每日 1 剂，连服 3 剂为 1 个疗程，病程较长、黄体较大或卵巢较硬而小的病例适当加服数剂。欲消除黄体囊肿者，加莪术、红花、三棱、桃仁，以破血祛瘀；如卵巢疾病并发子宫内膜炎(胞宫湿热不孕)宜先清湿热、治带下，药用白术、当归、黄柏、连翘、荆芥、秦艽、金银花、郁金、知母、泽泻各 50 克，茯苓 40 克，甘草 30 克，待子宫内膜炎治愈后再服用复方仙阳汤，以促进发情排卵。

(5)氦氖激光照射地户穴　用南京电子管厂生产的 JHS-1 型兽用氦氖激光器，波长 6 328 埃，输出电流 15～25 毫安，输出功率 40～50 毫瓦，照射距离 35～50 厘米，照射时间 8 分钟，每日 1 次，7 天为 1 个疗程，休息 2 天再开始第二个疗程，至痊愈、发情时停止照射。

(6)CO_2激光治疗症　取阴蒂、后海穴，用JG-5型CO_2激光治疗机（电子工业部第十研究所研制生产，功率≥5瓦，电压220伏，工作电流10毫安）。选择适当的时间、距离行散焦照射。隔日照射1次，5次为1个疗程。对第一个疗程后不发情者间隔10天行第二个疗程照射。第二个疗程结束后，观察3个情期。对治疗过程中发情者即停止照射，及时进行人工授精。

【预　防】加强饲养管理，注意环境消毒卫生，平衡饲料营养，特别是避免微量元素硒、锌和维生素A、维生素E等的缺乏；严格控制产后感染，为生产母牛提供一个安静、洁净、保温的分娩环境，分娩前应对后躯、外阴等处进行消毒；尽量让母牛自己分娩，不要打扰或过早助产，助产时应认真消毒；分娩后发生胎衣不下、助产时发生产道损伤、产后发现恶露异常，都应及时治疗；输精前先用清水冲洗母牛外阴部，再用消毒液洗净、擦干，输精器具应严格消毒；精液稀释、吸取过程应无菌操作，母牛本交所用公牛生殖系统应无感染，交配时也应注意清洁卫生，避免将污物带入阴道和子宫。此外，适当进行药物调理，促进子宫复旧，减少子宫感染。母牛产后14～28天，至少检查1次子宫恢复情况，对产后子宫收缩乏力，子宫恢复不良的母牛应尽早治疗，可以灌服调理气血、促进子宫收缩的中药，如产复康、益母草膏、生化汤、补中益气汤、桃红四物汤等，也可注射前列腺素$F_{2\alpha}$或其类似物。

六、阴道和子宫脱出

本病系阴道部分或全部脱于阴门外，子宫部分或全部连同阴道一起垂露于阴道内或阴门之外。多见于分娩之后，在产后数小时之内发生，超过一天发病者极为罕见。

【病　因】多因母牛妊娠期间，饲养管理不当，营养不良，以致气血双亏；或因母牛衰老经产，单喂以麦麸，钙盐缺乏及运动不足，使子宫弛缓无力；或助产时强拉胎儿，剥离胎衣时牵拉过猛；或由于吃得过饱，卧地过久，分娩时过于努责；或由于胎儿过大，胎水过多，使子宫过度扩张腹压增高，致使气血双亏，中气下陷，不能固摄胞体，从而发生本病。

【症　状】　病牛精神不振，食欲减少，反刍废绝，拱腰缩背，不时努责，大便稀薄，小便频数，疼痛不安，口色淡白，脉象迟细。脱出的阴道和子宫，初期呈紫红色，光滑柔软，伴有出血；久则充血、水肿，呈暗红色或紫黑色，质地坚硬肿大，继之脱出部分腐烂或坏死。

1. 阴道脱出　卧下时阴道部分脱出于阴门之外，呈半球形，站立时仍能缩回；继而阴道呈球形全部脱出，子宫颈口充塞着子宫黏液栓，阴道壁富有弹性，多见于产前。若为产后脱出，阴道壁多厚而硬。

2. 子宫脱出　通常仅限于孕角，有时还附有尚未脱离的胎衣。如胎衣已脱离，则可看到黏膜表面上有许多暗红色的子叶，并极易出血。有时脱出的子宫角分为大小不同的两个部分，大的为孕角，小的为空角，两者之间无胎盘的带状区为子宫角分岔处，每一角的末端都向内凹陷。脱出的子宫腔内可能有肠管，外部触诊和直肠检查可以摸到。脱出时间稍久，子宫黏膜即瘀血、水肿，呈黑红色肉冻状，并发生干裂，有血水渗出，寒冷季节常因冻伤而发生坏死。

在子宫脱出后不久，病牛除有拱腰、不安，以及由于尿道受到压迫而排尿困难等现象外，一般不表现全身症状。如延误治疗，脱出部分与地面摩擦引起损伤，黏膜发生坏死，并继发腹膜炎、败血症等，即表现出全身症状。肠管进入脱出的子宫腔内时，往往有疝痛症状。肠系膜、卵巢系膜及子宫阔韧带有时被扯破，其中的血管也被扯断，引起大出血，病牛很快出现结膜苍白、战栗、脉搏快弱等急性贫血症状，穿刺子宫末端有血液流出。

【诊　断】 本病的诊断并不困难，根据临床症状即可确诊。

【治　疗】 以手术整复为主，辅以中西药结合治疗。

1. 手术疗法　子宫脱出必须及早施行手术整复，脱出的时间越长，整复越困难，所受外界刺激越严重，康复后的不孕率亦越高。不能整复时，须进行子宫切除术。

（1）整复法　整复脱出的子宫时，往往难于将子宫角的尖端推入阴门之内；在有肠管进入子宫腔的病例，整复更加困难。因而整复之前必须检查子宫腔中有无肠管，如有应将它先压回至腹腔。由于脱出的子宫体积很大，而且柔软光滑，难于掌握。再者，在推送过程中母牛不断努责，甚至送入一部分后，由于努责而引起再次脱出，所以整复时助手要密切配合，以手把握住子宫，并注意防止已送入的部分再脱出。首先，将病牛前低后高站立保定，用3%明矾水冲洗脱出的阴道、子宫及阴门周围，去除黏附其上的污物和坏死组织，再用明矾和冰片适量，共研为细末，涂抹其上，以使阴道、子宫尽量收缩。若已发生水肿，可用三棱针刺破肿胀黏膜，挤出血水。整复时，术者用拳抵住脱出的阴道和子宫角末端，在母牛努责间隙，把脱出的部分推进产道，纳入宫腔，并把阴道子宫的皱襞予以舒展，使其完全复位，并进行适当按摩后，方可将手缓缓抽出。整复后，为防止再度脱出，可根据病牛外阴大小，在阴唇外两侧垫上2根适当长度的橡皮管，缝合线通过橡皮管壁及阴唇基部穿过对侧；或在阴唇两侧各垫上2～3粒纽扣，纽扣的正面向外，线通过纽扣孔进行缝合，然后打结固定，注意缝合线松紧要适当。

（2）子宫切除术　如子宫脱出时间已久，无法送回，或者有严重的损伤和坏死，整复后易引起全身感染，导致死亡的危险，可将脱出的子宫切除，以挽救母牛的生命。手术预后良好。

2. 西药治疗　可用50%葡萄糖注射液500毫升、5%糖盐水2 000～3 000毫升、20%安钠咖注射液10毫升、维生素C 5克，混合后一次静脉注射；或用青霉素400万单位，链霉素5克，混合肌内注射。一般每日1～2次，连用3～5天。

3. 中药治疗　治宜补气养血、升阳固脱，方用补中益气汤加味，炙黄芪60克，党参45克，当归、益母草、炒白术各30克，炙甘草18克，柴胡、陈皮、升麻各15克，共研为细末，开水冲服。或用补气散，黄芪、当归各60克，党参45克，阿胶、升麻各30克，陈皮、茯神各25克，白术22克，枳壳10克，诸药共研为细末，以黄酒120毫升为引，开水冲服。

整复前，可用薄荷、防风、黄柏、荆芥、苦参各20克，花椒5克，煮沸，去渣滤液，整复前清洗患部。整复后，采用当归、党参、黄芪各100克，白术、蜜升麻、益母草各50克，陈皮40克，柴胡25克，高良姜、炙甘草各15克，煎汤灌服，子宫体水肿严重时加白芷、车前子、茯苓皮，每日1剂，连用2～5天。

还可电针阴脱、后海穴。或后海穴常规消毒，用封闭针头沿荐椎体平行向前刺入，在推进时随着提插见病牛夹尾、肛门和会阴部收缩、身体前倾时停止推进提插，回抽无血时，将2%盐酸普鲁卡因注射液10毫升注入穴位。同时，可视情况注射抗菌消炎药物。

【预　防】　应加强人员看管，做到产房不离人。对妊娠母牛特别是临产母牛应注意观察，做到及早发现，及时整复治疗。此时易整复，愈合好，否则发现迟、时间久，易感染，出血多，整复难，不利于子宫复位，繁殖力的恢复。对习惯性子宫脱出的母牛，应在产犊后立即投服中药补中益气汤，若脱出时间久，并有较大面积损伤或坏死时，应立即施行子宫切除或部分切除手术。但应尽量少用或不用切除手术，否则将影响繁殖能力，甚至失去繁殖能力。术后1～2周内应加强对母牛的护理，给予少量易消化的优质全价饲料，同时注意母牛体温变化及恶露排出情况，及时对症治疗。并坚持用抗菌药物全身治疗及投服补中益气汤，以促进母牛子宫体的复位，防止发生子宫炎症和全身感染。

七、不孕症

本病又叫难孕症，是指成年母牛不发情或发情后经多次配种难于受胎的一类繁殖障碍性疾病。在本类疾病中，疾病性不孕症造成的损失尤为突出，严重影响奶牛业发展。本病多因先天性生理缺陷或饲喂缺少蛋白质和维生素的饲料；或不能适时配种，精液品质不良及处理不当，精子受到损害，输精方法不符合要求，本交、输精操作不卫生；子宫、卵巢病症以及体虚羸弱、胞宫虚寒、热毒壅盛、血瘀气滞；或接产、助产技术不良，产后护理不当，以及胎衣滞留等，导致病菌邪毒内侵，客于阴道、胞宫，引起产道感染，影响受胎。

【分类与病因】

1. 根据病理特点分类 根据现代兽医病理特点，本病又称卵巢疾病性不孕症，主要包括卵巢静止、持久黄体、卵泡萎缩、卵巢萎缩、卵泡囊肿与黄体囊肿等。

(1)卵巢静止 即卵巢功能受到扰乱后处于静止状态。常因饲料不足或品质不良，尤其是饲喂缺乏维生素 A 和维生素 E 的饲料，导致性功能障碍而发生本病。另外，长期舍饲而缺乏运动，长期未愈的卵巢炎，或遗传因素和近亲繁殖也常引起本病。

(2)持久黄体 持久黄体亦称为黄体滞留，是指性周期或妊娠后，卵巢上的黄体超过 20～30 天不消退者。前者为性周期持久黄体，后者为妊娠持久黄体，两者都能分泌孕酮，抑制卵泡发育，使母牛不发情。

饲养管理失调，饲料营养不平衡，缺少运动和光照；高产牛摄取的营养和消耗不平衡；脑下垂体前叶分泌促卵泡素不足，而促黄体生成素过多，使黄体持续存在，产生孕酮而维持不发情状态；分娩后卵巢黄体持续而不消失，造成子宫收缩乏力和恶露滞留。以上原因均可导致持久黄体的产生，进一步发展可导致子宫复位不全和子宫内膜炎。

(3)卵泡萎缩 卵泡萎缩是指母牛发情开始后，卵泡发育中途停止并逐渐缩小而引起外部发情症状逐渐消失的一种疾病。

本病主要是受气候与温度的影响，或因长期处于寒冷地区，饲料单纯，营养不足，运动不够所引起。

(4)卵巢萎缩 卵巢萎缩通常是指卵巢体积缩小，功能减退，有时发生于一侧卵巢，也有两侧卵巢同时发生萎缩。此时，母牛发情周期停止，长期不发情。

卵巢萎缩大都发生于体质衰弱、年老或高产的奶牛，黄体囊肿、卵泡囊肿或持久黄体的压迫，也会使卵巢萎缩，奶牛患卵巢炎同样也会造成卵巢萎缩。

(5)卵泡囊肿 卵泡囊肿是由于未排卵的卵泡其上皮细胞变性，卵泡壁结缔组织增生，卵细胞死亡，卵泡液不被吸收或增多而形成。卵泡囊肿占卵巢囊肿的70%以上，一般多发于第四胎至第六胎产奶高峰期。其特征是无规律频繁发情和持续发情，甚至出现慕雄狂。慕雄狂是卵泡囊肿的一种症状，但也不是只由卵泡囊肿引起。卵泡囊肿有时在两侧卵巢上交替发生，当一侧卵泡被挤破或促排后，过几天另一侧卵巢上的卵泡又开始发生囊肿。

导致卵泡囊肿的主要原因是垂体前叶分泌促卵泡素过多，而促黄体生成素不足，使卵泡过度增大，从而不能正常排卵而成为囊肿。从饲养管理上分析，本病常由于奶牛日粮中精、粗饲料比例过高，缺少矿物质和维生素，运动和光照少，母牛产奶量较高，过度肥胖等原因而造成。另外，胎衣不下、子宫内膜炎等引起卵巢炎，也可伴发卵泡囊肿。由于细菌感染，可造成卵子死亡而形成囊肿，还可能与遗传基因有关。

(6)黄体囊肿 黄体囊肿是由未排卵的卵泡壁上皮黄体化而形成的，或是正常排卵后，由于某些原因，如黄体化不足，在黄体内形成空腔所致。如腔内积聚液体而形成囊肿的称为囊肿黄体，它与卵泡囊肿有区别，外形上有明显的不同，有一部分黄体组织突出于卵巢表面。黄体囊肿在卵巢囊肿中占25%左右。

促黄体素分泌不足，引起内分泌失调，饲料中缺乏微量元素硒或可溶性蛋白质水平过高均可引起黄体囊肿。还可能与遗传有关，淘汰具有黄体囊肿遗传素质的母牛，则后裔发病率显著下降。

2. 根据中兽医临床证型分类 按照中兽医临床证型特征，可分为脾肾虚弱不孕、胞宫虚寒不孕和热毒壅盛、血瘀气滞不孕3种。

【症　状】

1. 病理性不孕症的症状

(1)卵巢静止　有些母牛不发情，虽然卵巢大小、质地正常，却无卵泡，又无黄体。直肠检查可见卵巢表面光滑，无卵泡、无黄体，或残留陈旧黄体的痕迹，大小如蚕豆、较软，而有些卵巢则质地较硬、略小。相隔7～10天，甚至1个性周期后再做直肠检查，卵巢仍无变化。子宫收缩乏力，体积缩小，外部表现与持久黄体的母牛极为相似，有些母牛消瘦，被毛粗糙无光泽。

(2)持久黄体　母牛性周期停止，个别母牛出现不排卵、不爬跨、不易被发觉的隐性发情。营养状况、毛色、泌乳等都无明显异常。外阴收缩呈三角形、有皱纹，阴蒂、阴道壁、阴唇内膜苍白、干涩。直肠检查卵巢质地较硬，有肉质感觉，有如蘑菇状的黄体，有的黄体中间凹陷成火山口状，由于持久黄体的存在，即使在同侧或对侧卵巢出现1个或数个如绿豆或豌豆大小的发育卵泡，但都处于静止或萎缩状态。子宫多数位于骨盆腔和腹腔交界处，两侧子宫角不对称，松软下垂，触诊无收缩反应。

(3)卵泡萎缩　在发情开始时，卵泡的大小及外表发情症状与正常发情一样，但卵泡发育缓慢，发育至中途停止，保持原状3～5天后逐渐缩小，波动及紧张性也逐渐减弱，外部发情症状逐渐消失。发生萎缩的卵泡有1～2个甚至2个以上，可发生在一侧或两侧。在发情时,一侧卵巢原来正在发育的卵泡停止发育,开始萎缩,而在对侧或同侧卵巢上又有数目不等的卵泡出现并发育,但不到成熟又开始萎缩,此起彼落交替进行。最后结果是其中一个卵泡成熟并排卵,从此再无新的卵泡发育,母牛停止发情。卵泡交替发育的外表发情症状有时旺盛,有时微弱,母牛表现连续或断续发情。发情期拖延2～5天,有时长达9天,若一旦排卵,1～2天就停止发情。

(4)卵巢萎缩　母牛发情周期紊乱,极少出现发情和性欲,即使发情,表现也不明显,卵泡发育不成熟、不排卵,即使排卵,也排出无受精能力的卵细胞,屡配不孕,发情周期停止。直肠检查卵巢缩小,仅似黄豆或豌豆大小,卵巢上无黄体和卵泡,质地坚硬,子宫收缩微弱、弛缓,子宫缩小。

(5)卵泡囊肿　母牛发情反常,发情周期短,发情期延长,性欲旺盛,特别是慕雄狂的母牛经常追逐或爬跨其他牛只,引起运动场上其他牛乱跑而不得安宁。阴户经常流出黏液。多数牛体膘过肥,毛质粗硬,泌乳量逐渐下降,食欲逐渐减少。由于骨骼缺钙和坐骨韧带松弛,在尾根两侧处凹陷明显,臀部肌肉塌陷。直肠检查卵巢上有1个或数个大而波动的卵泡,直径可达0.3～3厘米,最大的可如鸽蛋。

(6)黄体囊肿　临床症状是不发情,直肠检查可以发现卵巢体积增大,多为1个囊肿,大小与卵泡囊肿差不多,但壁较厚而软。黄体囊肿母牛血液中血浆孕酮浓度可高达3 800纳克以上,比一般母牛正常发情后黄体高峰期还要高,促黄体素浓度一般都比正常的牛高。

2. 中兽医临床各证型的症状

(1)脾肾虚弱不孕　病牛精神不振,食欲下降,毛焦肷吊,四肢乏力,口色淡白,脉象沉而无力。

(2)胞宫虚寒不孕　病牛喜热恶寒,肠鸣泄泻,肚腹疼痛,口色淡，脉沉迟；或过于肥胖，不能久劳，动则易喘，口色淡红，脉滑有力。

(3)热毒壅盛、血瘀气滞不孕　病牛产后恶露不净，腹痛不安，阴户不时流出污红色恶臭液体，发情周期紊乱或不发情，即使发情，也屡配不孕，口色赤红，苔黄而燥，脉象洪数。

【诊　断】

1. 卵巢静止　长期不发情，结合直肠检查可做出诊断。

2. 持久黄体　要与妊娠黄体相区别。妊娠黄体较饱满，质地较软，有些妊娠黄体似成熟卵泡。而持久黄体不饱满，质硬，经过2～3周直肠检查无变化。妊娠黄体的子宫是渐进性的变化，而持久黄体的子宫无变化。

3. 卵泡萎缩　根据外部发情表现结合直肠检查可做出诊断。

4. 卵巢萎缩　根据外部表现结合直肠检查即可做出诊断。

5. 卵泡囊肿　根据外部表现结合直肠检查即可做出诊断。

6. 黄体囊肿　根据外部表现结合直肠检查即可做出诊断。

【治　疗】

1. 病理性不孕症的治疗

(1)卵巢静止的治疗

①按摩　隔天按摩卵巢、子宫颈、子宫体1次，每次10分钟，4～5次为1个疗程，结合注射已烯雌酚20毫克。

②激素治疗　肌内注射促卵泡素100～200单位，出现发情和发育卵泡后再肌内注射促黄体素100～220单位，注射时均用5～10毫升生理盐水溶解后使用。或肌内注射孕马血清促性腺激素20～40毫升，隔日1次，2次为1个疗程。或隔天注射已烯雌酚10～20毫克，3次为1个疗程，隔7天不发情者再进行1次。当第一次出现发情而没有卵泡发育时，不应配种而应等下一次发情有发育卵泡时才可配种。或连续肌内注射黄体酮数天，每次20毫克，再注射绒毛膜促性腺激素，可使母牛发情。也可肌内注射促黄

体释放激素 400～600 单位，隔日 1 次，连用 2～3 次。

另外，可采用直肠把握法，子宫灌注“促孕灌注液”50～100 毫升，隔日注射 1 次，连用 3 次。

（2）持久黄体的治疗 可采用激素治疗。促卵泡素 100～200 单位，溶于 5～10 毫升生理盐水中肌内注射，经 7～10 天后做直肠检查，如不消失可再进行 1 次，待黄体消失后，可注射小剂量绒毛膜促性腺激素，促使卵泡成熟和排卵。也可用前列腺素 4 毫克，肌内注射，或加入 10 毫升灭菌注射用水后，注入持久黄体侧子宫角，效果显著。用药 1 周内可出现发情，但用药超过 1 周发情的母牛，受胎率很低。个别母牛虽在用药后不出现发情表现，但经直肠检查，可发现有卵泡发育，按摩子宫时有黏液流出，呈隐性发情，如果配种也可能受胎。注射促黄体释放激素类似物 400 单位，肌内注射，隔日 1 次，连用 2 次，经 10 天左右做直肠检查，如仍有持久黄体可再进行 1 个疗程。还可用孕马血清促性腺激素皮下或肌内注射 1 000～2 000 单位。也可采取黄体酮和雌激素配合应用的治疗方法，每日注射黄体酮 1 次，每次 100 毫克，连用 3 天。第二天和第三天注射时，同时注射己烯雌酚 10～20 毫克或促卵泡素 100 单位，效果较好。也可用氯前列烯醇，一次肌内注射 0.2～0.4 毫克，隔 7～10 天做直肠检查，如无效，可再注射 1 次。

另外，可采用直肠把握法子宫灌注“促孕灌注液”50～100 毫升，隔日 1 次，连用 3 次。

（3）卵泡萎缩 肌内注射促卵泡素 100～200 单位，每日或隔日 1 次，可促进卵泡发育成熟排卵。绒毛膜促性腺激素对卵巢上已有的卵泡有促成熟和排卵生成黄体作用，可以与促卵泡素结合使用，肌内注射需 5 000～20 000 单位，静脉注射需 3 500～5 500 单位，同时肌内注射孕马血清促性腺激素 1 000～2 000 单位。

（4）卵巢萎缩 肌内注射促性腺释放激素类似物 1 000 单位，用生理盐水 5～10 毫升稀释，隔日 1 次，连用 3 次，然后用三合激素 4 毫升做肌内注射。或肌内注射促黄体素 100～200 单位，用灭菌生理盐水 5～10 毫升稀释，隔日 1 次，连用 2 次。1 周后做直肠检查，看卵巢上是否有黄体，如果有黄体，可再用灭菌生理盐水5～10 毫升稀释促卵泡素 100～200 单位，肌内注射。

(5)卵泡囊肿　每天静脉注射绒毛膜促性腺激素 1 000 单位或肌内注射 2 000 单位，同时肌内注射黄体酮 10 毫克，连用 14 天。如从外表上看症状有所减轻或产生效果，可继续用药，直至好转为止。或用促黄体素一次肌内注射 200 单位，用后观察 1 周，如效果不明显可再用 1 次。也可用促性腺释放激素 0.5～1 毫克肌内注射。治疗后产生效果的母牛大多在 13～23 天发情，基本上起到了调整发情周期的效果。

(6)黄体囊肿　可用激素治疗，肌内注射 15-甲基前列腺素 4 毫克，或直接灌注患侧子宫角。也可进行手术治疗，实施囊肿穿刺，吸收囊液。

2. 中兽医临床各证型的治疗

(1)脾肾虚弱不孕的治疗

①完带汤加减　白术、白芍、党参、苍术、车前、柴胡、山药各 40 克，陈皮、甘草、升麻各 20 克，诸药共研为细末，开水冲调，候温灌服。

②补中益气汤加减　益母草 100 克，炙黄芪 80 克，醋香附 60 克，党参 50 克，川续断、赤芍、当归、焦白术、升麻各 40 克，陈皮 30 克，炙甘草 20 克，煎汤滤液，候温灌服，每日或隔日 1 剂，连服 2～3 剂。

③麦芽黑豆汤　黑豆 800 克，大麦芽 120 克，当归、地骨皮、红花、生地黄各 60 克，煎汤后取滤液，候温灌服。发情 1～3 天开始服用，连服 1～3 剂，服完后翌日配种。

(2)胞宫虚寒不孕的治疗

①艾附暖宫丸　炙黄芪 45 克，白芍、川续断各 24 克，醋香附、

当归、生地黄各30克，艾叶18克，川芎、肉桂、吴茱萸各15克，诸药共研为细末，开水冲调，候温灌服。

②温肾暖宫散　益母草50克，当归、熟地黄、菟丝子、淫羊藿各30克，白芍、巴戟天、茯苓、小茴香、荔枝核各30克，川芎、醋艾叶各20克，诸药共研为细末，发情停止后第五天开始用开水冲调，候温灌服。每3日灌服1剂，连用4剂，待下次发情开始的第一天，原方加阳起石35克，每日1剂，连用2天，然后适时配种，注意配种前先用胃管投服煎开放冷的米醋500毫升。此外，输卵管排卵不畅者加穿山甲20克、路路通30克、细辛20克；子宫发育不良者加女贞子30克、沙苑子30克；发情延迟者加阳起石45克。

(3)热毒壅盛、血瘀气滞不孕的治疗

①银翘红酱解毒汤　红藤、连翘、金银花各60克，败酱草、薏苡仁各30克，牡丹皮、赤芍、桃仁、栀子各25克，川楝子、延胡索各20克，没药、乳香各15克，诸药共研为末，开水冲调，候温灌服，或水煎取汁，候温灌服。卡他性脓性和脓性子宫、阴道炎及子宫蓄脓者，败酱草、薏苡仁加至50克，赤芍、桃仁加至35克；如兼肥胖湿盛，减乳香、没药，加苍术、滑石各25克，半夏、茯苓各20克。

②失笑散　蒲黄、五灵脂各100克，开水冲泡，以五灵脂泡开为度，约需6小时左右，一次口服，间隔1～3天再服1剂。

③益母鸡冠汤　益母草500克，鸡冠花180克，混合分成3包，每日取1包，水煎2次，合并2次煎液一次投服。卵巢疾病、不发情或发情不正常的母牛，每包加淫羊藿30克。

④缩宫清带散　益母草500克，全当归300克，鸡冠花150克，野菊花90克，枳壳45克，红花、炙甘草各30克，诸药共研为细末，分成3包，每日服1包。

⑤疏肝化瘀散　益母草100克，柴胡、当归、生白芍、枳壳各30克，五灵脂、赤芍、桃仁各30克，川芎、醋香附、红花、甘草各20克。在发情前6～8天给药，隔日用1剂，连用3剂，发情时停药，

但暂停配种。对不发情者可肌内注射1～2次苯甲酸雌二醇10～15毫升，待发情后在原方中加阳起石40克，先服1剂，发情停止后，在下次发情前6～8天，连服2～4剂，再灌逍遥散2剂，然后按时配种。气偏虚者加川楝子、荔枝核各30克，木香20克；子宫不正者加荔枝核、橘核、小茴香、香附子各30克；子宫发育不良者加何首乌、女贞子、沙苑子各30克；输卵管排卵不畅者加穿山甲、苏木各20克，细辛20克。

⑥苍术散加减 茯苓40克，白术、白茅根、川芎、柴胡、陈皮、当归、枳壳各35克，苍术、莪术、黄芩、滑石、三棱、香附、升麻各30克，半夏20克，甘草15克。

八、胎衣不下

胎衣不下又称胎盘滞留或胞衣不下，是指分娩后胎衣不能在正常时间(8～12小时)内自行脱落和完全排出的一种病症。由于牛的胎盘是结缔组织绒毛膜胎盘，因此发病率高于其他母畜，在临床上20％～40％的分娩母牛易发，其中80％以上可继发子宫内膜炎，导致产后发情延迟和配种次数增加，甚至长期不孕。

【病　因】 多因日粮中钙、磷、镁比例不当及硒、维生素E、β-胡萝卜素等缺乏，运动不足，过瘦或过胖，使母牛虚弱和子宫弛缓；或产前劳役不均，气血不足，使胞宫功能低下；或临产时受风寒侵袭，寒凝血滞，使子宫颈过早关闭；或产程过长，或胎儿过大，胎水过多，长期压迫致宫壁松缓，牛体力尽，胞宫收缩无力；或子宫壁和胎盘病理性粘连、早产、流产和子宫炎等病症，均可导致营养失调，气血匮乏，宫缩无力；或因难产后子宫肌过度疲劳以及雌激素不足等都可导致产后子宫收缩无力，致使胎衣不下；或因子宫或胎膜的炎症而引起胎儿胎盘与母体胎盘粘连而造成胎衣滞留；有时胎衣虽已脱落，但因子宫颈过早闭锁或子宫角套叠也可导致胎衣不下。同时，也可继发于布鲁氏菌病、结核病等某些传染病。

【症　状】病牛精神沉郁，食欲不振，拱腰努责，回头顾腹，反刍减少，卧多立少，产奶量大减，口色淡白，脉象沉迟，阴门外可见下垂的呈淡红色的带状尿膜羊膜及脐带，也常露出尿膜绒毛膜的一部分，呈土红色，其表面有大小不等的胎儿子叶；有时母牛的胎膜全部滞留于子宫内，阴道内诊才能发现子宫内有胎膜，日久胎衣腐败溃烂，从阴道流出褐红色液体，并夹有胎衣碎片，腥臭难闻。

【诊　断】部分胎衣脱垂于阴门外，病牛表现拱腰努责，从阴门排出带有胎衣碎片的恶露。

【治　疗】促进子宫收缩及胎儿胎盘和母体胎盘分离，防止胎衣腐败，预防子宫内膜炎。

1. 西药治疗

(1)增强缩宫排衣　皮下或肌内注射垂体后叶素 50～100 单位，或注射缩宫素 10 毫升(100 单位)，或皮下注射麦角新碱 6～10 毫克，或肌内或皮下注射甲基硫酸新斯的明 10 毫克。尽早注射，如分娩后 24～48 小时注射，则效果不佳。

(2)促进胎盘分离　子宫内一次注入 10%氯化钠注射液 1 000～1 500 毫升，或用精制 10%～20%氯化钠溶液 1 000～1 500 毫升、胰蛋白酶 5～10 克、洗必泰 2～3 克混合溶解后，用乳胶管经子宫颈灌注在胎衣与子宫壁之间，待 45 分钟左右，肌内注射新斯的明 2～3 毫升，注射 1～2 小时后胎衣可自行排出。

(3)防止继发感染　在子宫黏膜和胎衣之间放置土霉素原粉 3～5 克，隔日 1 次，连用 3 次。

2. 中药治疗　治宜补气养血、祛寒行瘀。

(1)加味生化汤　当归 60 克，党参、益母草各 30 克，川芎 21 克，桃仁 18 克，炮姜、炙甘草各 15 克，共研为细末，以黄酒 120 毫升为引，开水冲服。

(2)参灵汤　党参、当归各 60 克，川芎、生蒲黄、五灵脂、益母草各 30 克，共研为细末，同调灌服。

(3)复方雪莲注射液　雪莲花、小叶假耧斗菜各500克，加水适量煎煮，过滤收集蒸馏液250毫升。药渣再加水煎煮，滤取煎液。合并2次煎液，浓缩至750毫升，以3倍乙醇沉淀24小时，回收乙醇，制得药液750毫升，与250毫升蒸馏液合并，共得注射液1 000毫升。肌内注射10～20毫升，每日2次

(4)车前子汤　车前子250～300克，75%酒精或白酒适量(以能拌湿车前子为度)，混合拌匀后点火烧，边烧边搅拌，至酒精或白酒烧完为止。放凉后碾成药面，加温水和成稀汤样，一次内服。

(5)黑神散　黑大豆(黑皮黄豆)、熟地黄、当归、白芍、肉桂各48克，蒲黄43克，干姜30克，甘草28克，童便、米酒各250毫升。黑大豆炒熟研粉，与余药混合加水没过药面，煎2次，取汁，合米酒、童便，灌服或让母牛自食。

3. 手术剥离　病牛站立保定，用消毒药水洗净外阴及其周围，术者将手指甲剪短磨光，洗净涂油。左手握住露于阴户外的胎衣，右手顺阴道伸进子宫后方的胎衣与子宫黏膜之间找到胎盘，用拇指、食指、中指配合把胎儿胎盘由后向前逐个从母体胎盘上剥离下来。剥至前面不便操作时，左手可将外露的胎衣稍加牵动，使子宫角的胎盘后移，直至把全部胎盘剥离，胎衣即可完整地取出。最后，可将金霉素或土霉素2～4克或磺胺类药物送入子宫，隔日1次，连用3次。

【预　防】　加强饲养管理，提供营养丰富的草料，不饲喂霉变饲草、饲料；保证母牛适宜体况和足够的运动，舍饲奶牛在干奶期每天要驱赶运动；缺硒地区或日粮中缺硒的母牛在产前应补充硒和维生素E，使硒含量达到0.1毫克/千克，或从预产期前40天开始，每天注射亚硒酸钠-维生素E注射液15毫升，连用4天，或在奶牛产前注射50毫克硒和680单位维生素E；为奶牛准备产房或安静的分娩场所，让母牛自然分娩，尽量减少打扰；母牛分娩后的1小时内，与新生犊牛放在一起，让母牛舔干犊牛身上的黏液，并

尽早让犊牛吮乳或人工挤乳；母牛分娩时可接取羊水 300～500 毫升，分娩后立即给母牛灌服；在分娩后 1～2 小时喂给母牛 1 升自己的初乳或灌服 1 000 毫升红葡萄酒，饲喂晾干的胡萝卜缨；或用益母草 500 克，常水 3～5 升，煮沸去渣，加红糖 500 克，麦麸 1 500 克，供牛自饮。分娩后皮下或肌内注射垂体后叶素 50～100 单位或催产素 50 单位。

九、流　产

流产又称小产，是指母牛在妊娠期间发生胎病，使胚胎或胎儿与母体的正常生理关系被破坏，致使妊娠中断，或因意外损伤，致使未足月的胎儿娩出产道的一种病症。以妊娠母牛从子宫中排出不足月的胎儿或死胎(也包括胚胎被吸收)为特征。有时未见胎儿流出，只见阴门流血、胎儿欲坠，此为胎动不安，又称先兆性流产；若反复出现流产，则称为习惯性流产或滑胎。流产不仅使胎儿夭折，还损害母体健康，甚至导致母牛不孕。

【病　因】　多因长期饲养不良，气血亏虚，冲任不固，胎失所养；或因腹痛起卧，滑倒挤压，惊吓狂奔；或因误投大热、攻下、破血药物及患热性病症等，均可导致气血亏耗，冲任受损，胎元不固而致胎儿欲坠。或因营养不足或不全，缺乏蛋白质、维生素 E、钙、磷、镁等，或给予霉败冰冻和有毒饲料，母牛体质虚弱，气血亏损不能养胎，致使胎儿营养物质代谢障碍，不能正常发育而导致流产。或母牛跌扑闪挫、受惊吓、粗暴的直肠检查等损伤胎元，或妊娠母牛受惊奔跑，引起胎元不固。或因布鲁氏菌、衣原体、胎盘滴虫、结核杆菌、牛环形泰勒虫等病原微生物和寄生虫直接侵害胎膜、胎儿及母体生殖器官。或胎膜无绒毛或绒毛发育不全，或子宫动脉、脐动脉扭转，导致胎盘内循环障碍，使子宫内膜坏死，胎儿发育不良。或在子宫内尚有感染的情况下受胎，胎膜、胎盘受感染发炎坏死，导致母子分离。或因严重的大失血、疼痛、腹泻以及高热性疾病和慢性消耗性疾病，使胎儿或胎膜受到影响导致流产。妊娠母牛全身麻醉、给予子宫收缩药、泻药及利尿药、驱虫药、催情药和妊娠禁忌的其他药物等，均可引起流产。

【症　状】 病初病牛精神不安，食欲、反刍减少，回头顾腹，拱腰努责，后肢开张，时作排尿状，阴户潮红微肿，并从阴道流出少量黏液或带血水的浑浊液，继而从阴道流出的浑浊液增多，母牛腹痛加剧，阵发性努责，最后排出未足月的胎儿。病牛口色淡白，脉沉弱。

1. 先兆性流产 病牛频频排尿，阴道时有带血水的浑浊液流出，间有起卧；接着腹痛加剧，时而努责，阴道浑浊液增多；阴道频频外翻，或胎膜破裂，胎水流出；右下腹可见胎儿冲击腹壁，手摸胎儿动荡不安，最后发生流产。

2. 隐性流产 妊娠初期，胎儿的大部分或全部被母体吸收，常无临床症状，只是在妊娠40～60天，性周期重新恢复而发情。

3. 排出未足月的胎儿 一是排出未经变化的死胎，临床上又称小产，胎儿及胎膜很小，常在无分娩征兆的情况下排出，不易被发现；二是排出不足月的活胎，临床上又称早产，有类似正常分娩的征兆，但不太明显，常在排出胎儿前2～3天出现乳腺和阴唇稍肿胀。

4. 胎儿干性坏疽 胎儿死在子宫内，由于黄体存在，子宫颈闭锁，无法排出体外，胎儿和胎膜的水分被子宫吸收，胎儿体积缩小、变硬，犹如干尸，母牛表现发情停止，但随妊娠时间的延长，腹部并不继续增大。直肠检查无胎动，子宫内无胎水，但有硬固物。

5. 胎儿浸溶 胎儿死于子宫内，非腐败性微生物侵入，使胎儿软组织液化分解后被排出。病牛表现精神沉郁，体温升高，食欲减退，随努责常有红褐色或棕黄色的腐臭黏液及脓液排出，且常带有小短骨片。直肠检查，可在子宫内摸到残存的胎儿骨片。

6. 胎儿腐败分解 胎儿死于子宫内，腐败菌侵入，使胎儿内部软组织腐败分解，产生硫化氢、氨、二氧化碳等气体，积存于胎儿皮下组织和胸腹腔内。病牛表现腹围增大，精神不振，频频努责，从阴门流出污红色恶臭的液体，食欲减退，体温升高。阴道检查有炎症表现，子宫颈开张，触诊胎儿有捻发音。

【诊　断】 根据临床症状即可做出诊断。母牛配种后，已确认妊娠，但经过一段时间又出现发情；母牛有腹痛、拱腰、努责、从阴门流出分泌物或血液、排出不足月的死胎或活胎；妊娠后，随着时间的延长，不但腹围不增大，而且变小，有时从阴门流出污秽恶臭的液体，并含有胎儿组织碎片。

【治　疗】 对先兆性流产，要全力镇静安胎；对胎儿已死或腐败浸溶者，要尽早促进胎儿排出，必要时可剖腹取胎。

1. 西药治疗 对有胎动不安、腹痛起卧、呼吸和脉搏增数等流产征兆，而胎儿未被排出及习惯性流产者，应全力保胎，以防流产，可肌内注射黄体酮 50～100 毫克，每日 1 次，连用 3 天。

胎儿死亡而未排出者，则应尽早促其排出死胎。肌内注射 0.1%苯甲酸雌二醇注射液 10 毫升，每日 1～2 次，直到胎儿排出为止。

若胎儿干尸化，可向子宫内灌注灭菌液状石蜡或植物油 500 毫升，以促进其排出。然后再用温水将复方碘溶液稀释 40 倍后冲洗子宫。当子宫颈口开张不足时，可肌内或皮下注射雌激素，促使子宫颈口开张、黄体萎缩和子宫收缩。

2. 中药治疗 本病证属气血失养、胎动不安，可补气养血、活血化瘀、止痛安胎。

(1)四物安胎散 黄芪 20 克，归身 15 克，阿胶、白芍、白术、川芎、陈皮、茯苓、熟地黄、苏梗、生姜各 10 克，糯米 20 克。诸药共研为末，开水冲调，候温灌服。

(2)白术散 阿胶、白术、陈皮、党参、当归、熟地黄各 30 克。白芍、川芎、黄芩、砂仁、苏叶各 20 克，甘草、生姜各 15 克。诸药共研为末，开水冲服。体虚者加黄芪、何首乌；血分热盛者加牡丹皮、旱莲草、玉竹，去熟地黄加生地黄；外伤所致流产，加杜仲、红花、川续断、桑寄生等。

(3)四物汤加减　熟地黄60克，白芍45克，当归、没药、乳香、香附各30克，黄芩21克，川芎15克，水煎滤液灌服，每日1剂。

(4)土芩杜仲煎　土杜仲150克，土黄芩90克，益母草60克，水煎滤液，候温灌服，每日1剂，连用2天。

(5)加味生化汤　当归60克，党参、益母草各30克，川芎21克，桃仁18克，炮姜、炙甘草各15克。诸药共研为细末，以黄酒120毫升为引，开水冲服。

(6)白术散加减　阿胶(烊化)、白术、陈皮、党参、当归、熟地黄、苏叶各30克，川芎、白芍、砂仁各20克，甘草、黄芩、生姜各15克。诸药共研为末，开水冲调，候温灌服。

另外，还可用以下方剂治疗。菟丝子120克，杜仲90克，阿胶、川续断、桑寄生各60克，共研为细末，开水冲调，候温一次灌服。

黑豆1 500克，黄芪120克，杜仲100克，川续断、党参各90克，白芍60克，艾叶、侧柏叶各30克。将黑豆用砂锅或铁锅以文火炒至开花为度，将侧柏叶、艾叶烧炭，研为细末，分3等份。取1份放入盆内备用。将其余各药加水煎煮，取药液约2 000毫升，冲入盆内，每剂药煎3次，候温灌服。

当归60克，益母草45克，党参、熟地黄各30克，怀牛膝、桃仁各25克，白芍、川芎、红花各20克，炙甘草15克，研末开水冲调灌服，用于催产效佳。

当归、黄芪、菟丝子、川续断各30克，补骨脂24克，川芎、黑杜仲各15克，枳壳12克，川贝母、炒白芍、炒艾叶、荆芥穗(炒黑)、厚朴、羌活、炙甘草各9克，共研为细末，开水冲调，候温灌服。配合肌内注射促黄体素，初产牛每次100单位，经产牛每次200单位，每日1次，连用2～3天；或用黄体酮80～120毫克，皮下注射，每日1次，连用3天。还可毫针针刺或艾灸百会、肾俞、腰中等穴位。

【预　防】 流产为奶牛场常见的一种妊娠期疾病，其所造成的危害，不仅在于胎儿死亡，使产犊率下降，更重要的是破坏了正常的产犊时间，延长了母牛的空怀天数和产犊间隔，直接影响本胎次泌乳量和终生产奶量。因此，防止奶牛流产是奶牛生产中一项经常化的工作。对可引发流产的结核病、沙门氏菌病、布鲁氏菌病进行有效防控，不从疫区引进奶牛。如必须引进时，应从无病地区引进，并在隔离条件下进行检疫、饲养，确定无病后方可混群。舍饲时应设立运动场，以保证母牛有充足的光照和运动，但妊娠母牛在妊娠后期运动量不可太大。牛舍的地面应防滑，防止妊娠牛受挤压、碰撞，不可鞭打妊娠牛，防止其受到惊吓。要给予富含维生素A、维生素B_2、矿物质、微量元素的优质饲料，防止胎儿因营养不足或不平衡而中途死亡，保证早期胚胎的正常发育需要。不能急剧改变饲料种类、饲料配方和饲养管理方法，不饲喂霜草、霉草、冰冻、腐败变质及马铃薯、棉籽饼等含毒素的饲料。要给予充足的清洁饮水，妊娠母牛出汗、空腹时不饮冷水。有流产病史的病牛，为防止再次流产，可根据上次流产的日期提前15～20天肌内注射黄体酮5～10毫升，隔日注射1次，连用3～4次。对妊娠母牛用药时，不能使用产生流产作用的药物。为防止布鲁氏菌病、衣原体病等传染病引起流产，应给5～6月龄犊牛接种猪2号菌苗或羊5号菌苗。随着牛群扩大，外引牛只的频繁，一些新传染病如传染性鼻气管炎和病毒性腹泻也渐渐蔓延，为此应考虑接种疫苗。疫区对5～7月龄犊牛可接种弱毒疫苗。

十、产后瘫痪

产后瘫痪又称乳热症、产后风，是奶牛分娩后1～3天发生的以知觉减退或消失、腰腿疼痛、四肢瘫痪、卧地不起的精神抑制和昏迷为特征的急性低血钙症。发病特点是产后3天内发病多,5胎以上的高产牛多发。

【病　因】 本病多因产前营养不良,产后护理不当,血液中钙、磷极度缺乏;或分娩时间太长,失血过多,造成气血双亏,以致元气不足,中气下陷,卫阳不固,风寒湿邪乘虚侵入肌肤,继传于肾,肾受寒湿之邪传于腰及四肢,致使血瘀气滞,发生腰腿疼痛,卧地不起。

【症　状】 初期病牛精神不振,食欲减少,四肢不温。继而腰背及四肢疼痛,行走困难,低头拱腰,卧多立少。进而食欲废绝,反刍停止,四肢和腰胯麻痹,卧地不起,对各种刺激反应降低或消失。体况日渐消瘦,瞳孔散大、昏睡,久则皮肤发生褥疮。口色如绵,脉象迟细。

【诊　断】 根据临床特征如舌、咽、消化道麻痹,知觉丧失,四肢瘫痪,体温下降和低血钙症,血液检查见血钙降低、血磷降低和高血糖,即可做出诊断。

【治　疗】 产后瘫痪的病程发展很快,如不及时治疗,会有50%～60%的奶牛在产后12～48小时死亡。尤其是在分娩过程中或产后6～8小时内发病的奶牛,病程发展更快,病情也较严重。个别的可在发病后数小时内死亡。如果治疗及时得当,90%以上的奶牛都可以痊愈或好转。因此,治疗越早,痊愈越快。目前惯用的有效方法是静脉注射钙制剂,同时进行乳房送风疗法。

1. 西药治疗

(1)静脉注射钙制剂疗法　静脉注射20%～25%葡萄糖酸钙注射液500毫升,注射后6～12小时如果病牛没有好转,可重复注射,但最多不能超过3次。注射速度必须要慢,一般以每分钟50滴左右为宜,并随时密切注意心脏情况。对反应不佳或怀疑血磷和血镁也降低的病例,在第二次治疗时,可以同时注射等量的40%葡萄糖注射液、15%磷酸钠注射液200毫升及15%硫酸镁注射液200毫升。

(2)乳房送风疗法 将青霉素10万单位，链霉素0.25克，溶解于20～40毫升生理盐水中，通过尖端消毒后涂有少许润滑剂的乳房送风器或连续注射器注入乳头导管，然后分别向4个乳区的每个乳房注入空气，空气输入量以乳房皮肤紧张、乳房基部边缘清晰并变厚、轻敲乳房时产生鼓音为准。输入后用手指轻轻捻转乳头肌，并用纱布条扎住乳头，防止空气逸出，经1～2小时后，将纱布条解除。绝大部分病牛在注入空气后30分钟即能苏醒。治疗越早，打入的空气越足，效果越好。

(3)激素治疗 对于用钙制剂无效或效果不明显的，可考虑应用胰岛素和肾上腺皮质激素，同时配合应用高糖和5%碳酸氢钠注射液，效果更好。

2. 中药治疗 可采取暖肾祛寒、逐瘀止痛的原则。

(1)麒麟散 当归、没药(炒)各30克，巴戟天、补骨脂、川楝子各24克，血竭、木通、牵牛、葫芦巴、藁本各21克，盐炒茴香15克。诸药共研为细末，以黄酒250毫升为引，开水冲调，候温灌服。

(2)延胡没药散 赤芍、没药、延胡索、桃仁各45克，炒白术、川芎、牡丹皮、当归、红花、牛膝各21克。诸药共研为细末，开水冲调，候温灌服。

(3)补阳疗瘫汤 黄芪60克，龙骨、破故纸、益智仁、炒麦芽各45克，川续断、枸杞子、桑寄生、熟地黄、小茴香各30克，当归、甘草、青皮各21克，水煎滤液，候温灌服，每日1剂，每剂可水煎2次，分2次灌服。

(4)牡蛎山药汤 芝麻120克，生牡蛎、山药各60克，当归、党参、黄芪、秦艽、肉苁蓉各30克，大枣、茯苓、生姜各24克，白术、陈皮、防风、破故纸、青皮各18克，桂枝、炙甘草各12克。共研为细末，开水冲调，加蜂蜜240克，候温灌服，隔日1剂。配合10%葡萄糖酸钙注射液100～150毫升、10%～25%葡萄糖注射液

1 000～2 000 毫升，一次静脉注射，每日 1 次。

还可针刺抢风、百会、风门等穴；或将球头针插入乳孔内，通过注射器将鲜乳分别注入 4 个乳池，以注入后乳房胀满和乳汁外流为度。

【预　防】 从产前 2 个月开始，饲喂低钙、低磷饲料，减少日粮中摄入的钙量，以激活母牛甲状旁腺的功能。奶牛停止挤奶后，要减少谷物精饲料的饲喂量，加喂优质干草，以防止奶牛过肥，减少难产的发生。奶牛产后严禁饮用冷水，应喝温水，最好饮温热麦麸盐水汤，由麦麸 1.5～2 千克、盐 100～150 克，用温水调制而成。也可用一些龙胆酊之类的健胃药，以保证奶牛有良好的消化功能和旺盛的食欲，有利于产后恢复。奶牛产犊后，不要立即挤奶，初挤时不要把奶挤净。正确的挤奶方法是少量多次，逐日增加，第一天和第二天挤出奶量的 33%～40%，产后 6 天开始挤净，以防止钙从初乳中大量排出而导致血钙骤然下降而出现瘫痪。在有条件的奶牛场，可在产前 8 天开始肌内注射维生素 D_3，每日 1 次，直至临产，并从产前 28 天起每天加喂 30 克镁盐至临产前 7 天停喂，以防止血钙骤然下降时出现的抽搐症状。在产前 7 天或分娩后，立即注射钙、磷制剂，也可有效防止本病的发生。

十一、腐蹄病

腐蹄病又称蹄间或指(趾)间腐烂，是指奶牛的蹄部真皮发生化脓、坏死，甚至发生腐败恶臭与剧烈疼痛的一种疾病。以病蹄肿胀腐烂，蹄底有腐烂的小孔，孔内充满污灰色坏死组织或有腐败性液体排出，重症伴有体温升高为特征。成年奶牛多发，后蹄比前蹄多发，夏季多发。

【病　因】 导致腐蹄病的病因主要包括病原微生物、环境和营养性因素。

1. 病原微生物　病原微生物是奶牛腐蹄病发生的主要原因。

从腐蹄病病例中分离出的病原菌主要有结节状类杆菌、产黑色素类杆菌、脆弱类杆菌、坏死杆菌。此外，螺旋体、粪弯杆菌、梭杆菌、球菌、酵母菌及其他一些条件致病菌也是腐蹄病的病原。坏死杆菌是从病蹄中最常分离到的细菌，在环境中、瘤胃和牛的粪便中普遍存在，在土壤中的存活时间可以长达10个月，能产生毒素引起感染组织坏死（腐烂），还常和其他细菌合并感染，如产黑色素芽孢杆菌、金黄色葡萄球菌、大肠埃希氏菌、化脓性放线菌等，在这种情况下只要有少量的坏死杆菌就可以引起腐蹄病。节瘤拟杆菌是引起腐蹄病的另一种主要病原菌，它是通过Ⅳ型纤毛和细胞外蛋白酶而产生致病作用的。

2. 环境因素　牛蹄部长时间处于潮湿的环境和特定的温度范围，是导致牛发生腐蹄病的必要条件。春夏季节雨水较多，特别是南方的梅雨季节，气候炎热潮湿，牛舍内粪尿多，未能及时清理，病原微生物不断繁殖，引起蹄底组织炎症；夏季为防暑降温或清洁牛体，长时间用水喷淋和冲刷，加大了地面和环境的湿度。牛蹄长期受污水的浸渍，角质变软，抵抗力降低，致使蹄部组织疏松腐烂。

3. 营养性因素　奶牛泌乳是机体代谢旺盛的反应，当日粮中钙、磷比例失调，蛋白质和维生素不足时，机体不能满足产奶所需的营养物质而动用骨骼、血液和其他组织中的钙、蛋白质和维生素，如果动用了蹄角质的钙、磷，则会影响代谢平衡，致使蹄骨疏松软化。因此，饲料中钙、磷比例失调，血钙含量明显降低是奶牛发生腐蹄病的主要原因。当饲料中缺乏锌、铜等矿物质时，奶牛的体质严重下降，对病原的抵抗力下降，易于感染腐蹄病。日粮精粗饲料搭配比例失调也是奶牛肢蹄病发生的重要原因，盲目加大精饲料含量，也会导致奶牛特别是高产奶牛日粮中粗饲料不足，引起瘤胃酸度过高，并且产生大量组胺，导致腐蹄病的发生。

【症　状】　病牛精神沉郁，食欲不振，泌乳量下降；初期指（趾）间发生急性皮炎，潮红、肿胀、频频举肢，呈跛行；系部直立或下沉，蹄冠变红，有热、肿胀和敏感反应；随着炎症的发展，出现化脓而形成溃疡、腐烂，并有恶臭的脓性液体；蹄匣角质逐渐剥离，往往波及腱、指（趾）间韧带或蹄关节，此时病牛体温升高，跛行严重，严重者导致蹄匣脱落。

【诊　断】 根据病牛呈现明显的跛行，指（趾）间皮肤发炎，炎症可波及蹄球和蹄冠，严重时发生化脓、溃疡、腐烂，有恶臭的脓性液体，甚至蹄匣脱落等症状，即可做出诊断。

【治　疗】 修蹄排污，抑菌消炎。

1. 西药治疗

（1）蹄部消毒　当发生指（趾）间腐烂时，以 10%～30%克/升硫酸铜溶液或 10%来苏儿溶液洗净患蹄，涂以 10%碘酊，用松馏油（或鱼石脂）涂布于指（趾）间部，装蹄绷带。如指（趾）间有增生物，可用外科法除去，用硫酸铜粉或高锰酸钾粉撒于增生物上，装蹄绷带，隔 2～3 天换药 1 次，或用烧烙法将增生物烙去。

（2）修整蹄形　当发现病蹄有坏死腐烂组织时，用蹄刀彻底除去腐烂组织。当蹄底深部化脓时，用小刀扩创，使脓性分泌物排尽，创内可撒布硫酸铜粉、高锰酸钾粉或用松馏油棉球填塞，然后装上蹄绷带。

（3）全身治疗　金霉素或四环素按 0.01 克/千克体重或二甲嘧啶 0.12 克/千克体重，一次静脉注射，每日 1～2 次，连用 3～5 天；或用青霉素 250 万单位，一次肌内注射，每日 2 次，连用 3～5 天。

2. 中药疗法　青黛 60 克，冰片、碘仿各 30 克，轻粉 15 克，龙骨 6 克，诸药混合研末，在去除坏死组织后塞于创内，包扎蹄部。

枯矾 30 克，雄黄、去壳鸦胆子各 10 克，诸药混合研末，过筛备用。用 3%来苏儿溶液清洗创面后，将上述粉末涂布于创面上，外包 5 层鱼石脂纱布条，用绷带固定。

3. 其他疗法　将研磨成粉末的血竭倒入清创后的患部，再用烧红的烙铁融化血竭，使之与角质结合，再用绷带包扎；或修整蹄形，清洗患部，充分暴露溃疡面，用棉球擦干，再用液氮冷冻的金属棒迅速接触患部，连续 5～7 次，每次 2～4 秒，然后涂以少量消炎粉，包扎蹄部；或者在前蹄头、前缠腕、涌泉穴、后蹄头、后缠腕、滴水穴，注入适量的青霉素、链霉素和盐酸普鲁卡因。

【预　防】　加强圈舍卫生管理，及时清理圈舍粪尿，重视奶牛蹄部卫生，经常清洁牛指（趾）间、蹄部污物，发现蹄病及时治疗。除去运动场内的石头、金属等异物，保持地面干燥，以防止奶牛蹄部受伤及摔倒。牛床应以木质为好，宽度适宜，铺垫物可用锯末或干草，倾斜角在 2°～3°，注意保持清洁。避免在江、河、湖、海沿岸等高湿地带建立牛场。合理配合精粗饲料，保证饲料中含有适量的有效纤维，在泌乳期的饲料中补充足够的维生素和微量元素锌、硒，并保证饲料中钙、磷比例为 1.5～2∶1，特别应避免高产奶牛由于泌乳需要导致暂时性的低血钙现象，从而有效地预防腐蹄病的发生。过高的饲养密度给管理和生产带来很多不便，运动场应保持 12～13 头/100 米^2，从而保证奶牛有充分的活动空间，提高生产效率，减少奶牛对环境的应激，这是降低各种疾病发生率的重要措施。保护牛蹄，于春、秋两季对牛蹄进行修整，以避免畸形蹄的出现。在牛舍出入口处修建一个大小适中的水泥池，在池内加 100 克/升的硫酸铜溶液或 100 克/升的硫酸锌溶液，1 周浴蹄 1～2 次，浴蹄后，牛蹄需要干燥。在饲料中添加适量的硫酸锌对奶牛腐蹄病可起到良好的预防效果，不仅可显著地降低腐蹄病的发生率，而且可减轻其严重程度。

十二、蹄 叶 炎

蹄叶炎为蹄真皮的弥漫性、非化脓性、渗出性炎症，以蹄角质软弱、疼痛和不同程度的跛行为特征。本病多发生于青年牛及胎次较低的牛，散发，也有群发现象。

【病　因】 饲料中精饲料过多,粗饲料不足或缺乏;奶牛分娩时后肢的水肿使蹄真皮的抵抗力降低,持续而不合理的过度负重,甲状腺功能减退,对某些药物如抗蠕虫剂、雌激素及含雌激素高的牧草发生变态反应;胎衣不下、乳房炎、子宫炎、酮病、妊娠毒血症等,均有可能引起本病的发生。

【症　状】 本病急性发作时,大多数病牛食欲减退,出汗,肌肉震颤,蹄冠部肿胀,蹄壁叩诊有疼痛。两前蹄发病时,见两前肢交替负重;两后蹄发病时,病牛头低下,两前肢后踏,两后肢稍向前伸,不愿走动,行走时步态强拘,腹壁紧缩;四蹄发病时,四肢频频交替负重,为避免疼痛,站立姿势改变,喜在软地上行走,对硬地躲避,喜卧,卧地后四肢伸直呈侧卧姿势。体温高达 40℃～41℃,心动亢进,脉搏在 100 次/分以上。若为慢性时,全身症状轻微,病蹄变形,见病指(趾)前缘弯曲,指(趾)尖翘起,蹄轮向后下方延伸且彼此分离,蹄踵高而蹄冠部倾斜度变小,蹄壁伸长,系部和球节下沉,拱背,全身僵直,步态强拘,消瘦。

【诊　断】 急性病例可根据长期过量饲喂精饲料及典型症状如突发跛行、异常姿势、拱背、步态强拘及全身僵硬等做出确诊。慢性病例往往系部和球节下沉、指(趾)静脉持久性扩张、生角质物质的消失及蹄小叶广泛性纤维化,在 X 线透视下尤为明显。

【治　疗】 减少渗出、镇痛消炎、改善循环。

1. 减少渗出　可进行蹄部冷浴,然后用 0.25%盐酸普鲁卡因注射液 1 000 毫升静脉注射。

2. 缓解疼痛　可用 1%盐酸普鲁卡因注射液 20～30 毫升进行指(趾)神经封闭,也可用乙酰普鲁吗嗪。

3. 放血疗法　成年牛放血 1 000～2 000 毫升,放血后可静脉注射 5%～7%碳酸氢钠注射液 500～1 000 毫升,5%～10%葡萄糖注射液 500～1 000 毫升;也可用 10%水杨酸钠注射液 100 毫升,20%葡萄糖酸钙注射液 500 毫升,分别静脉注射。

【预　防】 加强饲养管理，严格控制精饲料喂量，保证粗纤维供给量。为防止瘤胃酸度增高，可投服占精饲料量1%的碳酸氢钠、0.8%的氧化镁(按干物质计)等缓冲物质。建立健全蹄部卫生保健制度，定期修蹄，避免蹄壁受压，保持或维护蹄正常功能。保持运动场干燥与平整，防止或减少蹄受到机械性刺激而发生外伤。及时治疗子宫炎、乳房炎和胎衣不下等原发疾病，防止继发性蹄叶炎的发生。

十三、感　冒

感冒又称伤风，是以上呼吸道炎性变化为主的一种急性、热性、全身性疾病。以皮温不均、鼻流清液、呼吸增快、羞明流泪为特征。一年四季都可发生，以早春、晚秋气候剧变时多见。

【病　因】 多因牛体虚弱，饲养管理不善，以致腠理疏松，卫外不固，又逢气候骤变，淋雨露夜，致使风寒或风热相挟，侵犯牛体，遂发本病；或因早春或秋末受暴雨浇淋，牛舍潮湿，牛体受贼风侵袭；或因长途运输、营养不良及患有慢性疾病而导致本病发生。

【症　状】 病牛精神沉郁，皮温不匀，鼻镜干燥，眼结膜充血，轻度肿胀，有时流泪、咳嗽；病初流水样鼻液，后变为黏性、脓性鼻液；反刍减弱甚至停止，瘤胃蠕动音减弱；粪便干燥，被毛竖立，有时全身颤抖。

【诊　断】 根据致病因素和病史的不同，将其常分为风寒感冒与风热感冒2种。结合流鼻液、打喷嚏，皮温不均、羞明流泪等症状即可做出诊断。

【治　疗】 解热镇痛，祛风散寒，防止继发病感染。

1. 西药治疗　肌内注射30%安乃近注射液、复方氨基比林注射液或柴胡注射液20～40毫升，每日2次，连用3天。肌内注射青霉素160万～240万单位，每日3次，或肌内注射硫酸庆大霉素50万～100万单位，每日2次，连用3天。

2. 中药治疗

(1)风寒感冒　体表冷热不均,发热恶寒,耳冷鼻凉,被毛逆立,拱背寒战,鼻流清液或有咳嗽,食欲不振,反刍减少,苔薄白,脉浮紧。证属风寒束表、肺气失宣。可辛温解表、宣肺散寒。

①荆防败毒散　茯苓45克,防风、荆芥、桔梗各30克,柴胡、川芎、独活、羌活、前胡、枳壳各25克,甘草15克。水煎滤液,候温灌服。

②麻黄汤　杏仁60克,桂枝45克,麻黄30克,炙甘草20克,水煎滤液,候温灌服。

③九味羌活汤　苍术、防风、羌活各60克,川芎、黄芩、生地黄各50克,白芷45克,甘草、生姜、细辛各30克,以葱白30克为引,水煎滤液,候温灌服。

④麻黄桂枝汤　槟榔、苍术、防风、荆芥、羌活、枳壳各60克,薄荷、桔梗、苏叶各40克,桂枝、麻黄、牙皂各30克,甘草20克,细辛12克,青葱80克。加常水适量,淹过药面,先浸泡10～15分钟,然后煎沸15分钟,过滤,趁温灌服。

还可针刺通关、山根、千金等穴,或在苏气、肺俞每穴注射青霉素80万单位。

(2)风热感冒　体温升高,耳鼻发热,不恶寒或微恶寒,鼻镜干裂,喜饮,口色赤,苔微黄,脉浮数。证属风热犯肺、气失宣和,治宜辛凉解表、清宣肺热。方用银翘散加减,芦根60克,柴胡、黄芩、连翘、金银花、竹叶各30克,淡豆豉、桔梗、荆芥穗、牛蒡子各25克,薄荷15克,甘草10克,水煎滤液,候温灌服。也可针刺太阳、耳尖、角根等穴,或在苏气、肺俞每穴注射青霉素80万单位。

【预　防】 加强饲养管理,圈舍冬季注意保温防寒,夏季防暑降温,牛在出汗后避免受凉。防止牛舍潮湿,有过堂风与贼风等。

十四、犊牛大肠杆菌病

犊牛大肠杆菌病又称犊牛白痢，是由一定血清型的大肠杆菌引起的一种急性败血性传染病。本病主要发生于生后 1～3 天的犊牛，呈散发或地方性流行，全年均可发生。

【病　因】 多因病菌污染饲料、垫草、喂乳用具而经消化道感染，子宫内感染和脐带感染也有可能引起本病发生；本病病原为条件性致病菌，如母牛营养不良，不饲喂或不及时饲喂初乳，牛舍阴暗潮湿，饲养密度过大等各种不良因素均可导致本病；喂奶过凉、用具不洗刷、寒冷等，都将使犊牛机体抵抗力降低而诱发本病。

【症　状】 临床特征是急性腹泻、脱水和酸中毒。潜伏期仅数小时，根据临床表现可分为 3 种类型。

1. 败血型　犊牛出生后 3 天内发病，精神沉郁，体温升高至 41℃以上。腹泻者粪便呈淡黄色、腥臭，不腹泻者粪便呈柠檬色、稍干，外附血液。多数于病后 1～2 天死亡，死亡率高达 80%以上。

2. 肠型　以腹泻为特征，粪便呈粥样、灰白色，混有未消化的凝乳块、血液和泡沫，有酸臭味，后躯有粪污，体温高达 40℃以上。后期多伴有肺炎，痊愈者，发育缓慢。

3. 肠毒血型　比较少见，病犊不见症状而突然死亡，病程稍长者呈中毒性神经症状，先兴奋后沉郁，体温正常或略有升高、降低，脉搏和呼吸增数，不见腹泻，最后昏迷死亡。

【诊　断】 据流行病学、临床症状、病理变化和细菌学检查进行综合判断即能确诊。

【治　疗】 抑菌消炎，防止败血症，补液补碱以防脱水和酸中毒，同时调节胃肠功能。

1. 西药治疗　肌内注射或口服痢菌净 2.5～5 毫克/千克体重，每日 1～2 次；氟哌酸 0.5 克、鞣酸蛋白 30 克，混合后一次喂服，每日2～3次，并配合肌内注射庆大霉素40万单位；5%糖盐水1 000～2 000毫升，25%葡萄糖注射液200～300毫升，5%碳酸氢钠注射液100～150毫升，10%安钠咖注射液5毫升，一次静脉注射，每日2～3次；皮下注射母牛血液20～30毫升；将乳酸2克、鱼石脂20克，加水90毫升，配成鱼石脂乳酸液，每次口服5毫升，每日2～3次，能有效保护胃肠黏膜，减少毒素吸收，调整胃肠功能。

2. 中药治疗　白头翁、秦皮各30克，黄柏20克，黄连、黄芩、芍药、枳壳、猪苓各15克，诸药研末，开水冲调，候温灌服。

【预　防】　加强妊娠母牛的饲养，提供足够的蛋白质、矿物质和维生素饲料，保证初乳的质量和免疫球蛋白的含量。保证母牛适当运动，提供良好的干草，控制精饲料喂量，防止过肥和发生脂肪肝。牛舍温度适宜，干燥、清洁。用大肠杆菌K99疫苗，在产前4～10周给母牛接种，初乳抗体可显著升高。做好接产准备，产房事先清扫、消毒，接产用具要彻底消毒；牛舍温度应控制在16℃～19℃，牛床用2%氢氧化钠溶液消毒，垫草应清洁干燥；产后1～1.5小时饲喂初乳，每次喂2千克，以使犊牛尽早获得母源抗体；流行本病损失严重的牛场，犊牛饲喂初乳前一律皮下注射母血20～30毫升，同时口服氟哌酸或痢菌净，每日2次，连用3天。助产时，脐带断端用5%～10%碘酊浸泡，病犊牛应及时隔离饲喂。

第三章　奶牛营养代谢病

第一节　概　述

奶牛营养代谢病是营养缺乏病和新陈代谢障碍病的总称。前者是指由于奶牛机体所需的碳水化合物、蛋白质、脂肪、维生素、矿物质等营养物质缺乏或不足引起的疾病，后者则指因机体内一个或多个代谢过程异常，导致机体内环境紊乱而引起的疾病。奶牛的营养代谢病分为糖、脂肪、蛋白质代谢紊乱性疾病，矿物质营养缺乏症和维生素缺乏症。在现代奶牛养殖中，牛舍建筑结构、管理设施和制度、内外理化生物学环境因素、日粮配合、饲养方法等任何一个环节出错，产生任何与健康和生产不相适应的改变，都可能导致奶牛机体代谢失调或营养障碍。尤其是在追求高产的目标下，奶牛经常处于特殊的生理和代谢状态，很容易发生营养代谢紊乱。奶牛营养代谢病在高产牛群发病率高，尤其对产后母牛危害更大，故在临床上常将其称为母牛生产疾病。

一、奶牛营养代谢病的病因特点

奶牛对各种营养物质都有一定的需要量，而奶牛在生长与生产过程中所涉及的营养物质不仅种类繁多，而且还存在着相互协同或拮抗作用。如一定条件下，维生素 E 可代替部分硒，而硒却不能替代维生素 E，同时硒还可促进维生素 E 的吸收而减少维生素 E 的需要量；维生素 D 不仅可促使钙从肠道入血，而且还可促使磷从胃酸中吸收；维生素 C 既能强化铁的利用而减轻铜过量的毒性，又能减轻维生素 A、维生素 E、维生素 B_1、维生素 B_2 和泛酸缺乏症的症状,同时维生素A和维生素E可促进维生素C的合成,而铜则可促进维生素C的分解;锌不仅能促进胡萝卜素转化为维生素A,增加维生素A的吸收量,而且维生素E还可促进胡萝卜素转化为维生素A,同时还可促进维生素A和维生素D的吸收。又如,维生素B_2既与维生素B_1有协同作用,又与烟酸有协同效应,同时还可促进色氨酸转化为烟酸;维生素B_{12}可促进泛酸与叶酸的利用和胆碱的合成,但维生素B_6不足时又可影响维生素B_{12}的吸收。再如,钙与磷具有协同作用,钙、磷与锌、镁、铜又存在拮抗关系;铜、钼、硫两两间均有拮抗效应;铁、铜、钴有协同作用;铜与锌、铁有拮抗关系,高铜时锌、铁需要量提高。所以,任何影响营养物质按其需要量摄入、吸收、转化和利用的因素都可引起奶牛营养代谢病的发生。

(一)营养物质摄入不足或比例不当 由于日粮中营养物质不足或缺乏、品种单一或品质不良、营养不平衡等,引起营养物质摄入不足。如缺硒地区易发生硒缺乏症,青绿饲料不足时易发生维生素A缺乏症等。日粮中粗饲料不足而精饲料过多时易引起奶牛酮病。在奶牛规模和集约化饲养过程中,饲料或日粮中1种或多种营养不足及配比不当时,就可造成一些营养物质的摄入不足或相对不足,引起营养代谢病。如日粮中钙、磷比例不当时,常导致奶牛维生素D缺乏、佝偻病或骨软症。

(二)营养物质消化和吸收障碍 奶牛发生慢性消耗性疾病时,由于营养物质吸收、利用不充分,可继发一些营养代谢病。如奶牛发生胃肠道、肝脏及胰腺等功能障碍时,不仅影响营养物质的消化吸收,而且影响营养物质在动物体内合成代谢,可引起酮病、妊娠毒血症、维生素和微量元素缺乏症等营养代谢病。犊牛消化功能不完善,老龄奶牛消化功能减退,对一些营养物质的吸收和利用不完全,也易发生营养代谢病。此外,日粮中营养物质比例不当或含有抑制某些营养物质吸收利用的因子时,可降低奶牛对营养物质的吸收和利用。如日粮中植酸含量过高时,会影响奶牛对锌的吸收,引起锌缺乏症。

(三)营养物质的生理需要量增加 随着奶牛饲养方式的改变,规模化饲养和集约化经营的发展,人们对奶牛产奶量的提高和高饲料报酬的追求越来越高,急需根据奶牛的不同生理阶段更换日粮,尤其是在奶牛妊娠期、泌乳期和犊牛生长期,对营养物质的需要量相对增加,若在这些阶段不能根据奶牛的实际需求适当增加营养,即可引起一系列的营养代谢病。

(四)饲养管理不善 奶牛的饲养管理措施不完善,饲料营养不全面或不能满足奶牛的营养需要,或频繁更换日粮而没有良好的过渡,不进行饲料中的营养成分和饲料品质监测,未及时治疗奶牛的慢性疾病,奶牛圈舍卫生差等,均可引起营养代谢病的发生。如舍饲奶牛光照不足易发生维生素 D 缺乏,致使钙、磷代谢障碍出现佝偻病等。

二、奶牛营养代谢病的临床症状特征

奶牛营养代谢病的种类繁多,病因、发病机制复杂,大多无特征性的临床症状,但这些疾病在发生和发展过程中有一些共同特征。

(一)发病缓慢,病程较长 营养代谢病从病因作用到出现临床症状一般都需数周、数月,甚至更长的时间,有的可能长期不出现明显临床症状而成为隐性型。因为大多数营养代谢病是由于奶牛长期缺乏某种营养物质或代谢紊乱所致,当机体内的组织器官和结构发生改变时才逐渐表现出轻微的临床症状,多呈亚临床症状。

(二)多为群发,发病率高 奶牛营养代谢病与日粮营养水平、饲养管理好坏直接相关,常由于奶牛日粮中营养物质的缺乏或不足或粗放的管理而发病,多为群发而且发病率高。如日粮中精饲料过多,粗饲料不足时,常引发奶牛酮病,且多在整个奶牛场发生。日粮维生素或矿物质缺乏时引起的缺乏症发病率高,严重时可大群发病,使奶牛的生长发育受到明显影响,甚至出现大批奶牛死亡。

(三)发病与奶牛的生理阶段和生产性能有关 奶牛特别是高产奶牛在妊娠期或泌乳期,由于机体对营养物质的需求相对增加,若饲养管理不善,常易发生营养代谢病。如高产奶牛饲养管理不当,易在产后2周以内发生酮病和妊娠毒血症,产后2～4周的3～6胎高产奶牛易发生母牛产后血红蛋白尿。在妊娠期或泌乳期,奶牛对维生素A的需求增加,若未及时补饲,常发生维生素A缺乏症。犊牛抗病力相对较弱,正处于生长发育、代谢旺盛阶段,对营养物质的需求量相对较大,对某些特殊营养物质的缺乏尤为敏感,容易发生营养缺乏症。如犊牛易发生铁缺乏症、维生素E和硒缺乏症。

(四)多呈地方性流行 大多数营养代谢病常在一个地区发生。这是因为奶牛为草食家畜,营养主要来源于植物性饲料,而植物性饲料中微量元素的含量与其所生长的土壤和水源中的含量密切相关。因此,微量元素缺乏症常常发生在一些土壤和水源中微量元素含量低的地区,这类疾病称为生物地球化学性疾病或地方病。据调查,我国约有70%的县为低硒地区,从东北至西南形成一个低硒地带,这类地区生产的饲料中,含硒量可低于0.05毫克/千克。长期饲喂这些地区生产的牧草,奶牛易发生维生素E和硒缺乏症。

(五)缺乏特征性临床症状 奶牛发生营养代谢病后多无明显的特征性临床症状,主要表现为精神沉郁、被毛粗乱、食欲不振、消化障碍、异食、生长发育缓慢或停滞、渐进性消瘦、产奶量下降、繁殖功能紊乱等。矿物质和维生素缺乏以及碳水化合物代谢紊乱时,奶牛多出现异食癖;铜、锌、锰、铁等缺乏,会引起贫血;铜、锌、锰、硒、钙、磷和维生素 A、维生素 D、维生素 E、维生素 C 等的缺乏，可影响奶牛的生殖功能。

(六)无传染性　虽然奶牛营养代谢病在一个奶牛场或一个地区大群发病，但除个别情况及有继发或并发症的病例外，一般体温变化不大，多在正常范围或偏低，且无传染性。奶牛的日粮营养水平改变或添加一些必需的维生素及微量元素后，疾病可有明显好转。

三、奶牛营养代谢病的诊断方法

奶牛营养代谢病的病因复杂，缺乏特征性临床症状，营养供给不平衡或饲养管理未能满足奶牛的生理要求，都可引发这类疾病。发病后，病牛仅表现生长发育缓慢、生产性能下降等症状，早期诊断比较困难。因此，诊断奶牛营养代谢病应首先进行流行病学和病史调查，再进行临床检查和饲草料、饮水检测分析以及实验室相关指标的测定，必要时进行病理学检查与综合分析，做出初步诊断。同时，可根据初步诊断结果，进行动物试验和治疗性诊断。

(一)流行病学和病史调查　营养代谢病大多数具有群发和地方流行的特点，应了解发病地区、发病季节、发病率、死亡率、年龄、疫苗免疫和驱虫情况、主要临床症状、发病后采取的治疗措施和效果，先排除传染病、寄生虫病和中毒性疾病。此外，还应对发病奶牛是否处于矿物元素缺乏地区，饲料来源、组成、加工和贮藏，是否更换饲料或在饲料中添加过何种营养成分，饲养管理状况等进行调查，以获得详细的流行病学及病史资料。

(二)临床检查　通过临床检查，初步确定疾病的程度和性质，对一些有比较典型临床症状的营养代谢病还可做出初步诊断。如奶牛维生素 A 缺乏时常可根据夜盲症做出初步诊断，红尿可以作为母牛产后血红蛋白尿的主要征兆。此外，越是高产奶牛越易出现各种临床症状，可怀疑为营养代谢病。

（三）饲草料分析和饮水检测　营养代谢病大多是因饲料中缺乏某些营养成分所致。根据流行病学调查及病牛的临床症状，对可疑饲料和饮水中的营养成分进行有针对性的分析和检测，如矿物质、维生素等的测定，并和奶牛饲养标准相比较，以便为确诊提供依据，还应检测该物质的拮抗物。如怀疑奶牛铜缺乏时除应检测饲料中的铜含量以外，还应检测钼含量。有条件时，还可测定土壤中有关元素的含量。

（四）实验室诊断　根据对奶牛营养代谢病的初步诊断，采集相关样品进行生理生化指标的测定，作为辅助诊断依据。可采集血液、乳汁、尿液、被毛和目标组织，测定可疑成分的含量或有关的酶活性。如维生素缺乏时血液中的维生素含量下降，奶牛发生酮病时血液、尿液和乳汁中酮体含量升高，硒缺乏时血液和组织中谷胱甘肽过氧化物酶的活性明显降低。

（五）病理学检查　对有特征性病理变化的营养代谢病可通过对急性死亡病例的剖检和组织学检查进行诊断。如犊牛硒缺乏时骨骼肌、心肌、肝脏变性和坏死，外观呈鱼肉状或煮肉状，维生素 D 缺乏时骨骼钙化不全、骨质疏松。

（六）治疗性诊断　根据补充某一特定营养物质，能显著缓解奶牛营养代谢病的临床症状这一特点，可作为诊断这一营养物质缺乏的重要依据，该方法常用于病初或疾病症状较轻时。如怀疑铜缺乏时，可在饲料中添加硫酸铜进行治疗性诊断。

此外，奶牛营养代谢病的诊断还可用动物试验法，即选择来自非病区健康奶牛，用可疑饲料或饮水饲喂，并按病区同样的管理，经一定时间饲喂试验，受试奶牛产生的临床症状、剖检及组织学变化与自然发生的病例完全一样，也可为建立诊断提供可靠证据。但这需经过较长时间，影响因素也多，故临床应用较少。

四、奶牛营养代谢病的防治措施

防治奶牛营养代谢病的关键是要做到早发现、早治疗，定期监测日粮营养水平和奶牛健康状况，采取综合措施进行防治。

(一)合理日粮结构　奶牛饲料的营养要全面，尤其是维持奶牛生理和生产的营养必须适量。要按照奶牛生长不同生理阶段的营养需要，根据奶牛饲养标准合理配制日粮。在配制奶牛日粮时，除考虑奶牛的需求外，还要考虑各种营养物质之间的关系，因为不同的营养物质互相影响、互相依存。如奶牛的维生素 B_{12} 缺乏症，常常并非是由于瘤胃微生物合成维生素 B_{12} 障碍而导致，而是缺乏合成维生素 B_{12} 的原料——钴。蛋白质是构成酶的基本成分，金属离子是许多酶的活性中心，维生素又是辅酶的主要构成成分，只有按奶牛的生理需要，按一定比例供给这些物质，才能保证奶牛有较高的产奶量和最大的饲料报酬，也可以避免营养代谢病的发生。

(二)科学的饲养管理方法　饲养管理在奶牛饲养中起着很重要的作用，管理不善常会造成机体内外环境平衡失调，最终产生代谢紊乱。因此，奶牛的饲养要有严格完善的管理措施，并及时对各种疾病进行治疗，搞好牛舍卫生，保证饮水清洁充足。牛舍要清洁、干燥、通风良好、光照充足。针对奶牛的不同生产阶段尤其是营养代谢病的高发期，制定合理的管理措施，以防营养代谢病的发生。如在奶牛围产期要重点做好酮病、脂肪肝、产后瘫痪、产后血红蛋白尿、卧地不起综合征等疾病的预防。只有通过科学的饲养管理，才能使奶牛维持最佳的营养代谢水平，保证牛奶的优质、高产，最大限度地提高经济效益。

(三)定期进行营养监测和健康检查　目前，随着集约化奶牛业的发展，人们对奶牛饲养的规模、效益日益重视，但在养牛生产中针对奶牛营养与健康状况进行监测与评价的方法并不多，养殖场定期的营养和健康检查也较少，大多以发现发病后的治疗为主；

但由于奶牛营养代谢病发病缓慢且无明显临床症状，常常因未及时发现而造成严重的经济损失。饲料中营养成分的测定是预防营养代谢病最直接的手段，还可通过奶牛的体况评分，乳汁、血液和尿液中一些指标的测定监测奶牛的营养水平。如乳汁的乳脂率、正常的乳蛋白率与乳脂率比、乳酮体值、乳尿素值的测定可作为奶牛营养是否缺乏及一些营养代谢病的判断标准。通过奶牛群体营养代谢状况评价体系的建立和健康检查可及时发现牛群中存在的营养问题，减少集约化饲养条件下高产奶牛营养代谢病的发生，提高牛群的整体健康水平，增加奶牛场的经济效益。因此，奶牛养殖场应定期对奶牛的营养进行检测，并定期进行健康检查，及时发现奶牛营养的盈缺和各类疾病，为预防奶牛营养代谢病提供前提条件。

（四）治疗以补充缺乏为主 对于维生素和微量元素缺乏症，治疗应以直接或间接补充缺乏的营养物质为主。直接补充指奶牛缺乏某种营养物质时就补充该物质。如奶牛维生素 A 缺乏时用维生素 A 注射液治疗，锌缺乏时日粮中加入硫酸锌、碳酸锌或酵母锌等。间接补充指奶牛缺乏某种营养物质时用该营养物质的替代品治疗或能促进其吸收的药物治疗。如奶牛维生素 E 缺乏时，常常采用维生素 E 制剂配合亚硒酸钠治疗。此外，常将微量元素喷洒在牧草上，或把某些微量元素制成缓释剂投入瘤胃，缓慢释放，达到补充这些微量元素的目的。

第二节　奶牛常见营养代谢病的综合防治

一、酮　病

奶牛酮病是指由于奶牛体内碳水化合物和挥发性脂肪酸代谢紊乱所引起的一种全身性功能失调的营养代谢性疾病，其特征是酮血、酮尿、酮乳和低血糖。本病最早于1849年由Lander所描述，曾用名有乳牛的醋酮血症、母牛热、慢热、产后消化不良和低血糖性酮病等。100多年来，本病已在世界许多国家流行，并造成了巨大的经济损失。根据临床症状，常将奶牛酮病分为临床型酮病和亚临床型酮病。本病多发生于产犊后的第一个泌乳月内，尤其在产后3周内发病率最高。不同胎次的母牛均可发病，但以3～6胎母牛发病最多，第一次产犊的青年母牛也常见。泌乳量高的牛多发。本病无明显的季节性，一年四季都可发生，但以冬、春季发病较多。在我国，高产牛群临床型酮病的发病率一般为2%～20%，亚临床型酮病的发病率为10%～30%，在印度为14.69%，美国为4%～5%，个别牧场是这个数字的3～4倍。亚临床型酮病虽无明显的临床症状，但由于会引起母牛产奶量下降，奶质量降低，体重减轻，生殖系统疾病和其他疾病发病率增高，从而造成严重的经济损失。

【病　因】　酮病是由于糖供给不足，脂肪大量分解所致的代谢障碍。凡能引起瘤胃丙酸生成减少，乙酸和丁酸生成增加的因素，都可诱发本病。如日粮中营养不平衡，品质低劣，精饲料过多，粗饲料不足，高蛋白、高脂肪和低碳水化合物精饲料，易造成瘤胃功能减弱，进而引起食欲减退，使瘤胃内环境发生改变，采食量减少，机体中生糖物质缺乏，引起能量负平衡，产生大量酮体而发病。由此所致的酮病称自发性或营养性酮病。再如，高产奶牛在产犊后4～6周出现泌乳高峰，但其食欲恢复和采食量的高峰却在产犊后8～10周，致使其常发生能量负平衡；或有些牛场将干奶牛和泌乳牛混群饲养，使干奶牛采食较多的精饲料，引起母牛产前过度肥胖，严重影响产后采食量的恢复，引起能量负平衡，致使其产生大量酮体而发生消耗性酮病。这两种酮病都是因为能量代谢紊乱，体内酮体生成增多所致，称为原发性酮病。而奶牛皱胃移位、创伤性网胃炎、子宫炎、乳房炎、肝炎、脂肪肝、前胃弛缓、胎衣不下、产后瘫痪及饲料中毒(如慢性氟中毒)等,也可导致消化功能减退而引起食欲下降、血糖浓度降低,导致脂肪代谢紊乱,酮体生成增多,从而引起奶牛酮病的发生,此为继发性酮病。另外,奶牛内分泌障碍时,肾上腺皮质激素分泌不足,胰岛素分泌减少,胰高血糖素分泌增多,也会引起血糖下降,糖异生作用增强,脂肪分解代谢增强,产生大量酮体而发生酮病。

此外,矿物质如钴、磷、碘缺乏以及寒冷、饥饿、挤奶等一些应激因素也可促进酮病的发生。有些奶牛反复发生酮病可能与遗传易感性有关,也可能与牛的消化能力和代谢能力较差有关。

【症　状】 本病可分为3种类型,但每种类型的病牛呼出气体、乳汁和尿液中都有酮味,血液、尿液和乳汁检验均可见大量酮体。

1. 消化型 临床上比较多见,多发生于分娩后2周以内。病牛精神沉郁,消瘦,顽固性消化障碍,厌食精饲料和青贮饲料,喜食干草。或见食欲废绝,反刍减少,异食,喜饮污水、尿液,舔食污物或泥土。有的伴发瘤胃臌胀,瘤胃蠕动减弱或消失。体温一般无变化,严重者全身出汗,尿量减少,尿色淡黄,易形成泡沫,有特异的丙酮气味。初期泌乳量急剧增多,短期内又急剧下降,甚至泌乳停止。

2. 神经型 多发生于分娩后3～10天,病牛以神经症状为主要表现。突然发作,初期兴奋不安,横冲直撞,听觉过敏,流涎,磨牙,吼叫,眼球震荡,肌肉震颤,做转圈运动;很快出现狂躁不安,时时转动舌头,步态不稳,后肢轻瘫;后期不能站立,呈现昏迷状态。神经症状发作持续时间较短,为1～2小时,但经8～12小时后可能再次发作。少数神经型病牛只表现精神沉郁,血液、尿液和乳汁中酮体增多。

3. 瘫痪型 症状与产后瘫痪类似,但其特点是病牛产奶量高、消瘦、食欲不振、卧地不起。

【诊　断】通过病牛呼出气有丙酮味、卧地不起等临床症状可做出初步诊断。全面详细的病史调查，母牛产犊时间、产奶量变化、日粮组成和采食量变化等，可作为辅助诊断依据。同时，结合血液酮体、血糖、尿酮及乳酮定量和定性测定，多可做出确诊。此外，补糖有效等也是做出诊断的依据之一。

血液、尿液和乳汁酮体定性检测的具体方法：取硫酸铵100克、无水碳酸钠50克和亚硝基铁氰化钠3克，混合后研成粉末；取0.2克粉末放在载玻片上，加待检样品（血液、尿液或乳汁）2～3滴，出现紫红色者为酮体反应阳性，不出现红色者为阴性反应。同时，加水做对照。该方法快速简便，易于操作。

注意本病和前胃弛缓及产后瘫痪的区别。前胃弛缓没有神经症状，无酮味，尿液、乳汁检查无大量酮体；产后瘫痪多发生于产后1～5天，体温下降，病初多呈现抑制状态，呼出气、乳汁及尿液中无酮味和酮体，通过补钙治疗有效，而酮病补钙无效或疗效不显著。

【治　疗】大多数病例通过合理的治疗可以痊愈，但严重病例则没有效果。有些病例治愈后可能复发。继发性酮病应着重治疗原发病。治疗方法包括补糖疗法、激素疗法和其他疗法。

1. 补糖疗法　主要以高渗葡萄糖为主。

(1)*直接补糖*　25%或50%葡萄糖注射液500～1 000毫升，静脉注射，每日2次，连用3～4天。果糖溶液，每千克体重0.5克，配成50%注射液，静脉注射，可延长作用时间，但有些果糖制剂会引起特异反应，呈现呼吸急促、肌肉震颤、衰弱和虚脱，且这种反应常于注射中发生。

(2)*补充产糖物质*　丙酸钠120～250克，混饲或灌服，每日1次，连用7～10天；丙二醇100～250毫升或甘油250～500毫升，灌服，每日2次，连用5天，疗效较显著；25%木糖醇注射液，静脉注射，每日1次，连用3天。

2. 激素疗法 促肾上腺皮质激素，200～600单位，肌内注射，适用于体质较好的病牛；氢化可的松200～250毫克，肌内注射，或溶于1 000毫升5%糖盐水或5%葡萄糖注射液中静脉注射，每日1次；强的松龙50～150毫克，静脉注射，每日1次；醋酸可的松0.5～1.5克或地塞米松10～30毫克，肌内注射；醋酸泼尼松(强的松)0.2～0.4克，一次投服，每日1次；地塞米松磷酸钠注射液10～20毫克，一次肌内或静脉注射；胰岛素100～200单位，肌内注射，同时结合补糖，效果更好。

3. 辅助疗法

(1)镇静　对神经型酮病，可用水合氯醛使病牛镇静，同时还可破坏瘤胃中的淀粉，刺激葡萄糖的产生和吸收，通过调节瘤胃的发酵作用而提高丙酸的产生。首次剂量为30克，以后7克，加水灌服，每日2次，连用5天。

(2)缓解酸中毒　5%碳酸氢钠注射液500～1 000毫升，静脉注射。

(3)兴奋瘤胃蠕动　灌服健胃剂或健康牛的瘤胃液，每日早、晚各服1升左右，连用3天；95%酒精50毫升、酵母粉100克、葡萄糖200克、水1 000毫升，混合后灌服，也可改善瘤胃的消化功能。此外，饲料中每日添加100毫克硫酸钴或维生素B_{12}等也有助于本病的辅助治疗。

4. 中药疗法 在西药治疗的同时，配合中兽医辨证施治有利于促进病牛康复。

(1)消化型酮病　以补气健脾、活血补血为治则。可用加味香砂八珍汤，苍术80克，赤芍、党参、当归、熟地黄、砂仁各60克，白术、茯苓、木香、炙甘草各50克，川芎40克，神曲100克。共研为末，开水冲调，候温灌服，每日1剂，连用3～5天。或用神曲、熟地黄各150克，砂仁60～120克，当归、鱼腥草各100克，党参70克，炒白术、广藿香、厚朴、麦芽、金银花、黄芪各60克，茯苓、炙甘草、川芎、赤芍、益母草、枳壳、黑附片各50克，研末开水冲调，候温灌服，每日1剂，连服5天。以上药物应根据酮病奶牛症状轻重适当增减。

（2）神经型酮病　以健脾益气、补血安神为治则，方用安神补心丸加减，益母草、炒枳壳、神曲各100克，苍术80克，川芎75克，半夏、黄芪、党参、当归、赤芍、熟地黄、砂仁各60克，陈皮、木香、白术、炒茴香、黑附片、甘草各50克，石菖蒲、枣仁、茯神各40克，远志30克，研末开水冲调，候温灌服，每日1剂，连用3～5天。病情严重者适当增加药物用量。

（3）瘫痪型酮病　以补血安神、益气健脾为治则，方用参苓白术散加减，当归、熟地黄各150克，党参、炒白术、茯苓、神曲、白芍各100克，川芎75克，砂仁60克，半夏、甘草各50克，石菖蒲、枣仁、茯神各40克，陈皮35克，研末开水冲调，候温灌服，每日1剂，5天为1个疗程。

【预　防】　酮病是奶牛围产期常见的营养代谢病之一，是一种管理性疾病，加强围产期的饲养管理是预防本病的关键，采取综合预防措施能获得良好效果。

1. 制定科学的饲养制度　建立良好的奶牛管理制度，日粮配制要根据不同饲养阶段的营养需要。日粮中高蛋白质和高脂肪的精饲料不宜过多，蛋白质以不高于16%为宜。应有充足的含糖和粗纤维的青绿多汁饲料及维生素、矿物质等供应，碳水化合物要易于消化，适当搭配优质牧草，尽量不喂含有大量丁酸盐的劣质青贮饲料。干草饲喂量为每天3千克/100千克体重。妊娠初期每天添加精饲料1千克，产犊时增加至5千克。产后精饲料量随产奶量的增加而增加，每产3千克奶添加1千克谷物精饲料，特别是玉米。体况评分应保持在3～3.5为宜。要加强运动，防止奶牛妊娠期和泌乳期过肥或动用过量的体脂肪。为使瘤胃微生物完全适应生产日粮，产前4～5周至产犊和泌乳高峰期，应逐步增加能量供给，不要轻易更换配方。特别注意在泌乳的最初3个月，不要突然改变奶牛的日粮。奶牛产后注意其呼出的气体有无特异芳香气味，如有应及早治疗。

在酮病高发期，于高产奶牛饲料中添加丙酸钠，每次120克，每日2次，连用10天。奶牛每日摄入3～6克烟酸，可降低血羟基丁酸盐水平，添加氯化钴和维生素PP以及莫能菌素和拉沙里菌素等离子载体，也可降低酮病的发病率，起到预防酮病的效果。

2. 定期对各种饲料进行营养监测 在合理饲养的同时，注意蛋白质、脂肪、碳水化合物及矿物质等的营养平衡。如果日粮中大量补充了蛋白质饲料，而忽视了对碳水化合物、粗纤维和青绿多汁饲料的补充，易造成营养不平衡，碳氮比例失调。较合适的碳氮比例为0.7～1：1，有利于泌乳，可防止奶牛发生酮病。合理加工谷物可以增进奶牛机体对葡萄糖的利用率。

3. 建立隐性酮病监测制度 高产奶牛从干奶前10天至产后45天，最好每隔3～5天检测乳酮和尿酮1次。其中尿酮定性检测操作方便，在奶牛产后第一天进行尿酮定性检查，以后每隔1～2天检查1次，对检出的阳性奶牛及时对症治疗。在母牛妊娠7～8个月时，进行血糖测定，对检出的血糖降低奶牛，用丙二醇合剂进行治疗。同时，应及时治疗产科病和前胃疾病，以防止继发性奶牛酮病的发生。

二、妊娠毒血症

妊娠毒血症又称肥胖母牛综合征或牛的脂肪肝，是指由于母牛妊娠期间日粮能量水平过高，致使奶牛过度肥胖而在分娩前后发生的一种营养代谢病。临床上以食欲废绝、精神沉郁、胃肠蠕动停止、消瘦、间有黄疸、繁殖功能障碍为特征。本病多发生在高产奶牛的围产期，产奶量越高越易发病，尤其以分娩后1～2周内多发；冬、春季节发病较多。在我国发病率超过30%，死亡率可高达

80%。

【病　因】　干奶期饲养管理不当是其主要原因。在泌乳后期或干奶期，当饲料缺乏或配合不当，谷物精饲料或青贮玉米过多，能量和蛋白质水平过高，碳水化合物不足时，奶牛摄入能量过多，致使妊娠后期肥胖，在分娩、泌乳等应激作用下可诱发本病。泌乳牛与干奶牛混群饲养，或饲喂相同的日粮，单纯加料催奶，干奶牛摄入精饲料过多，可促使本病发生。怀双胎母牛，同时伴有缺钙，或受大量内寄生虫感染，可使发病增多。此外，一些疾病如难产、产道损伤、子宫炎、生产瘫痪、创伤性网胃炎、皱胃变位、消化不良等，均可影响母牛食欲而诱发本病。

【症　状】　本病多发生于分娩后1～2周。患病奶牛异常肥胖，背脊展平，精神沉郁，食欲减退甚至废绝，体温、脉搏常无明显变化。奶牛极度虚弱、卧地不起，有酮血、酮尿、酮乳，但按酮病治疗几乎无效。产犊后几天，病情严重者可见呼吸浅表和增数、高抬头、神经兴奋等症状。按病程可分为急性型和亚急性型2种。

1. 急性型　多随母牛分娩而发病。主要表现精神沉郁，食欲废绝，瘤胃蠕动微弱，少乳或无乳，可视黏膜发绀、黄染，体温初升高，可达39.5℃～40℃，步态强拘，呻吟，目光呆滞，对外界刺激反应微弱，头颈部肌肉震颤。伴发腹泻者，粪便色黄且有恶臭。于2～3天死亡或卧地不起，最终昏迷死亡。

2. 亚急性型　分娩3天后发病，病程达7～10天。主要表现为酮病症状，病牛食欲减退或废绝，产奶量下降，粪少而干，渐进性消瘦。有的病牛伴发前胃弛缓、皱胃变位、乳房炎、难产、胎衣不下、子宫弛缓、产道内蓄积大量褐色腐臭恶露，药物治疗无效。后期卧地不起，呻吟、磨牙，最后衰竭死亡。伴发乳房炎时，可见乳房肿胀，乳汁呈脓性或极度稀薄的黄水样，乳汁酮体检验阳性。尿液偏酸性，pH值6以下，有酮味，酮体检验呈阳性。

【诊　断】　根据发病时间（产后1～2周），病牛发病前膘情好、肥胖，食欲废绝，卧地不起等可做出初步诊断。酮体检验，死后剖检肝脏脂肪变性，结合肝功能检查可做出确诊。应注意与皱胃变位、酮病、胎衣不下和生产瘫痪相鉴别。皱胃左方变位在肋弓下呈明显的金属音；生产瘫痪常在分娩后立即发生，血钙含量明显下降，用钙制剂和乳房送风疗法等治疗效果明显；卧倒不起综合征大多无过度肥胖现象。

【治　疗】 目前尚无特效疗法，多采取加强饲养管理、调整日粮组成、减少精饲料饲喂量等措施进行防治。药物治疗以保肝解毒、抑制脂肪分解为原则。

1. 提高血糖浓度，保肝解毒 补充高渗葡萄糖或生糖物质。50%葡萄糖注射液 500～1 000 毫升，静脉注射；50%右旋糖酐注射液，首次 1 500 毫升，以后每次 500 毫升，静脉注射，每日 2～3 次；25%木糖醇注射液 500～1 000 毫升，静脉注射，每日 2 次，有生糖和降酮作用；丙酸钠114～228 克或丙二醇 117～342 克，口服，每日 2 次，喂前静脉注射 50%左旋糖酐注射液 500 毫升，效果更好。

2. 促进脂肪氧化，使用解脂制剂 50%氯化胆碱粉 50～60 克口服，或 10%氯化胆碱注射液 250 毫升，皮下注射，可促进脂肪酸氧化和脂蛋白的合成，有显著的解脂作用；泛酸钙 200～300 毫克，配成 10%溶液，静脉注射，连用 3 天；复合维生素 B 200～250 毫升，灌服，每日 2 次，能增进食欲，改善瘤胃功能；烟酸 12～15 克，灌服，连用 3～5 天，能抗脂肪分解和酮体的生成；氯化钴或硫酸钴，每日 100 克，口服。

3. 对症治疗 为防止继发感染，可使用广谱抗生素等。防止酸中毒可用 5%碳酸氢钠注射液 500～1 000 毫升，静脉注射。对黄疸病牛，可用硫酸镁 300～500 克，加水灌服，连用 3 天。

4. 中药治疗 以燥湿健脾、清热理气为治则，药用油当归、山楂各 120 克，党参、白术、丹参、神曲各 60 克，陈皮、茯苓、紫苏各

45 克，厚朴、甘草各 30 克，水煎 2 次，加陈皮酊 250 毫升，一次灌服，每日 2 次。或用黄芪、山楂、当归、白芍各 60 克，延胡索、泽泻各 45 克，桃仁 34 克，枳壳、柴胡、茯苓、甘草、川芎各 30 克，川楝子 25 克，共研为细末，开水冲调灌服。

【预　防】 质量良好、全价平衡的日粮是奶牛围产期正常生理和生产的保障。在围产期，尤其是在妊娠末期不宜突然更换日粮。干奶期应限制精饲料喂量，适当增加粗纤维饲料的喂量，最好保证有充足的优质干草。一般混合料每天饲喂 3～4 千克，青贮饲料饲喂 15 千克，干草自由采食。泌乳牛与干奶牛应分群饲养，以避免后者进食精饲料过多。加强运动，可减少产后胎衣不下、子宫弛缓的发生，还可防止牛体过度肥胖。干奶牛每天应保证 1～1.5 小时的运动，妊娠后期对肥胖的妊娠牛更应加强运动，逐渐减少日粮中的能量物质，以便发挥其自身调节功能，并能耐过产犊应激，常可减少或避免疾病的发生。妊娠后期，要防止奶牛过度肥胖，日粮营养只要保证奶牛和胎儿发育的营养需要即可。做好产前、产后常见病的防治，建立血糖和酮体监测制度，尤其是对产前 1 周至产后 1 天的奶牛更应加强监测，对所发现的酮病奶牛应及时治疗，以免因大量动员脂肪而造成恶性循环，引起妊娠毒血症。及时补充高浓度葡萄糖、丙二醇或丙酸钠，对老龄、高产、食欲不振奶牛应增强食欲，可有效防止体脂动员过多。定期补糖、钙和钴等也有利于预防本病。对已发病的奶牛在产后适当控制泌乳量，减少能量消耗，可缓解症状且有利于治愈。

三、产后血红蛋白尿

母牛产后血红蛋白尿是指由于缺磷等非传染性因素引起的一种营养代谢病。临床上以低磷酸盐血症、急性溶血性贫血和血红蛋白尿为特征。本病于 1853 年首次报道于苏格兰，我国于 1960 年首次报道。本病常发生于产后 2～4 周的 3～6 胎高产奶牛，多呈散发或地方性流行，发病率为15%～20%，若不及时治疗病死率高达50%。

【病　因】 饲料中磷缺乏，尤其是高产奶牛产后泌乳磷脂排出增多时极易发病。甜菜块根和叶、青绿燕麦、多年生黑麦草、埃及三叶草、苜蓿以及十字花科植物等含硫较低，而十字花科植物如油菜、甘蓝等含有一种二甲基二硫化物，称为S-甲基半胱氨酸二亚砜，能使红细胞中的血红蛋白分子形成海因茨-埃尔利赫小体，破坏红细胞引起血管内溶血性贫血。硫氰酸盐、硝酸盐等也具有溶血作用。此外，本病的发生也可能与土壤缺铜有关，因铜是正常红细胞代谢所必需，当产后大量泌乳时，铜从体内大量丢失，当肝脏铜储备不足时，就会发生巨细胞性低色素贫血。寒冷、干旱等也是本病重要的诱因。

【症　状】 病牛多在分娩后2～4周突然排血红蛋白尿。病初1～3天，奶牛尿液由淡红色逐渐变为红色、暗红色甚至赤褐色或咖啡色，但随症状减轻至痊愈时，又逐渐由深而变浅，直至无色。排尿次数增加，每次排尿量减少。尿潜血试验呈阳性反应，尿沉渣中没有或含有少量红细胞。病牛产奶量下降，体温、呼吸、食欲无明显的变化。至严重贫血时，食欲稍有下降，呼吸次数稍有增加，脉搏增数，心率加快，心搏动加强，偶尔发现贫血性杂音，颈静脉怒张并搏动。随病程的发展，贫血程度加剧，可视黏膜及乳房、乳头、股内侧和腋下皮肤变为淡红色或苍白色，黄染。急性病例若在3～5天未死亡，则转入2～8周的康复期，康复后耳尖、指(趾)、尾尖和乳头等处可见坏死。

【诊　断】 根据发病时间、流行特点及血红蛋白尿、贫血、低磷酸盐血症等临床特征，可做出初步诊断。结合血液红细胞数、红细胞压积和血红蛋白含量、血沉及黄疸指数等检查可做出确诊。应注意与巴贝斯虫病、钩端螺旋体病、尿素中毒、慢性铜中毒、牛蕨中毒、非传染性泌尿道疾病等相鉴别。巴贝斯虫病在血液涂片中可见双芽巴贝斯焦虫;钩端螺旋体病在血液、尿液中可见钩端螺旋体,补体结合试验呈阳性;慢性铜中毒病胃内容物、尿液、肝脏、肾脏铜含量明显升高;牛蕨中毒时可视黏膜有瘀斑性出血,鼻孔、肠道及泌尿道出血;非传染性泌尿道疾病可在尿液中检出红细胞或管型等。

【治　疗】　及时补磷,扩充血容量。

1. 补磷　调整日粮组成,添加含磷丰富的饲料,如豆饼、花生饼、麦麸、米糠和骨粉等。骨粉120克,每日2次,口服。同时,用磷制剂治疗,常用20%磷酸二氢钠注射液300～500毫升,静脉注射,每日1～2次,严重者每日2～4次。

2. 扩充血容量　静脉输入全血,也可用葡萄糖、5%糖盐水、复方氯化钠注射液等静脉注射补液。

【预　防】　奶牛日粮要全价平衡,不宜饲喂过多的甜菜、油菜、芜菁、甘蓝等含磷量过低和含硫氰酸盐等溶血因子过多的饲料,一般以5～10千克为宜。对泌乳牛,根据机体需要应补饲麦麸、米糠等含磷量丰富的饲料。从泌乳开始起2个月内,补饲含磷量较多的添加剂,成年母牛维持量为20克,每产1千克奶要增补1.6克,以含磷量较多的麦麸来计算,要饲喂的麦麸量不应少于20克。在大量饲喂青绿多汁饲料时,要给予适量的干草。对缺磷地区的奶牛要加强监护,以便及早发现病牛及时治疗。在寒冷的冬天,要做好防寒工作,避免寒冷等不良因素对奶牛的刺激,日粮中添加磷充足的饲草料或含磷添加剂。

四、母牛卧倒不起综合征

母牛卧倒不起综合征又称母牛爬卧综合征,是指母牛分娩前后因不明原因而突发的以起立困难或站不起来为主征的一种临床综合征。它不是一种独立的疾病,而是某些疾病的一种临床综合征。广义上讲,凡是经1～2次钙剂治疗24小时内无效或效果不明显的倒地不起母牛，都属这一综合征范畴。本病多见于高产奶牛、头胎牛和老龄牛，一年四季均可发生，尤以夏季与初春较为多见。

【病　因】 母牛分娩前后对营养需求较大，若饲养管理不当，常造成体内矿物质代谢紊乱，尤其是低磷酸盐血症、低钙血症、低钾血症和低镁血症等代谢紊乱易引起母牛卧倒不起综合征。或由于分娩前后补钙，母牛血钙迅速升高，血磷相对偏低，钙、磷之间的平衡被破坏，磷的吸收和利用障碍，导致奶牛卧倒不起。由于奶牛妊娠后期胎儿迅速发育或分娩后大量泌乳，使钙迅速丢失，干奶期日粮中钙含量增多，使甲状旁腺素分泌减少，机体动用骨骼中钙储备的能力降低，若此时日粮中钙补充不足，奶牛便会发生生产瘫痪，不及时治疗可发生卧倒不起综合征。奶牛食欲减退或饲料含钾少，可造成低钾血症，经钙制剂治疗后，精神好转，有食欲，但由于肌肉无力依然爬不起来。低镁血症是由于母牛机体贮存镁不足，分娩时摄入少，泌乳消耗，血镁的下降导致代谢紊乱，引起奶牛搐搦、感觉过敏、心动过速，促使母牛卧地不起的发生。分娩前后由于站立不稳、摔倒、产后瘫痪、不时的起卧，分娩时由于胎儿过大、产道开张不全、助产粗鲁、过分牵引胎儿等很容易引起某些神经、肌肉、韧带、骨骼和关节等创伤性损伤，如骨盆、椎体、四肢等的骨折及臀中肌、股关节周围组织的损伤，坐骨神经、闭孔神经或者胫骨神经的损伤，也可引起该综合征。饲料中维生素 E 及硒缺乏，饲喂高蛋白质、低能量日粮的牛群在分娩时因中毒而出现卧倒不起综合征。此外，酮病、脓毒性子宫炎、乳房炎、胎盘滞留、消化道阻塞、脑炎、脑水肿或内出血、风湿、肾脏疾病、脂肪肝、肾上腺或脑垂体发育不全、闭孔神经麻痹都可能与本病的发生有关。

【症　状】 病牛在分娩过程中或分娩后 48 小时内突然卧倒不起，呈犬坐姿势或蛙腿姿势。病牛精神沉郁，饮食欲基本正常，瘤胃蠕动功能稍有减弱，粪便正常或稀软，体温正常或稍有升高，心率增加至 80～100 次/分，脉搏细弱，呼吸无明显变化，排粪和排尿正常。后躯肌肉麻痹、松弛和乏力，站立困难，病初奶牛常爬起来后又摔倒。有些牛头弯向后方，呈侧卧姿势。严重病例感觉过敏，卧倒不起时四肢搐搦、食欲消失，在 48～72 小时死亡。有的病牛卧地不起达 1～2 周。大多数病例血钙水平正常，血磷和血镁水平正常或偏低，出现低磷酸盐血症、低镁血症、高糖血症或低钾血症，有时有中度的酮尿症。许多病例有明显的蛋白尿。此外，伴发其他疾病时常出现相应的症状。

【诊　断】 诊断的关键在于病因分析，从代谢性生产瘫痪综合征、低磷酸盐血症、低镁血症、低钾血症、肾上腺皮质活动过高或过低、脑水肿、蛋白尿、肾脏疾病、肝脏疾病、肌肉变性和物理损害以及能涉及的一些其他疾病或症状分析，根据应用钙制剂治疗 2 次后精神好转，但在 24 小时内仍未能爬起来，即可做出诊断。病理学检查发现嗜酸性粒细胞减少、淋巴细胞减少和嗜中性粒细胞增多等血液指标可作为参考。此外，本病还应与产后瘫痪相鉴别。奶牛产后瘫痪多见于产后 48 小时内，补钙治疗效果好，而母牛卧倒不起综合征可发生在分娩前后，钙制剂治疗 2 次仍然卧地不起，也可继发于产后瘫痪。

【治　疗】 根据诊断分析的结果，不同病因的卧倒不起综合征应采取不同的方法治疗。

1. 低钙血症　以补钙为主，也可用乳房送风法。常用 10%葡萄糖酸钙注射液或 5%葡萄糖氯化钙注射液 800～1 200 毫升，静脉注射。最好在用药时监听奶牛心脏变化，出现心律失常、肌肉震颤时停用。

2. 低钾血症　以补钾为主。5%氯化钾注射液 100 毫升，5%葡萄糖注射液 1 000～1 500 毫升，氯化钠注射液 1 000～1 500 毫升，混合后缓慢静脉注射，注意防止心脏骤停。若奶牛饮欲正常，可用 1%～2%氯化钾饮水，每次 200～250 毫升。

3. 低磷酸盐血症 以补磷为主。可用20%磷酸二氢钠注射液300～500毫升,复方氯化钠注射液1 000毫升,静脉注射。由于肾脏疾病出现血红蛋白尿时也可进行补磷治疗。

4. 低镁血症 治疗以补镁为主,常用10%硫酸镁注射液100～200毫升,静脉注射。也可以口服300～500克硫酸镁。

5. 外伤性原因引起的肌肉和神经损伤 应视具体情况选择适宜治疗方案。确诊为永久性损伤时,宜尽早予以淘汰,以减少不必要的经济损失。诊断为可恢复的病牛要精心护理,对症治疗。为了加快损伤肌肉组织的修复,可用0.1%亚硒酸钠注射液10～20毫升,肌内注射,或口服适量维生素E。还可用一些解热镇痛抗风湿类药物,如30%安乃近注射液10～20毫升,肌内注射。

此外,对继发性卧倒不起综合征应以治疗原发病为主。在治疗的同时,还要加强护理,饲喂优质饲料,提供清洁饮水。为防止肌肉损伤和褥疮形成,可垫以柔软的干草及定期翻身。调整饲料,尤其要注意钙、磷含量及比例,防止矿物质元素的流失。

【预　防】

1. 合理配制日粮 保证日粮中钙、磷水平能满足奶牛需要,分娩前后补充适量钙或维生素D。对高产和前胎发生过生产瘫痪的母牛,在产前2周饲喂低钙高磷日粮与低钾的饲草、饲料,围产期少用或不用含钾高的苜蓿,多喂含钾低的玉米和玉米青贮饲料,可预防生产瘫痪。一般从分娩前2～8天开始,按500～1 000单位/千克体重肌内注射维生素D_3注射液,每日1次,连用2～3天。或从分娩前3～5天开始,用10%葡萄糖酸钙注射液500毫升和20%葡萄糖注射液1 000毫升,混合后一次静脉注射,每日1次,用到分娩为止。产后72小时内,用5%氯化钙注射液或10%葡萄糖酸钙注射液250～300毫升,静脉注射,预防性补钙1～2次,效果更好。春、秋季节大量饲喂青绿牧草时,应注意补镁。产前4周到产后1周,每天增喂30克镁盐,能预防瘫痪的发生。

2. 加强分娩前后的饲养管理 从分娩前1～2周起，将母牛饲养在宽敞的产房待产；减少蛋白质饲料喂量，增加谷物类饲料喂量；产房厚垫软草，牛舍水泥通道上垫一层炉灰，以防地面光滑跌倒。冬天北方地区要防止地面结冰。分娩后灌服适量温热麦麸盐水汤，及时治疗产后瘫痪奶牛。分娩后3～5天不宜把奶挤净，有条件的奶牛场，定期检查血液中各种矿物质、血糖、血酮、血钾、血镁等含量，定期进行饲料成分分析，发现问题及时调整。

五、酒精阳性乳

酒精阳性乳是指用70%酒精与等量牛奶混合而产生微细颗粒或絮状凝块的牛奶。根据滴定酸度的不同可将其分为高酸度酒精阳性乳（酸度在0.181%以上）和低酸度酒精阳性乳（酸度在0.181%以下）2种。酒精阳性乳最早于1936年在荷兰的乌特勒克省发现，此后在世界各国都相继发现。据报道，日本酒精阳性乳的发病率高达26.7%，酒精阳性乳产量占总产奶量的5%～12%，我国发病率约30%。这种牛奶热稳定性差，不能进行乳品深加工，常对乳品工业造成严重的经济损失。

【病 因】 造成奶牛酒精阳性乳的原因尚不十分清楚，目前认为主要与日粮不平衡有关。饲料配合比例不当，可消化粗蛋白质和总消化养分过量或缺乏，精饲料过多，特别是蛋白质过多导致乳中酪蛋白过多；粗饲料品质差或供应不足；泌乳牛空怀时营养缺乏，妊娠母牛营养过剩，发病率较高。日粮中矿物质钠、镁、钙、磷等不足或比例失调，微量元素和维生素（如维生素D）缺乏，饲料品质不良、发霉变质等，都可导致奶牛代谢紊乱，诱发酒精阳性乳的发生。奶牛摄入过多钙时，奶中钙离子增加且呈酒精阳性反应；炎热、寒冷、牛舍过于潮湿、通风不良、挤乳过度、运输不当、突然更换饲料、天气骤然变化等各种不良因素都可以使奶牛内分泌功能平衡破坏，诱发酒精阳性乳。挤奶器具和设备消毒不严，环境卫生不良，牛奶保存不当及未及时冷却等易使细菌繁殖、生长，使乳糖分解成乳酸，使乳酸升高，蛋白质变性而形成酒精阳性乳。在泌乳初期和泌乳末期以及发情期由于激素的影响也很容易发生酒精阳性乳。酮病、肝功能障碍、酸中毒、慢性乳腺炎、胃肠功能障碍、子宫疾病、心脏疾病和内分泌异常等，易诱发低酸度酒精阳性乳。此外，本病还与遗传有关。

【症　状】 酒精阳性乳多见于高产奶牛，常突然发生，泌乳牛常无任何临床表现，精神、食欲、泌乳及全身状况正常，大多数奶牛伴发慢性消化不良和营养缺乏，经血液学及生化学检查，红细胞、白细胞数降低，嗜酸性粒细胞增多。高血钾、高血氯、低血钠，为应激综合征的临床表现。有的并发隐形乳房炎、肝功能障碍、钙磷代谢紊乱、不孕或胎间距过长。乳房无痛、无肿胀，乳汁无明显感官变化。

【诊　断】 常用酒精试验法。于试管内用1～2毫升乙醇(中性)与等量的牛奶混合，振摇后按表3-1标准进行判定。试验的标准温度为20℃，不同温度需进行校正。收奶标准不同，可采用68%、70%和72%的酒精进行检验。出现絮片的牛奶为酒精试验阳性乳，表示其酸度较高。

表3-1　牛奶酒精试验判断标准

酒精浓度	不出现絮片的酸度
68%	20°T以下
70%	19°T以下
72%	18°T以下

【治　疗】 目前尚无特效疗法，多以调节机体代谢、解毒保肝、改善乳腺功能为治则。

1. 调节机体代谢和解毒保肝　10%氯化钠注射液500毫升、

5%碳酸氢钠注射液500毫升、25%葡萄糖注射液500毫升、20%葡萄糖酸钙注射液250毫升，静脉注射，每日1次，连用3～5天；柠檬酸钠150克，每日分2次口服，连用5～7天；10%柠檬酸钠注射液300毫升，分2～3次皮下注射；磷酸二氢钠40～70克，一次口服，每日1次，连用7～10天；丙酸钠150克，一次口服，每日1次，连用7～10天；解毒保肝还可用10%维生素C注射液30毫升，肌内注射或静脉注射。

2. 改善乳房内环境　2%碳酸氢钠注射液，乳房内注入，每乳头50～100毫升，连用2～3天；碘化钾7克，口服，每日1次，连用5天；2%甲硫基脲嘧啶注射液20毫升，一次肌内注射，配合维生素B_1效果更好；0.1%柠檬酸钠注射液50～100毫升，乳头内注入，每日1～2次，连用3～5天。

【预　防】　酒精阳性乳的发生极为复杂，不仅与饲养管理、营养水平有关，而且还受周围环境、机体健康状况的影响。因此，要采取综合措施进行预防。加强饲养管理，供给全价平衡日粮。根据奶牛不同生理阶段的营养需要，合理配合平衡日粮，保证优质粗饲料的供应。重视矿物质的供应，注意钙、磷、镁、钠的比例平衡。保证饲料质量，严禁饲喂霉烂变质饲料。饲料要相对稳定，不能突然更换。搞好环境卫生，夏季要做好防暑降温工作，冬季做好牛舍的保暖工作，避免惊吓等应激。补充钠和葡萄糖，可以饲喂含钠较高的饲料或于饲料中添加钠盐。此外，还应及时治疗各种可以引起酒精阳性乳的疾病，如口蹄疫、乳房炎、弓形虫病、子宫炎、营养代谢病（如酮病），以及引起肝脏、肾脏功能损害的疾病等。

六、维生素A缺乏症

维生素A缺乏症是指由于维生素A及其前体胡萝卜素缺乏或不足引起的一种营养代谢病。临床上以上皮角化、夜盲症、生长缓慢、繁殖功能障碍等为特征，在犊牛还出现神经症状。本病常见于犊牛，严重的可造成发育迟滞，甚至死亡。据报道，奶牛维生素A缺乏时成年母牛夜盲症发病率可达14.73％，产瞎眼犊牛的发病率可达22.67％，流产及死产发病率为13.95％。

【病　因】 奶牛主要从青绿饲料中摄取维生素A。青绿饲料特别是青干草、胡萝卜、南瓜、黄玉米中富含维生素A或维生素A原（胡萝卜素），维生素A原在体内能转变成维生素A。奶牛从饲料中摄入的维生素A不足或机体需求增加而造成的相对不足都会引起维生素A缺乏症。

1. 摄入不足 青绿饲料加工或贮藏不当，使饲料中的胡萝卜素被破坏。如饲料贮存时间过长，发霉变质，被雨淋和长期日光曝晒，可使胡萝卜素和维生素A损失达70％～80％。在冬季青绿饲料和优质干草缺乏时，饲喂含胡萝卜素低的饲料，如棉籽、大麻籽、米糠、麦麸和作物秸秆等，而不补充维生素A，也易引起发病。犊牛不能及时吃到初乳或母乳中维生素A含量较低，以及使用代乳料或断奶过早，都易引起维生素A缺乏。奶牛发生胃肠道疾病或饲料适口性差导致采食量下降，直接影响维生素A的摄入量，造成摄入不足。

2. 生理需求增加 在犊牛哺乳期及母牛妊娠和泌乳期等，机体对维生素A的需要量增加，尤其是高产奶牛，可引起维生素A相对缺乏。奶牛在患热性病、结核病、腹泻和寄生虫病等时，其体内维生素A的消耗增多，如不及时在饲料中添加补充，则容易发生维生素A缺乏。

3. 消化吸收障碍 奶牛患胃肠道或肝脏疾病时，胃肠道消化吸收功能紊乱，致使维生素A吸收障碍，转化受阻，存贮能力下降。维生素A为脂溶性维生素，饲料中缺乏脂肪时，也会影响维生素A或胡萝卜素在肠中的溶解和吸收。饲料中缺乏蛋白质时，肠黏膜的一些酶类失去活性，影响运输维生素A载体蛋白的形成，致使维生素A的转运受阻。饲料中磷、维生素C、维生素E、钴、锰等缺乏或不足，都能影响体内胡萝卜素的转化和维生素 A 的贮存。此外，饲养管理条件不良、牛舍潮湿、过度拥挤、缺乏运动以及光照不足等因素也可诱发本病。

【症　状】 维生素 A 缺乏症多发于犊牛，表现为病初夜盲，犊牛在暗光下盲目前进，不避障碍，食欲不振，生长缓慢，发育不良。当犊牛角膜增厚及云雾状形成后，出现干眼病，严重者双目失明。皮肤干燥并有麦麸样结痂、脱屑、皮炎，被毛粗乱无光，脱毛，体表干燥。当脑脊液压升高时，犊牛出现惊厥、转圈运动、感觉过敏、共济失调、面神经麻痹等神经症状。有些犊牛出现腹泻或肺炎。成年奶牛失明，胃肠功能紊乱，运动失调，繁殖力下降。繁殖障碍主要表现为受胎率下降、流产、早产，新生犊牛有肾脏异位、心脏缺损等先天性缺陷或畸形、目盲、流泪、腹泻、共济失调、站立不稳等症状，有些牛全身痉挛，不及时治疗常死于抽搐。当上皮黏膜损伤时，奶牛尤其是犊牛抵抗力下降，极易继发鼻炎、支气管炎、肺炎、胃肠炎和某些传染病。

【诊　断】 根据奶牛脱毛、脱屑、夜盲症、生长缓慢、繁殖功能障碍等特征性临床症状可怀疑为本病，结合饲料长期缺乏维生素 A 或胡萝卜素，以及妊娠期和泌乳期未添加维生素 A 等因素，可做出初步诊断。结膜涂片检查和脑脊液压测定可作为辅助诊断方法，结合血浆维生素 A 和胡萝卜素含量分析，补充维生素 A 有效，即可确诊。一般奶牛血浆中维生素 A 的水平低于 20 微克/100 毫升即可认为是维生素 A 缺乏。在临床上，应注意与低镁血症性搐搦、散发性牛脑脊髓炎和一些中毒性疾病相鉴别。散发性牛脑脊髓炎常伴有高热和浆膜炎，中毒病有其各自的特征性症状。

【治　疗】 对患病奶牛要坚持早发现、早治疗的原则，及时治疗患病奶牛，解除病因，适时在饲料中添加维生素 A，补充富含维生素 A 和胡萝卜素的青绿饲料或优质干草，同时改善饲养管理条件，加强护理。当奶牛出现夜盲症、水肿和神经症状时，治疗效果不明显，应尽早淘汰。

治疗时，可用维生素 AD 油，母牛 20～60 毫升，犊牛 10～15 毫升，口服，每日 1 次；维生素 AD 注射液，母牛 5～10 毫升，犊牛 2～4 毫升，肌内注射；维生素 A 胶丸，500 单位/千克体重，口服；鱼肝油，母牛 20～60 毫升，犊牛 1～2 毫升，口服；维生素 A 注射液，4 000 单位/千克体重，肌内注射，之后 7～10 天继续口服同量的维生素 A。

【预　防】 加强奶牛尤其是犊牛的饲养管理，给牛群提供通风良好、清洁、干燥、宽敞和光照充足的运动场，日粮要搭配合理、营养全价，蛋白质、脂肪、维生素 A 和胡萝卜素充足、平衡，以保证奶牛的营养需要及对维生素 A 的充分吸收和利用。青绿饲料要科学种植，适时收获。饲料要合理加工，科学配制和保管，防止雨淋、曝晒、霉烂变质和贮存过久等因素对维生素 A 的破坏。适当给予奶牛优质的青绿饲料或优质干草，尤其是胡萝卜素含量丰富的饲料，如胡萝卜、南瓜、大豆等。在青绿饲料缺乏的冬春、季节以及奶牛妊娠时，日粮中应添加各种维生素，适当补充多种维生素及锌等微量元素，发挥维生素间的相似或协同作用，以保证奶牛的需要。1 头体重为 500 千克的奶牛，日粮中按 2 100 单位/千克维生素 A 或 5.3 毫克/千克胡萝卜素添加，每天青绿饲料不能少于 3～4 千克。在低温、高温或运输、驱赶等应激条件下，应按需要量增加 0.5～1 倍维生素 A 的供给量，这样可以减缓奶牛应激，降低隐性乳房炎和所产犊牛腹泻发病率，保证奶牛的体质健康和高效生产。3 月龄以前的犊牛不吸收 β-胡萝卜素，维生素 A 依靠母牛初乳供应，应及时供给初乳，保证足够的喂乳量和哺乳期。初生犊牛体弱时，可一次性静脉注射维生素 AD 注射液 3～5 毫升。用代乳料饲喂的犊牛，日粮中要有充足且质优的维生素 A，以增强犊牛体质，保证其正常生长发育。奶牛日粮中维生素 A 的推荐饲喂量，在泌乳期和干奶期分别为 10 万～12.5 万单位/头和 5 万～7.5 万单位/头。

此外，有条件的奶牛场可以监测奶牛血浆中β-胡萝卜素的水平，荷斯坦牛血浆中维生素A的浓度低于20微克/100毫升时，应及时在日粮中加大维生素A的添加量。肝脏中维生素A的贮存量一般在每年10月份开始减少，在3～4月份最少，在这段时间应加强富含维生素A青绿饲料的供给。

七、维生素C缺乏症

维生素C缺乏症又称坏血病，主要是指由于体内抗坏血酸缺乏或不足所引起的一种营养代谢病。临床上以皮肤、内脏器官出血，贫血，齿龈溃疡、坏死和关节肿胀为主要特征。成年奶牛可在肝脏和肾脏中利用单糖合成自身需要的维生素C，因此发病较少，多见于犊牛。

【病　因】 维生素C亦称抗坏血酸，广泛存在于青绿饲料和新鲜乳汁中。在临床上，奶牛原发性维生素C缺乏症较少见，但饲料中长期缺乏维生素C，如牧草经阳光暴晒干燥、饲料经高温加工或霉变等，犊牛在出生后一段时间内不能合成维生素C，若母乳中维生素C含量不足或缺乏时，易引起发病。故凡能引起维生素C的吸收、合成、利用障碍的因素，都可能造成维生素C缺乏。当奶牛患胃肠或肝脏疾病（如脂肪肝）、酮病、妊娠毒血症时，由于肝脏受损伤，正常合成功能破坏而会引起维生素C缺乏症。奶牛患肺炎、急性或热性传染病及中毒病，体内维生素C消耗量增大，也可引起维生素C相对缺乏。

【症　状】 初期病牛精神不振，食欲减退，产奶量下降。随后背部和颈部皮肤出血，毛囊周围呈点状出血，常常融汇成斑片，严重时全身性出血，耳、颈和鬐甲等处的被毛脱落，发生皮炎和皮肤结痂。口腔和齿龈黏膜肿胀、疼痛、出血、溃疡、化脓。牙齿松动，大量流涎，口臭。严重病例可见血便、血尿、鼻衄。四肢关节肿大、疼痛，运动障碍。奶牛抵抗力降低，易感染肺炎、胃肠炎和一些传染病。犊牛还出现生长发育缓慢，毛囊过度角化和秃毛。

【诊　断】 根据饲养管理情况、饲料中维生素C含量分析，结合出血性素质等临床症状可做出初步诊断。实验室检测血液、乳汁、尿液中维生素C含量下降及病理解剖学变化综合分析可作为确诊依据。

【治　疗】 奶牛维生素C缺乏时，应调整日粮组成，及时给予富含维生素C的青绿饲料。常用的维生素C制剂主要为10%维生素C注射液，成年牛20～40毫升，犊牛5～10毫升，每日1～2次，连用3～5天，肌内或静脉注射。

【预　防】 注意保持日粮的全价性。舍饲奶牛多喂富含维生素C的青绿饲料，以保证日粮中含有充足的维生素C，夏季可进行适当放牧。犊牛要保证哺乳充足，尤其是初乳要足量；使用代乳料时，要保证其中维生素C的含量。

八、维生素D缺乏症

维生素D缺乏症是指由于体内维生素D缺乏或不足引起的以钙、磷吸收和代谢障碍为主的一种营养代谢病。主要引起体内钙、磷吸收和代谢功能紊乱，骨骼钙化不全，骨营养不良，多见于犊牛。奶牛妊娠期维生素D缺乏还会造成新生犊牛先天畸形。

【病　因】 植物性饲料（如麦角和酵母）主要含有麦角固醇，牧草在收获季节通过太阳光照射，其中维生素D_2含量会大大增加。奶牛皮肤、血液、神经和脂肪组织中的7-脱氢胆固醇在紫外线照射下可转化为维生素D_3。奶牛长期采食维生素D_2含量不足的饲料或舍饲奶牛光照不足时，可引起维生素D缺乏。奶牛妊娠期和犊牛生长期，机体对维生素D的需求迅速增加，如果日粮中不及时添加，则会引起体内钙、磷动员和维生素D大量消耗，致使维生素D相对不足。泌乳牛摄入维生素D不足时奶中维生素D

含量下降，犊牛哺乳后可引起佝偻病。此外，奶牛发生胃肠道和肝脏疾病时，维生素D的吸收和转化受阻，可继发维生素D缺乏。

【症　状】 维生素D缺乏的奶牛，主要表现为精神沉郁，运动减少，食欲减退，消化不良，消瘦，被毛粗乱无光，产奶量下降，泌乳期缩短和骨软症。妊娠母牛多发生早产或出生犊牛体质虚弱、畸形等。犊牛出现生长发育缓慢，牙齿发育不良，掌骨、跖骨肿大，前肢向前或侧方弯曲，膝关节肿大，拱背站立，步态强拘甚至跛行，有佝偻病。少数奶牛由于胸腔严重变形，出现呼吸促迫或呼吸困难。当血钙降到一定程度时发生神经过敏、痉挛和抽搐等症状。

【诊　断】 根据奶牛长期光照不足，饲喂维生素D_2含量不足的饲料及运动障碍、骨骼变形等症状可做出初步诊断。X线检查长骨变形，骨密度降低，结合血钙、血磷及碱性磷酸酶活性测定即可确诊。

【治　疗】 调整日粮组成，供给经阳光照射的植物性饲料，增加奶牛的户外运动和光照。治疗常用维生素D制剂，如维生素D_2注射液，1 500～3 000单位/千克体重，肌内注射。

【预　防】 保证奶牛有足够的光照时间。牧草在收获季节通过太阳光照射，维生素D_2含量会大大增加。奶牛妊娠期日粮添加维生素D的剂量应增大，不但可满足胎儿对维生素D的需求，保证胎儿骨骼的正常发育，而且可以预防产后瘫痪，提高母牛的受胎率。在泌乳期日粮中添加维生素D，可保证奶牛生长健康，同时也可满足犊牛对维生素D的需求。奶牛日粮中钙、磷要平衡，钙、磷比最好为2∶1。对患有胃肠道、肝脏以及肾脏疾病等影响维生素D吸收和代谢的疾病的奶牛，应及时治疗。

九、铜缺乏症

铜缺乏症是指由于体内微量元素铜缺乏或不足而引起的以贫血、腹泻、被毛褪色、共济失调、运动和繁殖障碍为特征的营养代谢病。在不同地区病名各异，澳大利亚称为“猝倒病”，新西兰称为“泥炭病”，美国称为“舔盐病”，英国称为“晦气病”等。本病在世界各国和地区都有发生，常常群发，呈地方性流行，在春季和夏季多发，犊牛发病率较高。常按病因分为原发性和继发性2种。有些地区原发性铜缺乏症的发病率高达40%以上。

【病　因】

1. 原发性铜缺乏症　在低铜、缺乏有机质、高度风化以及淤泥和沼泽上生长的牧草含铜量很少，长期给奶牛饲喂这种牧草会导致其铜摄入不足而发病。一般认为，每千克饲料干物质含铜量低于3毫克即可引起铜缺乏症，3～5毫克时多出现亚临床型铜缺乏症。

2. 继发性铜缺乏症　多见于饲料中含有大量钼、硫等干扰铜吸收利用的物质，导致牛肠道对铜吸收减少。高钼土壤上生长的牧草含钼过多，当牧草中钼超过10毫克/千克时（以干物质计）可造成铜缺乏。饲料中硫酸盐、蛋氨酸、胱氨酸、过磷酸钙等含硫过多的物质，可经瘤胃微生物转化为硫化物，与铜结合形成一种难溶解的铜硫钼酸盐复合物，降低铜的利用率。尤其是无机硫含量大于0.4%时，极易继发铜缺乏症。此外，植酸盐、锌、铅、镉、银、镍、锰、钙、汞、铁和维生素C等都是铜的拮抗因子，摄入量过多也能抑制铜的吸收，即使饲料中含铜量合适，仍可引起铜排泄过多而导致铜缺乏症。

【症　状】

1. 原发性铜缺乏症　病牛精神不振，食欲减退，被毛粗乱无光，繁殖率下降，发情延迟或不发情，流产，产奶量下降，间歇性腹泻，异食，贫血。被毛褪色，眼睛周围尤其明显，常呈无毛或白色，似眼镜状，俗称“铜眼镜”。犊牛生长发育缓慢，共济失调，关节肿大，步态强拘甚至跛行，骨骼特别是骨盆骨与四肢骨易发生骨折，在出生或断奶时发生屈肌腱挛缩，行走困难，后肢常失控而突然卧地，呈蹲坐姿势。有些奶牛有皮肤发痒和舔毛症状。

2. 继发性铜缺乏症　病牛持续性腹泻，少见贫血，其他症状与原发性铜缺乏症基本相似。重病奶牛往往由于发生急性心力衰竭，突然伸颈，吼叫，跌倒，并在 24 小时内死亡。粪便无臭味，呈黄绿色乃至黑色水样，常不由自主地排出，故称“泥炭泻”。

【诊　断】 根据地方性流行、贫血、消瘦、腹泻、被毛褪色、共济失调、运动和繁殖障碍等典型临床症状可做出初步诊断。补铜治疗性诊断，肝脏、脾脏和肾脏含铁血红素大量沉积，犊牛腕、跗关节囊纤维增生，骨质疏松，软骨钙化推迟等病理变化可作为辅助诊断依据。通过对饲料、血液、肝脏等组织（尤其是肝脏）铜浓度和某些含铜酶活性的测定可做出确诊。怀疑有继发性铜缺乏时，应测定饲料中钼、硫酸盐和组织中的钼含量来确定。

此外，本病应与寄生虫病、副结核病、沙门氏菌病及砷、铅、食盐中毒等进行鉴别诊断。寄生虫病虽也出现腹泻、消瘦、贫血，但粪便虫卵检查、卵囊计数、血液虫体检查均呈阳性。奶牛冬痢多发生于冬春季节，稀粪中含血液，严重脱水。副结核病可见间歇性腹泻，粪便中能查出副结核分枝杆菌，副结核菌素皮内试验呈阳性。沙门氏菌病主要侵害出生后 10～40 日龄的犊牛，体温高达 41℃以上，腹泻，粪便内含血、黏液和黏膜，除关节炎外，还有肺炎，剖检皱胃、小肠出血，肠系膜淋巴结肿大，肝脏、脾脏坏死，成年牛常出现流产。奶牛砷、铅、盐等中毒病除出现腹泻外，还有其他中毒症状，通过毒物分析即可确诊。

【治　疗】 治疗的主要措施是补铜。硫酸铜，成年奶牛每日 2 克或每周 8 克，犊牛每日 1 克或每周 4 克，口服，连用 3～5 周，间隔 3 月后再重复治疗 1 次。成年奶牛还可用 0.2%硫酸铜注射液 125～150 毫升，静脉注射。还可用甘氨酸铜 120 毫克皮下注射。

【预　防】 测定土壤和牧草中的铜含量，牧草中含量低于 3

毫克/千克则为缺乏。在铜缺乏土壤可施含铜肥料，使生长的牧草中铜含量达到奶牛的生理需要量，并能维持几年有效。如 pH 值偏低可施用含铜肥料，有试验证明，每公顷施用 5～7 千克硫酸铜可使牧草铜含量从 5.4 毫克/千克提高至 7.8 毫克/千克，牛血液铜浓度从 0.24 毫克/升提高至 0.68 毫克/升，肝脏铜浓度从 4.4 毫克/升提高至 28.6 毫克/升。一次喷洒可保持 3～4 年。喷洒后需等降雨之后或 3 周以后才能让牛进入草地。碱性土壤不宜用此法补铜。在缺铜地区，从妊娠 2～3 个月开始至分娩后 1 个月内应用 1%硫酸铜溶液 30～50 毫升，隔 10～15 天灌服 1 次为佳。

牛对铜的最小需要量是 15～20 毫克/千克干物质，可在精饲料中按略大于该量补给；或投放含铜盐砖，让牛自由舔食。口服 1%硫酸铜溶液，成年牛每次 400 毫升，每周 1 次。预防性盐砖的铜含量为 2%，矿物质补充剂硫酸铜含量为 3%～5%。将氧化铜装入胶囊，用投药枪投入，可沉于网胃内而缓慢释放铜。也可用乙二胺四乙酸铜钙、甘氨酸铜或氨基乙酸铜与矿物油混合后皮下注射，常用甘氨酸铜，成年牛 400 毫克(含铜约 125 毫克)，犊牛 200 毫克(含铜约 60 毫克)，预防作用可持续 3～4 个月。

十、锌缺乏症

锌缺乏症是指由于奶牛体内锌含量绝对或相对不足所引起的一种营养缺乏症。临床上以生长缓慢、皮肤角化不全、繁殖功能障碍及骨骼发育异常为特征。按病因可分为原发性锌缺乏症和继发性锌缺乏症 2 种。呈地方性流行，多见于犊牛。据调查，我国北京、河北、湖南、江西、江苏、新疆和四川等地有 30%～50%的土壤属缺锌土壤，在这些地区饲养的奶牛易发生锌缺乏症。

【病　因】

1. 原发性锌缺乏症　主要是饲料中锌含量不足。奶牛对锌的需要量为 40～60 毫克/千克干物质，在生长期和妊娠期为60～

80毫克/千克干物质。饲料锌水平和土壤锌水平密切相关。土壤锌含量低于30毫克/千克,饲料锌低于10毫克/千克时,极易发生锌缺乏症。各种植物含锌量不同,一般野生牧草中含量较高。鱼粉、骨粉、麦麸、米糠中含量较高,玉米、高粱、稻谷、麦秸、苜蓿中含量较低,一般不能满足奶牛的需要。

2. 继发性锌缺乏症　主要是饲料中存在干扰锌吸收利用的因素或奶牛对锌的需要量增大。钙、磷、铜、铁、铬、碘、镉和钼等矿物质元素及植酸过多,可干扰锌的吸收。高钙日粮可降低锌的吸收率,增加粪尿中锌的排泄量,减少锌在体内的沉积。饲料中钙与锌的比例以100～150∶1为宜,如饲料中钙达到0.5%～1.5%,锌仅为34～44毫克/千克。饲料中植酸可与锌形成不溶性化合物,不利于锌的吸收。此外,奶牛消化功能障碍和慢性腹泻,均可影响由胰腺分泌的锌结合因子在肠腔内停留,从而导致锌摄入不足。

【症　状】　锌缺乏时,奶牛主要表现为骨骼发育障碍,皮肤角化不全、增厚,皮屑增多,免疫功能下降及繁殖障碍。皮肤角质化增生可达40%,主要发生在头部、鼻孔周围,阴户、肛门周围,尾端、耳郭,后腿的背侧,膝部、腹部、颈部最明显。犊牛食欲减退,生长发育缓慢,皮肤粗糙、增厚、起皱,甚至出现裂隙。成年牛生殖功能低下,产奶量下降,乳房皮肤角化不全,易发生感染。

【诊　断】　根据生长缓慢、皮肤角化不全或角化过度、皮屑增多,繁殖功能障碍及骨骼发育异常等临床症状可做出初步诊断。测定饲料中钙、磷、锌的含量有助于诊断,测定血清、被毛、肋骨锌含量和血清碱性磷酸酶也具有诊断意义。如补锌后1～3周临床症状迅速好转或消失即可确诊。此外,本病还应与疥螨病相鉴别。疥螨病皮肤刮取物可发现疥螨,杀虫药物治疗有效。

【治　疗】　调整日粮组成,及时补锌,消除妨碍锌利用的因素。日粮中可加入0.02%的碳酸锌。硫酸锌或氧化锌的用量为1

毫克/千克体重，口服，连用 10～15 天。一般 3～5 周皮肤症状消失。

【预　防】 根据奶牛不同生长发育时期对锌的需要，调整日粮中锌的含量，并使钙与锌的比例维持在 100～150∶1。奶牛对锌的需要量为 40～100 毫克/千克干物质，常增加 50％的量以预防锌缺乏症的发生。地区性缺锌可施用锌肥，每公顷施7.5～22.5 千克硫酸锌，或拌在有机肥内施用。此法对防治植物缺锌有效，但代价较大。现在已有用锌和铁混在一起，制成锌铁丸，或把锌掺入可溶性玻璃内，投放入胃，1 次可维持 6～8 周，缺点是容易随粪便外排，失去补锌作用。

十一、锰缺乏症

锰缺乏症是指由于奶牛体内锰含量绝对或相对不足而引起的一种营养缺乏症。临床上以犊牛生长缓慢、骨骼发育异常和成年牛繁殖功能障碍为特征。按病因可分为原发性锰缺乏症和继发性锰缺乏症 2 种。本病呈地方性流行，犊牛多发。在缺锰地区，犊牛的死亡率高达 16％～26％。

【病　因】

1. 原发性锰缺乏症　多因饲料、牧草中锰含量不足所致。饲料含锰量与土壤含锰量密切相关，沙土和泥炭土含锰不足。当土壤中锰含量低于 3 毫克/千克时，活性锰低于 0.1 毫克/千克时，即可视为锰缺乏。我国北方质地较松的石灰性土壤地区，土壤 pH 值大于 6.5，锰以高价状态存在，不易被植物吸收，因此生长的牧草多缺锰。

奶牛对锰的需要量为 20 毫克/千克干物质。日粮含锰达10～15 毫克/千克时，足可以维持犊牛正常生长，但对妊娠母牛和泌乳牛，日粮锰含量应在 30 毫克/千克以上。各种植物中锰含量相差很大，白羽扇豆是锰高度富集的植物，其中锰含量可达 817～3 397

毫克/千克，其他大多数植物为 100～800 毫克/千克，如小麦、燕麦、麦麸、米糠等中的锰含量一般能满足奶牛生长的需要，而玉米、大麦、大豆中含锰量很低，若长期饲喂可引起奶牛锰缺乏。

2. 继发性锰缺乏症　饲料中钙、磷、铁、钴等锰的拮抗物含量过高，可影响锰的吸收利用从而继发锰缺乏症。另外，饲料中胆碱、烟酸、生物素及维生素 B_2、维生素 B_{12}、维生素 D 等不足，则机体对锰的需要量增多，易引起体内锰相对不足而发病。

【症　状】 锰缺乏时，成年奶牛表现繁殖功能障碍，犊牛表现骨骼变形、生长发育迟缓。繁殖功能障碍主要表现为不孕、发情延迟、受胎率低。犊牛的骨骼、关节先天性畸形，被毛干燥无光，勾爪，哞叫，肌肉震颤乃至痉挛性收缩，腿弯曲，运动障碍。当饲料锰低于 20 毫克/千克时，母牛不发情，受胎率降低，公牛精液质量降低。

【诊　断】 根据母牛繁殖功能下降或犊牛骨骼变形等症状可做出初步诊断。饲料锰、钙、磷、铁的含量测定可作为辅助诊断依据。实验室检验血液、被毛的锰含量结合补锰有效可做出确诊。

【治　疗】 口服硫酸锰 2 克，效果明显。此外，还可用锰的氧化物、过氧化物、氯化物、碳酸盐等补锰。

【预　防】 在低锰草地放牧时，犊牛每天喂给 2 克硫酸锰，成年牛每天喂给 4 克硫酸锰，可预防牛的锰缺乏症。每公顷草地用 7.5 千克硫酸锰，与其他肥料混施，可有效地防止锰缺乏症。也可用硫酸锰舔砖(每千克含锰 6 克)，让奶牛自由舔食。

十二、铁缺乏症

铁缺乏症是指由于铁摄入不足或体内铁丢失过多而引起的营养代谢病。临床上以贫血、易疲劳、活力下降为特征，多见于犊牛。

【病　因】 牛奶或代乳料中铁含量低甚至缺乏，致使犊牛摄入铁过少而发病。4 月龄以内犊牛每天需铁约 50 毫克，如不在乳中加入可溶性铁，即可出现贫血。用尿素或棉籽饼作为奶牛蛋白质来源，又未补充铁，或日粮中干扰铁吸收的物质太多，都可引起铁缺乏症。此外，吸血性寄生虫，如虱、蜱、虻等侵袭，可造成奶牛慢性失血，铁丢失过多而继发铁缺乏症。

【症　状】 犊牛缺铁的主要症状是贫血，临床表现为生长缓慢、昏睡、可视黏膜微黄或淡白、呼吸加快、抗病力弱，严重时死亡。当大量吸血昆虫侵袭时，犊牛可患缺铁性贫血。

【诊　断】 根据贫血等主要特征可做出初步诊断。血红蛋白、红细胞、红细胞压积、血清铁浓度测定及用铁治疗有效可有助于确诊。

【治　疗】 1.8%硫酸亚铁 4 毫升，口服，每日 1 次，连用 7 天。

【预　防】 预防以补铁为主。为防止亚临床型缺铁，饲料中应含 240 毫克/千克的铁。但给母牛补充铁，无论在妊娠期，还是分娩期以后，效果均不明显。犊牛生后 12 小时，一次口服葡聚糖铁或乳糖铁，以后每周 1 次，每次 0.5～1 克，可有效预防贫血。用 200 毫克右旋糖酐铁于出生后第三天做深部肌内注射，不仅可防止贫血，还可促进生长。在犊牛饮用的奶中适当添加硫酸亚铁，可防止缺铁性贫血。

十三、硒和维生素 E 缺乏症

硒和维生素 E 缺乏症是指由于硒或维生素 E 缺乏或两者都缺乏所引起的一种营养代谢病。临床上以肌营养不良(白肌病)和繁殖功能障碍为特征。本病一年四季均可发生，但以冬末春初多发。世界各地均有发生，多见于犊牛。发病具有明显的地区性，在我国北起黑龙江、吉林和内蒙古，经过山西、陕西、四川，南至云南、贵州，存在一条斜行狭长的缺硒地带，青海高原、甘肃部分地区，山东、江苏沿海各县均属贫硒或缺硒地带，在这些地区本病较为多见。

【病　因】 机体硒或维生素 E 缺乏或两者同时缺乏是导致本病的根本原因，而饲料、牧草中硒含量不足或缺乏是引起机体硒缺乏的先决条件。植物性饲料中的含硒量与土壤硒水平直接相关。土壤含硒量一般在 0.1～2 毫克/千克，植物性饲料的适宜含硒量应大于 0.1 毫克/千克。在碱性土壤中，硒的重金属化合物可缓慢转化成可溶性亚硒酸盐，极易被植物吸收利用；但在酸性土壤中，当 pH 值在 6.5 以下时，硒与铁形成难溶性化合物，不易被植物利用，则生长在该地区的植物含硒量小，尤其是当土壤含硒量低于 0.5 毫克/千克，植物性饲料含硒量低于 0.05 毫克/千克时，极易引起奶牛硒缺乏症。在地势偏高，半山地、丘陵、漫岗、高原地带以及年平均气温较低，无霜期短，雨量偏多的地区土壤常严重缺硒，因此导致饲料缺硒而引起本病。饲料中存在硒的拮抗物质，如铜、锌、砷、镉、铅和硫酸盐等，致使硒的吸收和利用受到抑制，或饲料营养成分不全，蛋白质或某些必需的氨基酸、矿物质(钴、锰、碘等)、维生素的缺乏，或营养物质的比例失调，也可引起硒缺乏症。饲料加工贮存不当，维生素 E 被氧化破坏，其他抗氧化物质含量低，脂肪酸尤其因饲料变质而使不饱和脂肪酸含量增大也是重要的致病因素。此外，犊牛的生长发育和新陈代谢十分旺盛，对营养物质需求量相对较多，口粮或母乳中硒或维生素 E 缺乏极易引起犊牛发病。

【症　状】 以 3～7 周龄的犊牛多发，常表现为典型的白肌病症候群。病牛精神沉郁，被毛粗乱无光，黏膜黄白，食欲减退或废绝，消化不良，伴有顽固性腹泻，呼吸和心跳加快，心律失常，发育缓慢，体质衰弱，步态强拘，喜卧，站立困难，臀背部肌肉僵硬。有些牛出现兴奋、抑郁、痉挛、抽搐、昏迷等神经功能紊乱症状，严重病牛由于突然的外界刺激或剧烈运动，常会发生突然死亡。成年母牛受胎率下降甚至发生不孕、流产、早产、产死胎、胎衣不下和泌乳量下降等症状。

【诊　断】 根据犊牛多发、群发性、运动障碍、顽固性腹泻等典型临床症状，结合骨骼肌、心肌、肝脏变性和坏死，外观呈鱼肉状或煮肉状等特征性病理变化，参考病史可做出初步诊断，若补充硒和维生素 E 有效即可确诊。必要时可进行饲料与组织中硒与维生素 E 水平及血液谷胱甘肽过氧化物酶活性测定。肝组织硒含量低于 2 毫克/千克，血硒含量低于 0.05 毫克/千克，饲料硒含量低于 0.05 毫克/千克，土壤硒含量低于 0.5 毫克/千克，可诊断为硒缺乏症。肝脏维生素 E(α-生育酚)低于 5 毫克/千克，血清中低于 2 毫克/升，即可能发生缺乏症。血清肌酸磷酸激酶对心肌和骨骼肌具有高度的特异性，肌肉变性和损伤后会很快释放入血液，故肌酸磷酸激酶活性检测是犊牛肌营养不良最常用的实验室辅助诊断手段。血清肌酸磷酸激酶的正常水平为 26±5 单位/升，高于该值者即可能已发生硒和维生素 E 缺乏症。

【治　疗】 亚硒酸钠注射液配合醋酸生育酚，治疗效果确实。0.1%亚硒酸钠注射液，犊牛每次 8～10 毫升，成年牛 15～20 毫升，肌内注射或皮下注射，间隔 10～20 天重复注射 1 次；醋酸生育酚，犊牛 0.5～1.5 克/头，成年牛 5～20 毫克/千克体重，肌内注射。

【预　防】 在缺硒地区，最好对奶牛进行补硒。可直接投服硒制剂或将适量硒添加于饲料、饮水中喂饮，也可对土壤施用硒肥或给饲用植物喷洒含硒肥料，以提高植株和子实的含硒量。每公顷草地施 6 千克亚硒酸钠，3 年内可防止奶牛硒缺乏，但每次施肥后应等下雨之后才能使奶牛进入草地，以防中毒。酸性土壤草场按每公顷 75～150 克剂量喷洒。妊娠牛在分娩前使用亚硒酸钠，有利于胎儿和犊牛的发育。根据经验，中等体型的奶牛于妊娠期到泌乳期每天每头应补充 10 毫克硒，生长期犊牛每天应给予 0.1 毫克/千克硒和 150 毫克维生素 E。饲料硒的添加剂量为 0.1～

0.3毫克/千克(舍饲奶牛补充精饲料中最好添加0.15毫克/千克以上),也可应用硒金属颗粒(由铁粉9克与元素硒1克压制而成),投入瘤胃中缓释而补硒,牛每次投给1粒,可保证6～12个月的硒营养需要。实践证明,给妊娠后期母牛和新生犊牛注射亚硒酸钠注射液,对提高母牛繁殖率、犊牛成活率有良好的作用。母牛泌乳期补充维生素E可提高产奶量,一般在饲料中混合α-生育酚每日不少于1克。母牛在配种前、妊娠中期、分娩前21天,分别用0.1%亚硒酸钠30毫克一次深部肌内注射,或在100千克饲料中加入0.022克无水亚硒酸钠,同时按每千克饲料加入20～25单位的维生素E饲喂,效果很好。犊牛在生后几周内即应肌内注射10毫克硒。在低硒草地上放牧的犊牛,按0.1毫克/千克体重的剂量,每2个月注射1次;或按0.2毫克/千克体重的剂量,每4个月注射1次。虽然硒是奶牛必需的微量元素之一,但必须适量补充,过量可导致奶牛中毒。长期缺硒的奶牛比正常奶牛对硒的毒性更为敏感。硒对犊牛的最低致死量为0.9毫克/千克体重,且可蓄积中毒,不能连用,以20～30天注射1次为宜。此外,还应加强对妊娠母牛、哺乳期母牛和犊牛的饲养管理,尤其是在冬、春季节,可在饲料中添加含硒-维生素E粉,或肌内注射0.1%亚硒酸钠-维生素E注射液,不宜单用维生素E或硒。注意青绿饲料与精饲料的合理搭配,饲料中的蛋白质必须保证达到20%以上,以防止蛋白质含量过低影响防治硒和维生素E缺乏症的效果。尽量不喂发霉、变质饲料。

第四章　奶牛中毒病

第一节　概　述

奶牛摄入毒物后引起的疾病叫中毒病。奶牛常见的中毒病主要有饲料毒物中毒、真菌毒素中毒、农药中毒、灭鼠药中毒、化肥中毒、环境污染与矿物质元素中毒等。在大规模集约化饲养的条件下，奶牛中毒病常群发，有的呈地方性流行，但无传染性，发病急促，死亡率高，常由于奶牛死亡，导致养殖场总体产奶量和牛群繁殖性能下降，造成严重的经济损失。

一、奶牛中毒病的病因特点

（一）饲料或饲料添加剂使用不当　饲料性中毒主要是由于饲喂过多、饲料品质不良或贮存不当所引起，如饲料霉变后会产生毒性很强的黄曲霉毒素等真菌毒素，引起奶牛真菌毒素中毒。奶牛一次性采食大量富含碳水化合物的饲料易引起奶牛瘤胃酸中毒。菜籽饼和棉籽饼未经脱毒而大量饲喂多引起奶牛菜籽饼或棉籽饼中毒。饲料添加剂不按规定使用，用量过大或应用时间过长，或混合不当等也可引起奶牛中毒，甚至导致奶牛大批死亡。如奶牛饲喂大量尿素或饲喂尿素后立即饮水，常引起奶牛尿素中毒。

（二）饲料和饮水污染　自然污染主要见于土壤矿物质含量过高，致使牧草和饮水中矿物质元素含量过大，奶牛采食后往往引起中毒。如奶牛采食高氟地区的牧草和饮水常引起奶牛氟中毒。工业污染区也是奶牛中毒病多发的主要原因，这些地区的水源和牧草易被“三废”污染。

(三)农药和鼠药等保管、使用不当　农药和鼠药种类繁多,应用广泛,常污染饮水或饲料导致奶牛中毒。如奶牛采食喷洒过有机氟农药的牧草或误食有机氟杀鼠剂毒死的鼠类亦能引起奶牛有机氟中毒。此外,奶牛的中毒病还见于恶意投毒。

二、奶牛中毒病的临床症状特征

奶牛中毒病发病急促,死亡率高,呈地方性流行,常群发,但无传染性。临床主要特征包括黏膜发绀或苍白、呼吸困难、瘤胃蠕动减弱、腹痛、腹泻、脱水、贫血、食欲废绝、流涎、肌肉震颤、血尿、共济失调、痉挛、惊厥、抽搐、兴奋不安、步态不稳等症状。

三、奶牛中毒病的诊断方法

奶牛中毒病发病迅速,具有区域性,对其诊断要力求快速、准确,以便进行及时的治疗和必要的预防。其准确诊断主要依据病史调查、临床检查、病理学检查、动物试验和毒物检验等,进行综合分析。

(一)病史调查　在大群发病时先调查发病率、死亡率、发病过程、饲养管理等,以排除传染病。再调查和中毒有关的环境条件,如该地区是否有工业污染,饲料和饮水是否清洁,奶牛接触毒物的可能性、数量等,以便及时掌握发病情况,及时做出诊断。饲料中毒常发生在同一奶牛场或同一污染区内,其中采食量大、采食时间长的犊牛和体格健壮的成年牛首先发病,且临床症状表现严重。

(二)临床检查　仔细的临床检查是奶牛中毒病诊断的关键,尤其是一些特征性症状或示病症状可以为诊断提供重要依据。由于毒物大多产生全身毒害,而常常只能观察到某个阶段的症状,且奶牛个体有差异,症状表现不同,所以要进行仔细的临床检查,并根据全身症状和神经症状及时做出诊断。如奶牛有机磷农药中毒时多表现为大量流涎、腹泻、瞳孔缩小、肌肉颤抖等,可根据其临床特征做出初步诊断。

(三)病理学检查 对急性死亡病例的剖检可为中毒病的诊断提供重要参考。中毒病常引起多个组织的损害,主要以胃肠道、肝肝、肾肝的损害为主,如黄曲霉毒素中毒、菜籽饼和棉籽饼中毒时的肝脏损伤。有时则可通过剖开腹腔时的特殊气味进行诊断,如有机磷农药中毒时,切开胃有大蒜气味。

(四)毒物分析 根据病史调查、临床检查和病理学检查结果,对奶牛胃内容物、饮水和饲料等采用一些简便、迅速、可靠的毒物分析方法,现场就可以进行中毒病的诊断,对治疗和预防具有现实的指导意义。有时还可对尿液、血液、被毛和脏器等进行定性和定量分析。诊断时把毒物分析、临床检查和病理剖检等结合起来综合分析,就可做出准确的诊断。

(五)动物试验 动物试验不仅可以缩小毒物范围,而且具有毒理学研究的价值。将可疑物质(如饲料)给敏感动物饲喂,并观察其是否有中毒反应。如将霉变饲料或可疑饲料进行怀疑中毒成分的分离提取后饲喂小鼠,分组进行试验,复制动物模型进行诊断和验证治疗等。

(六)治疗性诊断 奶牛中毒病往往发病急剧,发展迅速,在临床实践中不可能将上述各项方法全面采用,可根据临床经验和可疑毒物的特性,选取少量奶牛进行试验性治疗,通过治疗效果进行验证诊断。如怀疑奶牛有机氟中毒可用小剂量解氟灵治疗,症状减轻可诊断为有机氟中毒,继续用药治疗等。

四、奶牛中毒病的防治措施

奶牛中毒病的防治措施,主要分为治疗和预防 2 个方面。

(一)治疗措施 治疗的一般原则为清除毒物、解毒与排毒、支持和对症疗法。

1. 清除毒物 发现奶牛中毒时,立即停喂可疑饲料,采用洗胃法和吸附法清除已摄入胃内的毒物，利用泻下法或灌肠法清除肠道内的毒物。洗胃法多用于4～6小时的消化道性中毒，如瘤胃酸中毒时反复洗胃。吸附法常用活性炭等吸附剂阻止毒物的进一步吸收，多用于原因不明的中毒。泻下法多采用盐类泻剂促使已进入肠道的毒物迅速排出。毒物吸收入血后，可进行放血疗法，也可用利尿剂和发汗剂加速毒物的排除。除去毒源，阻止奶牛继续接触或摄入毒物，对可疑饲料和毒饵及时收集销毁，清洗饲饮用具、牛舍、场地。如果毒物难以确定，应考虑更换饲养场所、饮水、饲料和用具，直到确诊为止。此外，为了清除毒物，急救时还可采用瘤胃切开术。

2. 解毒与排毒疗法　对有特效解毒药物的中毒病应尽早采用特效解毒药，使毒物变为无毒物，加速毒物代谢，促进毒物排出，从根本上解除毒物的毒性作用。如奶牛氟中毒时，可用解氟灵（乙酰胺）解毒，因其化学结构与氟乙酰胺相似，能争夺酰胺酶，使氟乙酰胺不能脱氨产生氟乙酸，从而消除氟乙酰胺对机体三羧酸循环的毒性作用。对一些原因不明和无特效解毒药物的中毒病，可用以保肝解毒为主的广谱解毒法进行试探性治疗。常用的药物有25%或50%葡萄糖注射液、维生素C注射液等。

3. 对症与支持疗法　由于奶牛中毒病大多无特效解毒剂，所以根据临床症状，有针对性地选择药物，进行对症和支持治疗极为重要。在有些毒物中毒时，尤其是在脱水严重时，调节电解质和体液平衡可用5%葡萄糖注射液、复方氯化钠注射液、5%碳酸氢钠注射液等；食欲废绝时，可用胃复康或胃复安等；预防药物过敏可加用地塞米松；兴奋呼吸可用尼可刹米等；抗惊厥可用10%硫酸镁注射液；缓解脑水肿可用山梨醇或甘露醇等。

（二）预防措施　奶牛中毒病不但能够造成巨大的经济损失，而且影响动物性食品的质量与安全。因此，为了减少或消灭奶牛中毒病的发生，要坚持以预防为主的原则。

1. 严格控制有毒饲料的饲喂量 毒物和饲料无明显的界线，合理利用毒性小的饲料常常有利于奶牛生产，但饲喂量过大易引起中毒。如奶牛采食大量富含碳水化合物的饲料后易引起瘤胃酸中毒，采食大量尿素、菜籽饼、棉籽饼、酒糟、淀粉渣等也常发生中毒。因此，在饲喂这些饲料时，必须严格控制饲喂量。

2. 有毒饲料脱毒处理后饲喂 对一些饲料采取适当方法脱毒处理后饲喂，就不易引起奶牛中毒，如菜籽饼、棉籽饼、淀粉渣、霉变饲料等应通过翻晒、浸洗、漂洗、发酵、碱化、蒸煮、物理吸附等方法脱毒处理后再饲喂奶牛，以免发生中毒。

3. 采用合理的饲喂方法 对于各种易引起奶牛中毒的饲料及饲料添加剂要采用合理的方法饲喂。饲喂前可对其中的有毒成分进行检测，有毒成分严重超标的饲料不能用于饲喂奶牛。对于不同的饲料采取不同的饲喂方式饲喂，切忌单一的饲喂某些可引起奶牛中毒的饲料。如饲喂菜籽饼和棉籽饼时，一定要与其他饲料配合使用，尿素最好不要溶解在水中让奶牛饮用。

4. 妥善保管并合理使用农药和鼠药 要加强农药、鼠药的使用管理，健全保管、运输和使用制度。使用过程中应避免污染水源或饲料，严禁使用喷洒过农药的植物或种子作为奶牛饲料。毒饵应放在安全的地方，以免奶牛误食。毒死的鼠类尸体应妥善处理，防止造成奶牛的二次中毒。

5. 改善生态环境 重视生态环境保护，贯彻执行环境保护法规，加强公共环境卫生，及时治理工业“三废”，切实控制重金属及其他污染物对环境的污染，以防止规模化奶牛养殖中的中毒病。

第二节　奶牛常见中毒病的综合防治

一、有机磷中毒

有机磷中毒是指奶牛接触、吸入或采食有机磷农药或杀虫剂引起的一种中毒病。临床以流涎、腹泻和肌肉强直性痉挛等副交感神经兴奋为特征。常用的有机磷制剂有甲拌磷(3911)、对硫磷(1605)、丙氟磷(DFP)、毒鼠磷、治螟磷(苏化 203)、特普、内吸磷(1059)、甲基对硫磷(甲基 1605)、甲胺磷、乙硫磷(1240)、敌敌畏(DDVP)、乐果、倍硫磷、八甲磷、二嗪磷、甲基内吸磷(甲基 1059)、杀螟松、敌百虫和马拉硫磷等。

【病　因】 奶牛有机磷中毒主要见于有机磷农药或杀虫剂管理不善或使用不当。保管、购销或运输中管理不善，将农药和饲料存放在一起，毒物散落或通过运输工具和农具间接污染饲料，奶牛因误食或接触而中毒。奶牛摄入被有机磷污染的牧草或用有机磷农药拌过的种子，如采食喷洒有机磷农药的农作物或牧草等，误饮被有机磷农药或杀虫剂污染的水，盛装有机磷农药的容器、用具未经彻底洗净即用来盛饲料或作饲具等，常引起奶牛中毒。用挥发性有机磷类杀虫剂拌种或喷雾灭蚊、蝇时，奶牛经呼吸道吸入后亦可引起中毒。此外，用脂溶性有机磷类杀虫剂如敌百虫、乐果等杀灭奶牛体内外寄生虫时，用量过大或使用方法不当，可造成药物吸收而引起奶牛中毒。

【症　状】 病初奶牛兴奋不安，体温正常，可视黏膜发绀，食欲减退或废绝，瘤胃蠕动减弱，嗳气减少，反刍减少或停止，流涎，微出汗，肠音亢进，粪便稀软。随病情发展出现四肢肌肉震颤，严重者全身肌肉震颤，步态强拘，共济失调，全身出汗，被毛湿润，口吐白沫，瞳孔缩小，腹痛，不断回视腹部，腹泻，粪便恶臭呈深绿色或黑色且混有黏液或血液，有时发生水泻、尿失禁。心跳加快，脉搏增数。后期精神沉郁，体温升高，可视黏膜苍白，鼻孔流出泡沫状液体，呼吸困难，湿性咳嗽，听诊有湿啰音。全身肌肉痉挛、抽搐，大小便失禁，心动过速，不时磨牙，呻吟，继而突然倒地，四肢作游泳状划动，最后肢体麻痹，昏迷，末梢冰凉，很快因呼吸麻痹而窒息死亡。

【诊　断】 根据流涎，瞳孔缩小，肌肉震颤，呼吸困难，呼出气有蒜臭味等典型临床症状可做出初步诊断。调查奶牛是否有接触有机磷农药的病史，结合阿托品治疗有效并出现阿托品化症状即可确诊。血液胆碱酯酶活性测定可作为辅助诊断依据，血液胆碱酯酶活性低于正常的70%可作为重要的诊断依据。实验室检验红细胞数在生理值的低限，并出现红细胞大小不均和异型红细胞症，嗜酸性粒细胞减少，淋巴细胞减少并含有嗜碱性颗粒，这些也可作为辅助诊断依据。剖检时，马拉硫磷、甲基对硫磷、内吸磷等中毒胃内容物有蒜臭味，瘤胃液化学分析可确诊。对硫磷的检验常用硝基酚反应法，内吸磷的检验常用亚硝基铁氰化钠法，敌百虫的检验常用间苯二酚法等。

【治　疗】 奶牛有机磷中毒常突然发病，应采取清除毒物、特效解毒和对症疗法进行综合治疗。

1. 清除毒物　发现奶牛有机磷中毒时，立即停止使用可疑饲料或饮水，酌情采取清洗体表法、洗胃法和泻下法促使毒物排出。经消化道摄入有机磷而发生中毒的，常用大量的水或2%～3%碳酸氢钠溶液洗胃；经皮肤吸收引起中毒的，可用5%碳酸氢钠溶液或1%肥皂水清洗体表，大多数有机磷农药遇碱易分解，可使毒物的毒性降低。但怀疑敌百虫中毒时切不可使用碳酸氢钠等碱性药物，因为在碱性环境中敌百虫可转化为毒性更强的敌敌畏，引起更严重的中毒。泻下法即灌服盐类泻剂，如用硫酸镁或硫酸钠250～300克，加适量水，一次灌服。但不要用油类泻剂，因为有机磷农药为脂溶性毒物，油类泻药可促进毒物的吸收。此外，还可灌服活性炭以吸附毒素。

2. 特效解毒　有机磷中毒常用的解毒药分为生理拮抗剂和胆碱酯酶复活剂 2 类，临床上常将 2 类药结合应用。常用的生理拮抗剂为硫酸阿托品，胆碱酯酶复活剂有解磷定、氯磷定、双解磷、双复磷等。

(1)阿托品　首次应用 0.2～0.5 毫克/千克体重，皮下或肌内注射，以后每 1～2 小时重复注射 1 次，每次 10～50 毫克。密切注意病牛反应，当出现阿托品化症状(瞳孔散大，停止流涎或出汗，脉搏加速等现象)时，改为每隔 3～4 小时用药 1 次，每次 10～20 毫克，连用 1～2 天。

(2)解磷定　又名碘解磷定、派姆等。20～50 毫克/千克体重，用葡萄糖溶液或生理盐水配成 2.5%～5%的溶液静脉注射，对内吸磷、对硫磷、特普、乙硫磷、甲基内吸磷等大部分有机磷农药中毒，尤其是对刚中毒不久的病例解毒效果确实，但对敌百虫、乐果、敌敌畏、马拉硫磷、甲氟磷、丙胺氟磷、八甲磷等作用较差。忌与碱性药剂配伍使用。

(3)氯磷定　剂量同解磷定，可做肌内注射或静脉注射，对乐果中毒无效，对 48～72 小时后的敌百虫、敌敌畏、对硫磷、内吸磷等中毒亦无效。

(4)双解磷　对各种有机磷农药中毒均有效。首次用药 3～6 克，用适量 5%葡萄糖注射液或生理盐水溶解，静脉或肌内注射，以后每隔 2 小时用药 1 次，剂量减半。

(5)双复磷　作用强而持久，对急性内吸磷、对硫磷、甲拌磷、敌敌畏中毒的疗效好，但对慢性中毒效果不佳。首次剂量为 40～60 毫克/千克体重，皮下、肌内或静脉注射均可，以后每 2 小时用药 1 次，剂量减半。

3. 对症治疗

(1)强心解毒　25%葡萄糖注射液1 500～2 000毫升、10%安钠咖注射液30毫升、10%维生素C注射液30～50毫升，一次静脉注射。还可灌服绿豆汤。

(2)消除肺水肿　5%或10%葡萄糖注射液2 000～3 000毫升、复方氯化钠注射液1 000～1 500毫升，静脉注射。利尿脱水，可用山梨醇、甘露醇。

(3)防止肺部感染　可使用青霉素等。

【预　防】 严禁给奶牛饲喂和饮用被有机磷农药或杀虫剂污染的牧草、饲料和饮水。防治牛体内外寄生虫时，要严格按规定剂量、浓度和方法使用敌百虫等有机磷杀虫剂，严防滥用。敌百虫勿与碱性药物同服。健全农药保管使用制度，对有机磷农药及杀虫剂的保管、使用，要指定专人负责、监督。配制和喷洒农药的器具不可随便乱放，喷洒过有机磷的植物茎叶等，必须在停药1个月后才可用作饲料。发生中毒后，应及时治疗，停止饲喂可疑饲料和饮水，清洗饲槽和饮水器具。

二、尿素中毒

尿素中毒是指由于奶牛摄入尿素过多而引起的一种中毒病。临床上以强直性痉挛和呼吸困难为特征。奶牛的瘤胃微生物能产生脲酶，尿素在脲酶的作用下水解为二氧化碳和氨，氨和有机酸在瘤胃微生物作用下合成氨基酸，并进一步合成微生物蛋白质，最终被奶牛消化利用，成为牛的营养物质。然而，由于饲喂不当，常常会引起尿素中毒。

【病　因】 使用不当是引发本病的主要原因。如将尿素作为蛋白质饲料补饲时，若将其溶解在水中饲喂，或饲喂尿素后立即饮水，以及没有经过逐渐加量即按规定量将尿素加入饲料中饲喂，都易引发奶牛中毒。饲料中的尿素混合不均匀或一次喂量过大，也能造成中毒。在富含脲酶的饲料(如大豆饼)中加入尿素比例较大,而碳水化合物含量又不足,以及饥饿或间断性饲喂尿素类添加剂等,也是发生尿素中毒的诱因。尿素保管不当(如堆放在饲料旁)而发生误用或被奶牛偷食也可导致本病。此外,还有奶牛因饮入大量人尿而发生急性中毒的病例,因为人尿中含有3%左右的尿素。

【症　状】 奶牛采食尿素后30～60分钟即可发病。病初呈兴奋不安,感觉过敏,食欲废绝,反刍、嗳气停止,呻吟,磨牙,口、鼻流出大量泡沫状液体,瘤胃臌气,全身肌肉抽搐、震颤和步态不稳等,随后反复发作,强直性痉挛,牙关紧闭,共济失调,呼吸困难,腹式呼吸,张口喘气,心跳加快,心律失常,脉数增至100次/分以上。后期全身出汗,精神沉郁,眼球突出,瞳孔散大,呼吸极度困难,舌伸出口外,肛门松弛,大小便失禁,后躯不完全麻痹,大多病牛卧地不起,四肢伸直,不时做划水样动作,常在1～2小时因窒息而死亡。

【诊　断】 根据采食尿素的病史,结合强直性痉挛和呼吸困难等症状可做出初步诊断。饲料检查可作为辅助诊断依据。实验室检验血氨含量升高(牛正常值为0.2～0.6毫克/100毫升)对本病有确诊意义。此外,血液红细胞数、红细胞压积容量、碱性磷酸酶含量下降,白细胞数、血氨、尿素氮、碳酸氢盐、血清谷草转氨酶、血清谷丙转氨酶、碱性磷酸酶、乳酸脱氢酶含量升高,血液、瘤胃液和尿液pH值升高,瘤胃纤毛虫数量减少,均可作为尿素中毒的诊断依据。

【治　疗】 目前,本病尚无特效疗法。发现尿素中毒后,早期先用温水反复洗胃和导胃,用套管针穿刺瘤胃放气,再采取以下综合措施治疗。

1. 酸化瘤胃内容物　灌服大量食醋或稀醋酸等弱酸类,以抑制瘤胃中脲酶的活性,并中和尿素分解所产生的氨,阻止氨被吸收入血。成年奶牛灌服食醋或1%醋酸溶液1 000～3 000毫升,糖500～1 000克和水1 000毫升。

2. 制止发酵 用瘤胃制酵剂可减轻瘤胃臌胀。常用鱼石脂50～100克,先用75%酒精溶解,再加水5～10升,灌服;或用1%甲醛溶液1 500～5 000毫升,灌服。

3. 解毒 可用硫代硫酸钠溶液和高渗葡萄糖注射液作为解毒剂。硫代硫酸钠吸收后,可增加机体内硫的含量,提高肝脏的解毒功能。高渗葡萄糖除有稀释血液中毒物的作用外,葡萄糖的氧化产物葡萄糖醛酸还可与毒物结合,或葡萄糖的中间产物乙酰基与毒物结合,使毒物失效,经尿排出。葡萄糖还为肝脏解毒和心肌供给能量,提高肝脏的解毒能力,改善心肌营养,增强心脏功能。具体剂量为:10%硫代硫酸钠注射液100～200毫升,50%葡萄糖注射液250～500毫升或25%葡萄糖注射液500～1 000毫升,同时可加10%维生素C注射液50毫升,静脉注射。

中药治疗可用绿豆250克、滑石150克、炙甘草80克,水煎,成年奶牛一次灌服,每日1次,连用3天。

4. 对症疗法

(1)强心补液 10%葡萄糖注射液500～1 500毫升、复方氯化钠注射液1000～2000毫升、5%氯化钙注射液250毫升或10%葡萄糖酸钙注射液500毫升、10%安钠咖注射液20毫升,一次静脉注射。

(2)镇静 10%樟脑磺酸钠注射液10～20毫升,皮下或肌内注射;三溴合剂(3%溴化钾溶液、3%溴化钠溶液、3%溴化氨溶液各等份)200～300毫升,灌服。

(3)兴奋呼吸 0.25%尼可刹米注射液10～20毫升,肌内注射。

(4)解除痉挛 苯巴比妥,按10～15毫克/千克体重,肌内注射。

【预　防】 1千克尿素相当于2.8千克蛋白质的营养价值，也相当于7千克豆饼或26～28千克谷物饲料的蛋白质，常作为奶牛的蛋白质饲料，但饲喂时应严格控制饲喂量，合理饲喂。

1. 严格控制饲喂量 尿素的饲喂量应控制在饲料总干物质量的1%以下，或以精饲料的2%～3%为宜，且尿素喂量不能超过日粮总氮量的1/3。日粮中粗蛋白质水平不宜太高，最适宜的水平为9%～12%，此时尿素可被细菌最有效地利用。在饲料蛋白质不足时，每100千克体重可饲喂20～50克，即每头成年奶牛每天喂150克左右；在饲料蛋白质充足时，不需补加。在开始饲喂时，应在数周内由少量逐渐增加至规定用量，不能一开始就按规定用量饲喂。若尿素补饲中断后再次补饲，仍应从少量开始。

2. 合理饲喂 尿素不能单独饲喂。饲喂尿素时，应与富含糖类的饲料混合饲喂，严禁与富含蛋白质的大豆或豆饼等精饲料一起饲喂。日粮中添加的尿素应与饲料混合均匀。严禁将尿素溶于水中让奶牛饮用，或喂过尿素后立即饮水，最好在30分钟后再开始饮水。不要间断饲喂，防止破坏瘤胃内微生物群的适应性。不宜在奶牛非常饥饿和空腹状态下饲喂尿素，以防采食过多尿素而中毒。犊牛瘤胃微生物区系尚未发育完全，尤其是未断奶的犊牛，不应饲喂尿素，因为尿素可直接进入皱胃而引起中毒。应用尿素缓释技术制成的包被尿素料和糊化淀粉尿素料，既可减少尿素与瘤胃中脲酶的接触，又可减缓尿素降解为氨的速度，使氨的释放速度与瘤胃微生物利用氨的速度同步，提高尿素氨的利用率，防止奶牛氨中毒。包被尿素料是将尿素与包被材料(不饱和脂肪酸、蛋白质、丹宁、聚乙烯、甲基纤维等)均匀混合，有时借助于有机溶剂，将其颗粒化成为包被尿素料。糊化淀粉尿素料是将尿素和淀粉质饲料及载体混合加入黏合剂，经硬化制粒，并在制粒过程中加入热蒸汽，溶化的尿素和淀粉胶连在一起，形成一种溶解缓慢的尿素饲料。此外，尿素作肥料时要妥善保管，防止被奶牛偷食或误食。有条件时，可将尿素与过氯酸铵配合使用，或改用尿素的磷酸盐供补饲用比较安全。

三、瘤胃酸中毒

瘤胃酸中毒又称乳酸中毒，是指由于奶牛采食大量富含碳水化合物的饲料后，引起瘤胃内产生大量乳酸所致的一种急性代谢性酸中毒。其特征为消化功能障碍、瘤胃蠕动停滞、脱水、酸血症、运动失调、衰弱，常导致死亡。本病发病急、病程短、死亡率高。

【病　因】 本病多见于给奶牛饲喂大量谷物，如大麦、小麦、玉米、稻谷、高粱及甘薯干，特别是粉碎的谷物，在瘤胃内异常发酵，产生大量的乳酸而引起机体酸中毒。在奶牛生产中常因青贮饲料酸度过大、饲料混合不均匀或日粮中精饲料过多而粗饲料相对不足或品质差，尤其是为了临产前促使乳房发育、产后催奶、冬季增膘、春季换毛等而补加精饲料，使奶牛摄入精饲料过多而发病。或因饲养管理不当，奶牛闯进饲料房、仓库或晒谷场等，短时间内采食了大量的谷物、豆类或畜禽的配合饲料，导致发生急性瘤胃酸中毒。当奶牛采食苹果、青贮玉米、马铃薯及甜菜过多时，也可发病。奶牛患消化不良、前胃弛缓、瘤胃积食等时，由于瘤胃内环境改变，产生大量乳酸，更易发生酸中毒。此外，分娩、寒冷、气候突变等应激因素亦可诱发本病。

【症　状】 根据发病的程度和时间，本病分为最急性型、急性型和亚急性型3种。

1. 最急性型 奶牛常在采食大量精饲料或谷类饲料后12小时发生酸中毒，发病急，甚至有些奶牛在采食后3～5小时内无明显症状而突然死亡。病初奶牛精神沉郁，食欲废绝，反刍减少，流涎，瘤胃蠕动停止，腹围增大，眼结膜潮红，步态不稳，不愿走动，有的兴奋不安，狂奔或转圈运动，不避障碍，眼反射减弱或消失，瞳孔对光反射迟钝，呼吸急促，脉搏达100次/分以上，心跳加快，回视腹部,后肢踢腹,而后呼吸困难,后肢麻痹、瘫痪、角弓反张,昏迷,常于出现症状后1～2小时很快死亡。

2. 急性型　多在采食后18～24小时出现中毒症状,常见于产后奶牛。病牛食欲废绝,精神沉郁,目光无神,鼻镜干燥,结膜发绀或潮红,皮温不均,耳、鼻俱凉,呼吸达50次/分以上,脉搏增数达90～100次/分,呻吟,空口磨牙,出汗,肌肉震颤,步态不稳,喜卧,眼窝下陷,皮肤弹力下降,瘤胃蠕动减弱,泌乳量下降,腹痛,腹泻,粪便带血或呈泡状稀便且有酸臭味,排尿减少,个别伴发蹄叶炎。

3. 亚急性型　多数奶牛病初无明显临床症状,仅表现为食欲减退,饮欲增加,反刍减少,瘤胃胀满且蠕动减弱,偶尔有腹痛,粪便稀软或腹泻,粪便中常有未消化的饲料残渣,一般3～4天可不治而愈。后期产奶量下降,粪稀并有酸臭味。病程长者出现神经与脱水症状,眼窝下陷,少尿或无尿,最后卧地不起,昏迷甚至死亡。多数由于未及时发现而继发瘤胃臌气、瘤胃炎和蹄叶炎等病。

【诊　断】根据典型的临床症状,如脱水、瘤胃胀满、视觉障碍、兴奋、卧地不起、伴发蹄叶炎、瘤胃蠕动音减弱或消失、叩诊有钢管音、触诊瘤胃有波动感等,结合过食豆类、谷类或含丰富碳水化合物饲料的病史,即可确诊。实验室检查是本病诊断所必需的辅助诊断方法。一般瘤胃液pH值为4.5～6,但病程超过24小时时,瘤胃内pH值回升至7,纤毛虫明显减少或消失,血液pH值降至6.9以下,红细胞压积容量上升至50%～60%,血液二氧化碳结合力显著降低,血液中乳酸和无机磷酸盐含量升高;尿液pH值降至5左右。

本病应与生产瘫痪和奶牛原发性酮病等疾病相鉴别。生产瘫痪发生于分娩后,血钙含量明显下降,补钙治疗有效,而奶牛瘤胃酸中毒一般补钙治疗无效。奶牛原发性酮病具有典型的酮血、酮尿和酮乳症状,呼出气体带有酮味,而奶牛瘤胃酸中毒一般不会出现此症状。

【治　疗】 治疗以除去病因，纠正酸中毒，补充体液，促进瘤胃蠕动，加强护理为原则。在药物治疗的同时，应避免大量饮水，尤其是在最初18～24小时要限制饮水，以防出现瘤胃臌胀，饲喂品质好的干草，尽量少喂谷物和配合精饲料，待瘤胃蠕动恢复后才可自由饮水，逐渐加入谷物和配合饲料。

1. 洗胃 用大口径胃管，用1%～3%碳酸氢钠溶液30～80升，分数次反复冲洗瘤胃；也可用5%氧化镁溶液或10%石灰水冲洗，冲洗后可向瘤胃内可投入碳酸氢钠100～150克或氧化镁300～500克。对病情严重的奶牛可进行瘤胃切开术，排空内容物，用3%碳酸氢钠溶液或温水洗涤瘤胃数次，彻底清洗后向瘤胃内放置适量轻泻剂和优质干草，有条件者可给予正常奶牛瘤胃液。

2. 纠正酸中毒 5%碳酸氢钠注射液1 000～2 000毫升，静脉注射。当脱水明显时，可用5%糖盐水2 000～3 000毫升、10%水杨酸钠注射液200毫升、生理盐水1 000～2 000毫升，静脉注射。为促进胃肠道内酸性物质的排除，促进胃肠功能恢复，在灌服碱性药物1～2小时后，可服缓泻剂液状石蜡500～1 500毫升。

3. 镇静 发生神经症状时，可用镇静剂，如安溴注射液100毫升，静脉注射，再用10%硫代硫酸钠注射液150～200毫升，静脉注射。

4. 中药治疗 石膏、神曲（研末生用）各150克，知母、天花粉、鸡内金各100克，牡丹皮、莱菔子、佩兰各80克，厚朴70克，槟榔、云苓、枳壳各60克，每日1剂，水煎取汁，候温灌服。

【预　防】 奶牛瘤胃酸中毒的发生与日粮密切相关。应避免饲料单一，精粗饲料比例要适当，通常以精饲料占40%～50%，粗料占50%～60%为宜。合理选择碳水化合物饲料，不可随意加料或补料，但要根据饲料来源与质量、奶牛体况及所处生产阶段等具体情况及时调整饲料配方。母牛产后在日粮中添加适量的缓冲剂如碳酸氢钠、碳酸钠、碳酸钙、氧化镁、膨润土或草木灰等，可通过提高瘤胃液的流速、中和瘤胃产生的部分有机酸而发挥缓冲效应，改善奶牛对饲料的采食量，有效防止瘤胃酸中毒的发生，但日粮盐浓度不宜过高。一般可在奶牛日粮中添加 2% 的碳酸氢钠和 0.8%的氧化镁(按混合料量计算)。

谷类精饲料压片或粉碎即可，颗粒不宜太小，大小要匀称。多饲喂牧草，如紫花苜蓿等。粗饲料要充足，粗饲料长度一般要求不小于 3.8 厘米。由于小麦、大麦比马铃薯和玉米更易引起酸中毒，饲喂小麦和大麦时最好进行氨化或烘烤处理，以减少奶牛代谢性酸中毒的发生。饲喂高中性洗涤纤维日粮的泌乳牛瘤胃酸中毒发生的可能性更小。美国国家研究委员会推荐日粮中性洗涤纤维最少应含 25%，其中至少有 75%来自长且粗糙的饲草，以保证足够的粗纤维刺激咀嚼、反刍和唾液的产生，有助于瘤胃微生物的发育。通常以每天保证供给奶牛 4～5 千克优质青干草为宜。

在配合日粮时，选择发酵速度适宜的饲料(发酵速度由快至慢依次为可溶性糖、淀粉、半纤维素、纤维素)，并将发酵速度不同的多种饲料配合使用，严格控制其饲喂量。如用低淀粉日粮来控制易发酵碳水化合物的摄入量，增加非淀粉多糖，减少高淀粉日粮，可预防瘤胃酸中毒的发生。增加日粮中的有效中性洗涤纤维，可促进瘤胃蠕动，增加唾液分泌，预防瘤胃酸中毒的发生。适量添加离子载体类抗生素(如莫能菌素和泰乐菌素)、有机酸(苹果酸、乳酸、富马酸)调控瘤胃微生物区系可有效抑制瘤胃酸中毒的发生。

此外，制定合理的饲养管理制度，不要突然改变饲料或变更饲养管理措施，防止奶牛闯入饲料房、仓库、晒谷场，暴食谷物、豆类和配合饲料。

四、酒糟中毒

酒糟是酿酒工业的副产品，含有丰富的蛋白质、脂肪等营养物质，质地柔软，气味醇香，适口性好，常用于饲喂奶牛。酒糟中毒是指由于长期给牛饲喂或突然大量饲喂酒糟，甚至饲喂腐败变质的酒糟而引起的一种中毒病。临床上以酸中毒样脱水、腹泻、共济失调以及皮肤溃疡等为特征。酒糟中毒的实质是酒精和醋酸中毒。

【病　因】　由于酿酒原料和酿酒工艺不同，存放时间也不同，致使酒糟成分十分复杂。如黑斑病甘薯酒糟的有毒成分是甘薯酮、甘薯醇；霉败原料酒糟中的有毒成分是各种真菌毒素；发芽马铃薯酒糟中含有龙葵素；新鲜酒糟中的中毒成分是残留酒精；发酵酸败酒糟中的有毒成分是乳酸、酪酸、醋酸等游离酸和杂醇（如正丙醇、异丁醇、异戊醇），杂醇的存在又能加强酒精的毒性。日粮搭配不当，为增加产奶量，长期单一饲喂腐败变质的酒糟或过度增加酒糟喂量，或因饲料保管不当，奶牛偷吃过量酒糟，均易引起奶牛酒糟中毒。如酒糟露天放置，经雨水浸渍和日光照射，或堆积而不散开，常常会发生酸败，产生大量乳酸，如果喂量过大或加入谷类精饲料含量高的日粮中，奶牛常出现乳酸中毒症状。

【症　状】　奶牛酒糟中毒可分为急性中毒和慢性中毒2种。

1. 急性中毒　病牛初期表现兴奋不安，食欲废绝，腹痛，回头顾腹，共济失调，脱水，眼窝凹陷，腹泻，或排出恶臭黏性粪便，脉搏微细，心跳加速，步态不稳，四肢无力，继而卧地不起，眼睑半闭，最后因呼吸困难而死亡。

2. 慢性中毒　病牛表现食欲不振，顽固性前胃弛缓，瘤胃蠕动微弱，腹泻，消瘦，有的发生血尿。由于酸性产物在体内蓄积，致使矿物质吸收紊乱而出现缺钙现象，表现骨质变脆，牙齿松动或脱落，母牛屡配不孕、流产、产弱犊或死犊，产后瘫痪。后肢系部皮肤肿胀、潮红，后形成疱疹。水疱破裂后出现溃疡面，有的干燥后形成痂皮，有的被细菌感染而引起化脓和坏死，因并发蹄叶炎而跛行。严重病例全身皮肤出现皮炎或皮疹，机体衰竭。

【诊　断】　根据饲喂酒糟的病史、类似酸中毒样脱水、腹泻、共济失调等症状表现，可以做出初步诊断。一次性采食过多酒糟的病牛多表现为急性中毒。慢性酒糟中毒病牛主要表现消化系统紊乱、神经系统紊乱和皮肤炎症等。必要时可结合特征性病理变化做出确诊，如胃肠黏膜充血、出血、水肿，肺脏水肿，肝脏、肾脏肿胀和变性等。

【治　疗】 中毒奶牛立即停喂酒糟，给予优质干草。治疗原则是解毒、强心、止泻、镇静。

1. 解毒　用1%碳酸氢钠溶液反复导胃、洗胃，直至胃液呈中性或弱碱性为止，再用1%碳酸氢钠溶液1 500～2 000毫升或碳酸氢钠100～200克加适量水一次灌服。对重症牛，可用10%维生素C注射液50毫升、25%葡萄糖注射液1 000～2 000毫升、5%硫代硫酸钠注射液200～400毫升，静脉注射。

2. 强心　5%葡萄糖注射液1 000～1 500毫升或5%糖盐水1 500～3 000毫升、25%葡萄糖注射液500毫升、5%碳酸氢钠注射液500～1 000毫升、10%安钠咖注射液10～20毫升或10%葡萄糖酸钙注射液500～1 000毫升，一次静脉注射。

3. 止泻　活性炭100克，鞣酸蛋白20克，制成混合液灌胃，以收敛胃肠。

4. 镇静　山梨醇或甘露醇注射液300～500毫升，静脉注射。

5. 外科治疗　对局部出现疹块或出现蹄叶炎的牛，用2%明矾溶液或1%高锰酸钾溶液洗刷，皮肤出现瘙痒者用3%石炭酸酒精涂抹。必要时，还应配合使用抗生素和维生素治疗。维生素B_1、维生素B_6、维生素C和维生素K注射液40～60毫升，青霉素800万～1 200万单位，肌内注射。发生胃肠出血和血红蛋白尿时，需用止血敏等药物止血。

6. 中药疗法　中毒症状消失后，可投服加味健胃散以恢复胃肠功能。党参10克，白术10克，神曲60克，山楂60克，麦芽40克，槟榔60克，陈皮45克，泽泻10克，茯苓10克，水煎服。

【预 防】 酒糟中的酒精和醋酸对胃肠道有一定的兴奋作用,还有增强食欲、助消化的作用。酒糟中含有大量粗蛋白质、水分和粗纤维,饲喂奶牛后可提高产奶量,但大量或长时间饲喂可引起中毒。因此,要合理利用酒糟,采取综合措施预防酒糟中毒。

1. 保持酒糟新鲜 酒糟含水量大,易腐败变质,高温时极易酸败,产生有毒物质。因此,酒糟贮存时间不宜过久。冬季可存放7天,夏季可存放2～3天。如欲贮存时,应摊开,不宜堆放过厚,要遮盖,避免雨淋和日晒,以防发酵或酸败。冬季可采用冷冻法进行贮存。轻微酸败的酒糟,饲喂时可加入石灰水、碳酸氢钠中和后再喂;严重霉败的酒糟,禁止用于饲喂奶牛。

2. 严格控制喂量 酒糟喂量不宜过多,一般应与其他饲料搭配使用,日粮中酒糟的含量不要超过总日粮的1/4～1/3。每头牛以每日饲喂5～10千克为宜。一般育成牛每日每头饲喂1～4千克,成年奶牛每日每头饲喂7～10千克,高产奶牛可适当提高饲喂量,但最高不要超过15千克,并在饲料中按每头牛50～150克添加碳酸氢钠。

3. 合理饲喂 饲喂时,要避免饲喂酒精含量过高的酒糟,饲料营养要均衡,适当提高精饲料浓度,充分保证干草的采食量,切忌单一饲喂酒糟。还应注意补钙,可在日粮精饲料中添加2%的骨粉与适量磷酸氢钙。饲喂酒糟时,每次加入少许小苏打并搅拌均匀,以中和过多的醋酸。酒糟不可过凉或过热。采取逐渐递增的方式增加饲喂量,使奶牛胃肠道有一个适应的过程。奶牛妊娠期或产后1个月内应尽量不喂或少喂酒糟,以防影响生殖系统的恢复,甚至诱发代谢疾病,对发情、配种产生不利影响,犊牛最好不喂酒糟。

五、黄曲霉毒素中毒

黄曲霉毒素中毒是指由于奶牛长期、大量采食被黄曲霉、寄生曲霉等污染的饲料所致的中毒性疾病。临床上以全身出血，消化功能紊乱，腹水，神经症状等为特征。剖检可见肝细胞变性、坏死、出血，胆管和肝细胞增生。犊牛比成年牛敏感。黄曲霉毒素中毒是人兽共患且有严重危害性的一种霉败饲料中毒病，在我国长江沿岸及以南地区较为严重，而华北、东北和西北地区则相对较少。

【病 因】 黄曲霉毒素主要是黄曲霉和寄生曲霉等的有毒代谢产物，它们是一类结构极相似的化合物，在紫外线照射下都发出荧光。其中B族毒素（如 B_1 和 B_2）发蓝紫色荧光，G族毒素（如 G_1 和 G_2）发黄绿色荧光。目前已发现黄曲霉毒素及其衍生物有20余种，其中以黄曲霉毒素 B_1、B_2 和 G_1、G_2 毒力较强，且以黄曲霉毒素 B_1 的毒性及致癌性最强。在检验饲料中黄曲霉毒素含量和进行饲料卫生学评价时，一般以黄曲霉毒素 B_1 作为主要监测指标。黄曲霉和寄生曲霉广泛存在于自然界中，主要污染玉米、花生、豆类、棉籽、麦类、大米、秸秆和酒糟、花生饼、豆饼、豆粕、酱油渣等。尤其在这些饲料保管、贮存不当时，极易遭到黄曲霉和寄生曲霉的污染。奶牛长期大量采食或饲喂被黄曲霉毒素污染的饲料就会发生中毒。

【症 状】 黄曲霉毒素主要损害奶牛肝脏，破坏血管通透性并损伤中枢神经。临床表现为黄疸、出血、水肿和神经症状。成年牛多呈慢性经过，死亡率较低。病牛精神沉郁，食欲减退，磨牙，反刍减弱，前胃弛缓，瘤胃臌胀，间歇性腹泻，泌乳期奶牛产奶量下降，甚至无乳。繁殖性能降低，发情延迟或不发情。妊娠母牛早产、流产，所产胎儿活力下降或产死胎。严重中毒的病牛在1周内突然倒地死亡。高产奶牛和犊牛对黄曲霉毒素敏感，死亡率高。犊牛中毒后生长发育缓慢，多数营养不良，被毛粗糙逆立、无光泽，鼻镜干燥、皲裂。病初食欲不振，后期废绝，反刍停止，伴发腹痛和神经症状，如磨牙、呻吟、站立不安、后肢踢腹、惊恐、转圈、盲目徘徊等。可视黏膜黄染，一侧或双侧角膜浑浊。伴有中度间歇性腹泻,排泄混杂血液凝块的黏液样软粪。有的可导致里急后重和脱肛,最终昏迷而死亡。

【诊　断】 根据黄疸、出血、水肿、消化障碍及神经症状等临床症状结合病史调查可做出初步诊断。对饲料进行品质检查有助于诊断,对死亡病牛进行病理学检查,发现肝细胞变性、坏死和增生等也有利于诊断。饲料中含黄曲霉毒素达 0.1 毫克/千克时即对牛有毒害。确诊须对可疑饲料进行产毒霉菌的分离培养和黄曲霉毒素含量测定,必要时还可进行雏鸭毒性试验。实验室检验黄曲霉毒素的方法有生物学方法、免疫学方法和化学方法。化学检测法操作烦琐、费时,在对一般样品进行毒素检测前,可先将饲料样品尤其是玉米放于盘内,摊成一薄层,在 360 纳米波长的紫外灯光下观察荧光,样品中存在黄曲霉毒素 B_1 时,可看到蓝紫色荧光,若未见到荧光可再用化学检测法。

【治　疗】 目前对本病尚无特效疗法。发现奶牛中毒时,立即停喂霉败或可疑饲料,给予含碳水化合物多且易于消化的青绿饲料,减少或不饲喂含有脂肪过多的饲料。轻度中毒奶牛可不治自愈,重度病例可采用清除毒物、保肝解毒、防止继发感染的综合治疗措施。

1. 清除毒物　投服硫酸钠、硫酸镁、人工盐等盐类泻剂,加速胃肠道毒物的排出。

2. 保肝解毒　25%葡萄糖注射液 500～1 000 毫升或 50%葡萄糖注射液 500 毫升,10%维生素 C 注射液 20～40 毫升,10%葡萄糖酸钙注射液 500～1 000 毫升,静脉注射。当伴发心脏衰弱时,可皮下或肌内注射樟脑油 10～20 毫升,或 10%安钠咖注射液 10～20 毫升。

3. 防止继发感染　青霉素 300 万～500 万单位、链霉素 3～6 克,肌内注射,每日 2 次,连用 5～7 天。也可用土霉素,按 10 毫克/千克体重剂量,肌内注射,每日 1 次,连用 5 天。忌用磺胺类药物。

4. 中药治疗　防风45克，甘草60克，绿豆500克，加2 000毫升水煎，加白糖250克，每日1剂，灌服。

【预　防】 奶牛黄曲霉毒素中毒主要是由于饲料被黄曲霉毒素污染所致，故应对饲料进行严格的管理，以防本病发生。

1. 防止饲料霉变　防霉是预防饲草、饲料被黄曲霉菌及其毒素污染的根本措施。引起饲料霉变的因素主要是温度与相对湿度。因此，在饲草收割时注意天气变化，收割后的饲草应充分晒干，饲料水分不应超过12%。在谷物收割和脱粒过程中，不可堆积以免发热发霉，要充分通风、晾晒，最好迅速干燥。饲料应贮存在通风良好、阴凉干燥处，切勿受潮、雨淋，仓库温度应低于25℃，湿度不应超过80%。定期查库，将霉变饲料及时挑除。还可使用化学熏蒸法防止饲料霉变，如甲醛、环氧乙烷、过氧乙酸、二氯乙烷和氨气熏蒸法等。甲醛熏蒸(每立方米用40%甲醛溶液25毫升、高锰酸钾25克，常水12.5毫升，混合熏蒸)或5%过氧乙酸喷雾(每立方米用2.5毫升)，均有抑制霉菌的作用。加防霉剂也可防止饲料霉变，常用丙酸钠和丙酸钙，每吨饲料中添加1～2千克，可安全存放2个月以上。

2. 定期监测饲料中黄曲霉毒素的含量　奶牛养殖场要根据所处地区和奶牛养殖场所的潮湿程度，定期检测饲料中黄曲霉毒素的含量，严禁超标。许多国家都已制定了饲料中黄曲霉毒素允许量标准。我国饲料卫生标准规定黄曲霉毒素 B_1 的允许量为：玉米和花生饼、粕≤0.05毫克/千克，成年牛日粮≤0.01毫克/千克。

3. 霉变饲料去毒处理　霉变饲料不宜直接饲喂奶牛，为减少经济损失，对轻度污染的饲料可进行去毒处理后饲喂奶牛。常用的去毒方法有以下几种。

(1)*流水冲洗法*　将饲料粉碎后，用清水反复浸泡漂洗多次，至浸泡的水呈无色时再用高温处理，可供饲用。此法简单易行，成本低，费时少。

(2)化学去毒法　常用碱处理法。在碱性条件下，可使黄曲霉毒素结构中的内酯环破坏，形成香豆素钠盐且溶于水，再用水冲洗可将毒素除去。可用5%～8%石灰水浸泡霉败饲料3～5小时后，再用清水漂洗，晒干便可饲喂；也可在每千克饲料中拌入12.5克氨水，混匀后密封3～5天，去毒效果达90%以上，饲喂前应挥发掉残余的氨气，通常自然条件下散气7～10天即可；还可用0.1%漂白粉溶液浸泡处理，使其毒素结构被破坏，并用水反复冲洗后饲喂。

(3)物理吸附法　常用的吸附剂有活性炭、白陶土、黏土、高岭土、沸石等，特别是沸石可牢固地吸附黄曲霉毒素，从而阻止黄曲霉毒素经胃肠道吸收。

(4)微生物去毒法　据报道，无根根霉、米根霉、橙色黄杆菌对除去粮食中的黄曲霉毒素有较好效果。

六、淀粉渣中毒

淀粉渣中毒是指用未脱毒的淀粉渣长期饲喂奶牛或短期用量过大而导致的一种中毒病。临床上以消化功能紊乱、出血性胃肠炎、产奶量下降、跛行和瘫痪为特征。粉渣(浆)含有蛋白质、糖、脂肪等多种营养成分，而且质地疏松、柔软，适口性好，价格低廉，常用于饲喂奶牛，但粉渣(浆)中所含亚硫酸易在奶牛体内蓄积而常可引起中毒。通常情况下由于高产奶牛摄入量多，发病率高，而低产奶牛摄入量少，发病率低。

【病　因】　淀粉渣是以富含淀粉的原料生产粉条、淀粉和制药所产生的副产品，因生产所用原料不同，产生的淀粉渣所含营养成分也不同。淀粉渣经适当脱毒处理后可饲喂奶牛，是一种营养价值丰富的饲料。用玉米、土豆、甘薯等为原料生产的粉渣，所含营养主要是淀粉和粗纤维，粗蛋白质极少，而用豌豆、绿豆、蚕豆作原料生产的粉渣，含蛋白质较多，但易于腐败，奶牛摄入后容易中毒。未脱毒的淀粉渣长期饲喂奶牛或短期用量过大，均会导致奶牛呈现不同程度的毒性反应。

【症　状】 奶牛中毒的严重程度随淀粉渣的喂量不同而各异。急性中毒奶牛常死亡；中度中毒奶牛，精神沉郁，被毛粗乱无光，采食量下降，甚至食欲废绝，瘤胃蠕动减弱，反刍不规律，呈现周期性瘤胃消化功能紊乱，产奶量下降，渐进性消瘦。便秘或腹泻，排黑色干燥粪便或棕褐色稀便。四肢无力，步态强拘，后躯摇摆、跛行。拱背，卧地不起。分娩牛多出现产后瘫痪。有些奶牛只采食新鲜的青绿饲料，或见异食，如啃食泥土、舔食粪尿或褥草等，出现前胃弛缓和皱胃疾病表现（如皱胃扩张、皱胃炎、皱胃溃疡、皱胃变位）。母牛繁殖性能下降，表现不发情、发情不明显、流产或产弱仔。新生犊牛抗病力低下，易继发其他疾病而死亡。此外，本病还可继发蹄叶炎、胎衣不下和乳房炎。

【诊　断】 根据饲喂过淀粉渣的病史，结合胃肠消化紊乱、跛行、瘫痪等临床症状可以做出初步诊断。实验室检测血液、尿液、乳汁中硫化物含量增加即可确诊。此外，血钙含量降低，血磷含量偏高，血糖、碱性磷酸酶、铜蓝蛋白升高，淀粉渣中亚硫酸含量过高也可作为必要的辅助诊断依据。

【治　疗】 发现奶牛淀粉渣中毒，应立即停喂淀粉渣，并给予优质青绿饲料、块根类饲料以及干草。轻症牛停喂淀粉渣后，可自行康复。对于中毒较重的奶牛尚无特效疗法，只能采用对症治疗的方法。应按保肝解毒、强心补液、防止继发感染的原则，采取综合方法治疗。

1. 保肝解毒　25%葡萄糖注射液 500～1 000 毫升，10%维生素 C 注射液 50 毫升，静脉注射。

2. 强心补液　5%氯化钙注射液或10%葡萄糖酸钙注射液 500 毫升，5%糖盐水 1 500～2 500 毫升，一次静脉注射，每日 1～2 次。

3. 防止继发感染 可使用氟苯尼考等广谱抗生素。

4. 防止瘤胃 pH 值下降 可灌服碳酸氢钙或碳酸氢钠。

【预 防】

1. 严格控制饲喂量 控制淀粉渣的饲喂量,尤其是未经去毒处理的淀粉渣,每日每头奶牛的饲喂量以 5～7 千克为宜,最多不能超过 7.5 千克。

2. 合理饲喂 应饲喂新鲜的淀粉渣,绝不可饲喂腐败变质、变味的淀粉渣。在饲喂过程中要充分保证青绿饲料或优质干草的采食量。饲喂量不宜过大,饲喂时间不能过长,最好采取干、湿淀粉渣搭配饲喂,在饲喂一段时间(1 周)后,停喂一段时间再喂。为了防止硫在奶牛体内的蓄积,可在日粮中添加 5～7 毫克胡萝卜素。为减少亚硫酸对钙的消耗,饲料中应适当补钙,如加入骨粉、贝壳粉等。此外,还可在饲料中适量添加复合维生素和硒。

3. 去毒处理 奶牛生产周期长,最好用去毒淀粉渣饲喂。淀粉渣的去毒方法有以下 3 种。

(1)*物理去毒法* 主要是晒干法和水浸法。淀粉渣晒干后,亚硫酸含量可减少 50%。据测定,日晒 1 天,亚硫酸含量可降低至 36 毫克/千克,去毒率达 60%。水浸法去毒是用 2 倍水浸泡淀粉渣 1 小时,弃去浸泡水,再反复冲洗,效果更好。但缺点是用水量大,且渣内的营养成分可随水流失。

(2)*化学去毒法* 用 0.1%高锰酸钾溶液、3%过氧化氢溶液或 5%石灰水拌和淀粉渣后再喂,可降低淀粉渣中毒的发病率。试验表明,对含亚硫酸 147.6 毫克/千克的淀粉渣,用 0.1%高锰酸钾溶液处理后,其亚硫酸残留量为 30.75 毫克/千克,3%过氧化氢溶液处理后为 46.9 毫克/千克,石灰水处理后为 78 毫克/千克。

(3)*微生物发酵法* 淀粉渣经过多种菌种联合发酵,既可降低其中的有毒成分,又可产生生物活性蛋白,提高淀粉渣的营养价值。

七、菜籽饼中毒

菜籽饼中毒是指奶牛长期或大量摄入菜籽饼或菜籽粕引起的一种中毒病。临床上以急性胃肠炎、肺气肿、肺水肿和肾炎为特征。菜籽饼是油菜籽榨油后的副产品，含有丰富的蛋白质(32%～39%)、粗纤维、各种维生素、矿物质、微量元素和可利用的氨基酸，其中可消化蛋白质为27.8%，是一种高蛋白质饲料。但菜籽饼中也含有有毒物质，不经去毒而大量饲喂，极易引起中毒。

【病　因】 菜籽饼中含有大量的可消化蛋白质，是一种很好的饲料。菜籽饼中硫葡萄糖苷含量较高，但不同类型油菜种子中，硫葡萄糖苷的含量也不相同，如有些品种硫葡萄糖苷含量高达12%～18%。硫葡萄糖苷可降解为异硫氰酸酯、硫氰酸酯、噁唑烷硫酮、腈等有毒物质。菜籽饼中还含有芥子碱，易被碱水解生成芥子酸和胆碱。菜籽饼如不进行脱毒处理直接饲喂奶牛，可引起中毒，一次大量饲喂或长期饲喂也易引起奶牛中毒。此外，本病还见于菜籽饼加入日粮后搅拌不均匀以及与白菜、萝卜、甘蓝等十字花科植物同时饲喂时。

【症　状】 病牛初期精神沉郁，食欲减退，不安，流涎，瘤胃蠕动减弱，腹痛，回头顾腹，后肢踢腹，便秘或腹泻，脉搏细弱而快，呼吸加快，并伴发痉挛性咳嗽。重症奶牛结膜苍白，耳、鼻、四肢发凉，有的呈昏迷或半昏迷状态，呻吟，体温稍有下降，呼吸困难，有时张口呼吸，鼻孔流出泡沫状液体。排尿次数增多，且尿中带血，尿液落地时可泛起多量泡沫。甲状腺肿大。后期病牛食欲废绝，反刍停止，瘤胃臌气，体温下降，心脏衰弱，狂躁不安，视觉障碍，有时出现麻痹、痉挛等神经症状，严重时全身衰弱，最后虚脱而死。

【诊　断】 根据奶牛采食菜籽饼的病史以及急性胃肠炎、肺气肿、肺水肿和肾炎等临床症状可做出初步诊断。饲料中菜籽饼含量的测定有助于确诊。对于急性死亡病例的病理剖检可作为辅助诊断依据。剖检可见胃肠道黏膜充血、肿胀、出血，胸、腹腔有浆液性、出血性渗出物，瘤胃和皱胃黏膜易于脱落。肾脏有出血性炎症，有时膀胱积有血尿。肺水肿和气肿，甲状腺肿大。

【治　疗】 发现中毒奶牛，立即停喂菜籽饼。对采食菜籽饼未超过12小时的急性中毒奶牛采取瘤胃切开术，取出内容物。病情较轻的奶牛，可采取清除毒物、保护胃肠黏膜、强心和保肝解毒等综合治疗方法。

1. 清除胃肠毒物 先灌服0.1%高锰酸钾溶液500～1 000毫升，群发时可用0.1%高锰酸钾溶液代替饮水。再将硫酸钠500～800克加温水2 500～4 000毫升，溶解后一次灌服。

2. 保护胃肠黏膜 灌服2%鞣酸溶液1 000～2 000毫升或150～300克煮熟的糊状淀粉液。

3. 保肝解毒 25%葡萄糖注射液1 000毫升、10%维生素C注射液50毫升、10%安钠咖注射液20毫升，静脉注射。此外，对中毒较轻的奶牛还可用亚甲蓝静脉注射，或用甘草80克，绿豆100克，栀子10克，水煎取汁，加蜂蜜100克，灌服。

【预　防】

1. 限制饲喂量 菜籽饼的饲喂量要适当，最好控制在不超过精饲料量的30%，每头牛每日饲喂量不宜超过1千克。

2. 合理饲喂 菜籽饼应与青绿饲料等配合使用，但不宜与富含芥子酶的十字花科植物如白菜、萝卜、甘蓝等一起饲喂，严禁饲喂霉变菜籽饼。菜籽饼与棉籽饼、豆饼、葵花籽饼、亚麻饼、蓖麻饼等适当配合使用，能有效控制饲料中的毒物含量并有利于营养互补。菜籽饼中赖氨酸的含量低，配合使用时，应添加适量合成赖氨酸(0.2%～0.3%)或鱼粉、血粉等动物性蛋白质。菜籽饼不宜长期连续饲喂，一般饲喂60天后宜暂停20天，使沉积在体内的毒素排尽后再喂。高产奶牛、妊娠母牛、犊牛及病牛对毒物的敏感性高，不宜饲喂菜籽饼。

3. 脱毒　菜籽饼用于饲喂奶牛时应脱毒。常用的脱毒方法有以下几种。

(1)坑埋法　选择向阳干燥、地温较高的地方，将菜籽饼与水按 1∶1 比例混合后埋入土坑中 30～60 天，埋前先在坑底和四周垫上 3～4 厘米厚的麦秸或干草，然后投入菜籽饼至离坑口 10 厘米左右，上盖一层麦秸或干草，再覆盖土层 30 厘米，即可除去大部分毒物，硫苷脱毒率可达到 90%～97%，噁唑烷硫酮残毒仅有 60 毫克/千克，脱毒率可达 99%以上，蛋白质损失率只有 1%～3%。一般每立方米可埋菜籽饼 500 千克。这种脱毒方法的脱毒率与土壤含水量关系很大，土壤的含水量为 5%，脱毒率可达 97%以上；土壤含水量为 20%时，脱毒率仅为 70%。坑埋法操作简单、成本低。

(2)水洗法　在水泥池或缸底开一小口，将菜籽饼加入池中，使凉水连续不断地流入，保持 2 小时，过滤，弃除滤液，再用 2 倍水浸泡 3 小时，弃除浸泡液，脱毒率可达 94%以上，也可在菜籽饼中加等量水，浸泡 4 小时，然后不断加入 2 倍水，又不断沥去水，这样既省水，又提高脱毒率。水洗法所用设备简单，技术简单，易操作，脱毒率高，但费水，并可随水流损失部分水溶性蛋白质。

(3)水浸法　加热水或冷水浸泡菜籽饼，反复多次可去毒。将已粉碎的菜籽饼放入约 50℃的热水中浸泡 8～12 小时，每隔 4 小时换水 1 次，再煮沸 1 小时，即可脱毒。使用本法水溶性营养物质的损失较多。

(4)铁盐法　将菜籽饼粉碎，按饼重的 0.5%～1%称取硫酸亚铁，加水溶解后加入饼中。在 106℃下蒸 30 分钟，取出晾干，即可饲喂。本方法简便易行，不受环境、设备条件的影响，且氨基酸与蛋白质损失少，适宜中小型养殖户使用。

(5)碱处理法　用 1%碳酸钠溶液或 10%石灰水拌湿菜籽饼，湿度控制在 50%左右，堆放 1 小时，然后用 100℃～105℃蒸汽蒸

40分钟。也可将7%氨水喷洒在粉碎的菜籽饼上,搅拌均匀,密封3～5小时,再蒸40～50分钟,晒干即可配入饲料使用。

(6)微生物发酵法　即将菜籽饼经酵母菌、乳酸菌、醋酸菌、白地霉、黑曲霉等发酵,以中和其有毒成分,本法约可去毒90%以上。一般将菜籽饼粉碎,按菜籽饼重量的0.5%加入复合微生物制剂,发酵4～5天。

此外,还可用溶剂提取法除去硫葡萄糖苷和多酚化合物,但成本高,醇溶性蛋白质损失较多。培育低硫葡萄糖苷、低芥酸的"双低"油菜品种也是一种重要的方法。

八、棉籽饼中毒

棉籽饼中毒是指奶牛长期或大量摄入棉籽饼引起的一种中毒病。临床上以出血性胃肠炎、全身水肿、血红蛋白尿和实质器官变性为特征。棉籽饼是棉籽榨取油料后的副产品,含有36%～42%的蛋白质,其必需氨基酸含量在植物中仅次于大豆饼,在养殖业中被广泛使用。但其含有有毒物质棉酚,如果未经脱毒大量或长期饲喂,易引起中毒。本病主要见于犊牛,偶见于成年牛。

【病　因】　棉酚是棉籽饼中主要的有毒物质,它是一种嗜细胞性、嗜血管性和嗜神经性毒物。一般机榨或预压浸出的棉籽饼,含游离棉酚0.06%～0.08%。当棉酚进入消化道以后,可引起胃肠卡他或中毒性胃肠炎。毒素进入血液后,可引起浆液浸润、出血性炎症和缺铁性贫血,并且能直接破坏红细胞,导致溶血。一次饲喂大量未脱棉酚处理的棉籽饼可引起中毒。当长期饲喂棉籽饼时,可导致蓄积性中毒。有资料报道,牛每天摄入2克游离棉酚可引起中毒。日粮中蛋白质含量低或缺乏维生素A时,奶牛对棉酚的耐受性差,易引起中毒。哺乳犊牛对棉酚敏感,常因吸食饲喂棉籽饼的母牛乳汁而发生中毒。此外,长期给妊娠母牛饲喂棉籽饼,所产犊牛常发生先天性失明。

【症 状】 奶牛棉籽饼中毒大多呈慢性经过，一般为3～15天。一次喂给大量棉籽饼而发生急性中毒的病牛常因血液循环衰竭而死亡。慢性中毒主要表现消化功能紊乱，食欲减退或废绝，消瘦，反刍减少或停止，瘤胃蠕动减弱，瘤胃臌气，先便秘，后腹泻，粪便带有黏液和血液。病初体温变化不大，后期体温升高，多继发维生素A和钙缺乏症，表现结膜充血、发绀，羞明流泪，视力下降甚至失明。肝浊音区扩大，呼吸急促，咳嗽，肺泡呼吸音减弱，常呈腹式呼吸，呻吟，流鼻液，呼吸困难，心跳加速。腹下和四肢水肿，步态不稳，卧地不起，最后死于恶病质和营养不良。有些病牛久配不孕，卵巢静止甚至萎缩，产奶量下降。

【诊 断】 根据有饲喂棉籽饼的病史和典型的临床症状。如病牛腹泻、血红蛋白尿、尿沉渣检查有肾上皮细胞，粪便中混有黏液和血液，四肢水肿，可做出初步诊断。通过测定日粮中棉酚的含量即可确诊。

【治 疗】 发现奶牛中毒，要立即停喂棉籽饼，喂给青绿多汁饲料，并给予充分饮水。治疗以清除毒物、强心、保肝解毒、保护胃肠黏膜为原则。

1. 清除毒物 0.1%高锰酸钾溶液或5%碳酸氢钠溶液洗胃；或用硫酸镁或硫酸钠300～500克，溶于2 000～8 000毫升水中给牛灌服，以促使毒物排出。

2. 强心、保肝解毒 25%葡萄糖液注射液1 000～2 000毫升或50%葡萄糖注射液500～1 000毫升、10%安钠咖注射液20毫升、10%氯化钙注射液100～200毫升、维生素C注射液50毫升，静脉注射；或用硫酸亚铁7～15克给牛灌服。

3. 保护胃肠黏膜 鞣酸蛋白20～50克、活性炭100克，溶于500～1 000毫升水中灌服。

4. 中药治疗 甘草50克，滑石200克，天花粉60克，桑白皮80克，葶苈子、知母各90克，当归30克，白芍40克，云苓、车前子各100克，水煎后灌服。

【预　防】

1. 限制饲喂量　饲料中棉籽饼用量应不超过精饲料的12%，成年奶牛每天饲喂量不超过1.5千克，青年牛减半，6月龄以下犊牛最好不喂。一般成年牛饲料中棉酚含量不能超过500毫克/千克，犊牛饲料中棉酚含量不能超过100毫克/千克。

2. 合理饲喂　限期饲喂棉籽饼，不要长期饲喂，也要避免饲喂霉败变质的棉籽饼。奶牛饲喂棉籽饼时，日粮中应适当增加蛋白质、维生素（维生素A或胡萝卜素）、矿物质（钙）和青绿饲料，有利于防止棉籽饼中毒的发生。棉籽饼与豆饼或花生饼配合饲喂时，可有效降低棉籽饼的毒性。此外，还可添加0.2%～0.3%的合成赖氨酸、适量鱼粉或血粉等动物性蛋白质。

3. 去毒处理　棉籽饼用作奶牛饲料时最好去毒，使棉籽饼中游离棉酚含量低于1200毫克/千克。常用的去毒方法包括以下4种。

（1）*硫酸亚铁法*　按照棉籽饼中棉酚含量的5倍量加入硫酸亚铁，使铁元素与游离棉酚的比例呈1∶1。常用0.1%～0.2%的硫酸亚铁溶液浸泡棉籽饼，浸泡24小时棉酚的破坏率可达82%以上。

（2）*碱处理法*　在棉籽饼中加入1%氢氧化钙溶液或2%石灰水，加热蒸炒或浸泡后，用清水清洗后喂牛。此法可使棉籽饼中的部分蛋白质和无氮浸出物流失，降低其营养价值。

（3）*加热处理*　棉籽饼经过蒸、煮、炒等加热处理，使棉酚与蛋白质结合而去毒。一般要加温至80℃～90℃并保持3～4小时以上，弃去上面的漂浮物，冷却后再饲喂。本法适用于农村和小型饲养场，缺点是降低了赖氨酸等的营养价值。

（4）*微生物去毒法*　利用微生物及其酶的发酵作用破坏棉酚，达到去毒目的。但目前尚处于试验阶段。

此外，在一定条件下，在棉籽饼中加入尿素也有一定的去毒作用。还可以选育棉酚含量低的棉花新品种，改进棉籽加工工艺与技术，以减少氨基酸的损失，降低棉酚的含量。

九、有机氟中毒

有机氟中毒是指奶牛误食有机氟杀鼠药或被有机氟污染的饲料和饮水所引起的一种急性中毒病。临床上以发病突然、呼吸困难、口吐白沫、抽搐、痉挛、兴奋不安为特征。常见的有机氟类主要有氟乙酰胺、氟乙酸钠、甘氟、氟蚜螨、氟乙酰苯胺等。

【病　因】 奶牛有机氟中毒以误食氟乙酰胺或氟乙酰胺中毒死亡老鼠而最为多见。氟乙酰胺的商品名为灭鼠灵、三步倒或敌蚜胺，是消灭鼠类及农作物害虫的一种高效、剧毒药物，其化学性质稳定，残留性很强，被植物吸收后2个月也不会消失。我国已禁止使用有机氟类剧毒农药，但目前农村仍有使用。有机氟农药在生产过程中会污染环境、饲料和饮水，或灭鼠时将有机氟制成的毒饵随处乱放，以及有机氟农药处理的种子保管不严等，均有可能被奶牛误食、误饮而引起中毒。

【症　状】

1. 急性型　又称为突然发病型，以神经系统高度兴奋为特征。病牛突然兴奋不安，冲撞障碍物，惊恐、尖叫，全身肌肉震颤，痉挛、抽搐，步态不稳。呼吸困难，鼻镜干燥，可视黏膜发绀。多于摄入毒物后2～10小时突然倒地，全身剧烈抽搐，惊厥或角弓反张，四肢呈游泳状划动，瞳孔散大，眼球突出，迅速死亡。有些病牛虽可暂时恢复，但不久又心动过速，心律失常，卧地颤抖，口吐白沫，迅速死亡。有些病牛无前驱症状，倒地抽搐3～5分钟即死亡。

2. 慢性型　又称潜伏发病型，一般在摄入毒物后1周至数周内发病。病初仅表现精神不振，食欲减退或废绝，反刍减少或停止，体温正常或偏低，离群呆立或卧地不起，四肢无力，步态不稳，肘肌震颤，有时轻微腹痛，产奶量下降。随后兴奋不安，惊恐，共济失调，反应过敏，全身肌肉震颤，间歇性痉挛，吼叫，狂奔，呼吸促迫，达 90 次/分以上，心跳加速，达 120～150 次/分，心律失常。病情加重时突然倒地，四肢痉挛，角弓反张，口吐白沫，瞳孔散大，呻吟，呼吸困难，最终因心力衰竭和呼吸抑制而死亡。

【诊　断】 根据奶牛突然发病、呼吸困难、口吐白沫、抽搐、痉挛、兴奋不安等症状可做出疑似诊断，结合有接触有机氟污染的饲料、饮水的病史可做出初步诊断。确诊需测定血液中氟、柠檬酸和血糖含量，以及对可疑饲料、饮水、呕吐物或胃内容物进行毒物分析，即对有机氟化合物的定性和定量分析。本病应与有机磷中毒、磷化锌中毒进行鉴别诊断。有机磷中毒的潜伏期短，发病快，肌肉震颤，瞳孔缩小，多汗，流涎，腹痛，稀便出现得早，但病程长。而有机氟中毒症状出现慢，病情发展急剧，主要表现肌群震颤，阵发性、强直性痉挛，无大汗、流涎症状。磷化锌中毒，吐出物和粪便有大蒜味，在暗处可见粪便发出荧光，其胃肠内容物亦有大蒜味。

【治　疗】 发现有机氟中毒奶牛，要根据除去毒源、消除毒物、特效解毒和对症治疗的原则进行综合治疗。

1. 除去毒源　严格控制可疑毒源，防止奶牛继续接触或食入毒物。对可疑饲料、呕吐物等应及时收集销毁，更换可疑饲养场所、饮水、饲料和用具。

2. 消除毒物　对病牛及时通过洗胃和缓泻减少毒物的吸收。可用 0.1%～0.2%高锰酸钾溶液洗胃，再灌服蛋清，最后用硫酸镁导泻。经皮肤染毒者，尽快用温水彻底清洗。怀疑中毒而未确诊时，可选用吸附剂（活性炭或淀粉）防止毒物吸收。

3. 特效解毒　解氟灵（50%乙酰胺），0.1～0.3 克/千克体重，肌内注射，首次用量加倍，每隔 4 小时注射 1 次，直到抽搐症状消失为止；乙二醇乙酸酯（醋精），取 100 毫升溶于 500 毫升水中口服，也可按每千克体重 0.125 毫升，肌内注射。

4. 对症治疗　强心补液，可用 25%葡萄糖注射液或复方氯化钠注射液 1 500～2 000 毫升、维生素 B_1 0.025 克、辅酶 A 200 单位、三磷酸腺苷 40 毫克、10%维生素 C 注射液 30～50 毫升，静脉注射。解痉可用 10%硫酸镁注射液 5～10 毫升，肌内注射。解除脑水肿可用 20%甘露醇。强心可用樟脑磺酸钠 2 克或 10%安钠咖注射液 30 毫升，静脉注射。血钙下降时可用 10%葡萄糖酸钙注射液或 5%氯化钙注射液，静脉注射。镇静可用巴比妥钠、水合氯醛口服。兴奋呼吸可用尼可刹米。

【预　防】 为了预防奶牛有机氟中毒，要严加管理剧毒有机氟农药的生产、经销、保管和使用，禁止将氟乙酰胺作为农药或杀鼠剂使用，防止污染饲料和饮水。喷洒过有机氟化合物的农作物，从施药到收割期必须经 60 天以上的残毒排除时间，方可作饲料用。有机氟化合物中毒死亡的动物尸体尤其是鼠尸应该深埋，以防奶牛食入而发生二次中毒。对可疑中毒的奶牛，及时隔离治疗。

十、无机氟中毒

无机氟中毒是指奶牛经饲料或饮水连续摄入无机氟，致使无机氟在体内蓄积而引起的一种中毒病。临床上以牙齿出现斑纹、过度磨损及骨质疏松和形成骨疣为特征。世界各地均有发生，常呈地区性流行，是一种人兽共患的中毒病。

【病　因】 急性无机氟中毒主要是由于奶牛一次性摄入大量氟化物或氟硅酸钠而引起，在临床上较少见，多为由于长期摄入少量无机氟而在体内蓄积所引起的慢性中毒。氟化物广泛分布的自然高氟区是奶牛无机氟中毒的高发地区。在自然高氟区，岩石中无机氟含量大，如氟石中无机氟含量高达 49%，冰晶石中无机氟含量高达 54%，氟化物不断从岩石中溶出而进入土壤和地下水是环境中氟化物的主要来源。这些地区生长的牧草和农作物无机氟含量高，特别是在干旱、半干旱地区，气候干燥，降雨量少，地表蒸发强，浅层地下水流动不畅，则氟化物高度浓缩。在碱性环境中，无机氟以活泼的离子状态存在于水中，更易吸收。我国的自然高氟区分布在从东北经华北至西北的高氟地带，主要集中在荒漠草原、盐碱盆地和内陆盐池周围，当地植物无机氟含量达40～100微克/克，有些牧草高达500微克/克以上。奶牛长期采食这些地区生长的牧草或长期饮用无机氟含量超过2微克/毫升的水，极易引起无机氟中毒。工业污染也是引起奶牛无机氟中毒的重要原因，尤其是一些工矿企业（如铝厂、氟化盐厂、磷肥厂、水泥厂等）排放的工业“三废”中含有大量的无机氟，常污染邻近地区的土壤、水源和植物。奶牛长期采食无机氟含量达40微克/克以上的牧草即可引起无机氟中毒。此外，奶牛长期补给未脱氟的矿物质添加剂也易引起中毒，如过磷酸钙、磷酸氢钙、天然磷灰石等。

【症　状】

1. 急性中毒　在临床上少见。奶牛在大量摄入氟化物后30分钟左右表现空口磨牙、感觉过敏、呼吸困难、肌肉震颤、瞳孔散大、粪便中带有血液和黏液等症状，并在数小时内因抽搐和虚脱而死亡。

2. 慢性中毒　在临床上多见，呈地方性流行，主要表现为牙齿和骨骼的损害。犊牛在哺乳期一般不表现症状，随着年龄的增长，出现精神不振，被毛粗乱无光，食欲减退，反刍减弱，生长发育缓慢或停滞，渐进性消瘦等症状。牙齿松动，失去光泽，釉质脱落，中间有黑色条纹或斑块，称为氟斑牙。臼齿过度磨损，齿面粗糙不平，呈左右对称的波状齿和阶状齿。有些牙齿异常凸起，甚至刺破口腔黏膜形成溃疡、糜烂，引起采食咀嚼困难，有少量流涎。有的出现齿槽炎、齿槽脓肿。骨骼的损害主要表现为颌骨、掌骨、跖骨和肋骨呈对称性肥厚，外生骨疣和骨变形。骨质疏松，易骨折。跗、腕关节肿胀，疼痛，步态强拘、僵硬，跛行。严重者脊柱和四肢僵硬，腰椎和骨盆变形。成年母牛伴有瘫痪、流产和产奶量下降。

【诊　断】　急性无机氟中毒主要根据采食氟化物的病史及胃

肠炎等症状而做出诊断。慢性无机氟中毒主要根据牙齿损伤、骨骼变形及跛行等特征症状，结合饲料、饮水、骨骼、血液、尿液等无机氟含量的分析即可确诊。X线检查可见骨质密度增大或异常多孔，骨髓腔变窄，骨外膜呈羽状增厚，骨小梁形成增多，骨外生骨疣，长骨端骨质疏松。慢性无机氟中毒时骨氟含量达 2 000～4 000毫克/千克（正常动物脱脂骨中无机氟含量为 300～600 毫克/千克，老龄动物不超过 1 600 毫克/千克），而有些奶牛骨骼无机氟含量可高达 4 500～5 500 毫克/千克仍未出现临床中毒症状。慢性无机氟中毒后血氟增量可达 0.6 毫克/千克，尿氟含量上升至 15～30 微克/毫升，甚至可达到 70～80 微克/毫升，而健康动物血氟含量为 0.059 7～0.107 2 毫克/升，尿氟含量为 2～6 微克/毫升。奶牛慢性无机氟中毒时肝脏、肾脏碱性磷酸酶和酸性磷酸酶活性降低，三磷酸腺苷酶活性升高，血清钙水平降低，血清及骨骼中碱性磷酸酶活性升高明显。此外，本病应与铜缺乏症相鉴别。奶牛铜缺乏主要表现贫血、腹泻、被毛褪色、共济失调，而无机氟中毒没有这些表现。

【治　疗】 对于奶牛无机氟中毒目前尚无特效疗法。其防治原则主要是减少无机氟的摄入，加速无机氟的排泄，减轻症状，促进机体恢复，及时更换可疑饮水和饲料。

1. 促进无机氟排出　急性无机氟中毒应用 0.5%氯化钙或石灰水洗胃。

2. 补钙　5%氯化钙注射液或 10%葡萄糖酸钙注射液 250～500 毫升，静脉注射。同时，按 1 500～3 000 单位/千克体重肌内注射维生素 D_2 注射液，也可口服乳酸钙。

3. 保肝解毒　可用 10%维生素 C 注射液 30 毫升、25%葡萄糖注射液 1 000～2 000 毫升，静脉注射。慢性氟中毒时应尽快使奶牛脱离病区，供给低氟饲草料和饮水，每日供给硫酸铝、氯化铝、硫酸钙等或在饮水中加入适量的明矾，也可静脉注射葡萄糖酸钙注射液或口服乳酸钙以减轻症状，但牙齿和骨骼的损伤无法恢复。

【预　防】 奶牛慢性无机氟中毒多为蓄积性中毒，病初不易发现，应采取多种预防措施。在高氟地区生长的牧草和水无机氟含量高，尽量少喂或不喂该地区的牧草，也可少量饲喂一段时间再饲喂其他地区生长的牧草。避免在高氟区放牧，或在低氟牧场与高氟牧场轮换放牧，以阻止奶牛摄入过量的无机氟。在饮水中添加明矾或钙制剂，以减少水中的氟含量，达到防止蓄积中毒的目的。在工业氟污染的地区，工矿企业要无害化处理工业"三废"，避免污染饮水、饲料和土壤。奶牛养殖企业最好定期检测牧草和饮水中的无机氟含量，不用污染地区生长的牧草喂牛，发现饲料中无机氟含量过高时，应立即停喂，换用符合标准的全价配合饲料，并在饲料中添加适量的钙制剂（如乳酸钙、硫酸钙或葡萄糖酸钙）、硫酸铝或氯化铝等，缓解无机氟中毒症状，有条件的奶牛养殖企业还可检测奶牛血液和尿液中的无机氟含量，及早发现骨骼、牙齿的异常变化，杜绝奶牛慢性无机氟中毒的发生和进一步恶化。在工业氟污染区，短时间内不能完全消除污染的地区可采取综合预防措施，从健康区引进成年奶牛进行繁殖，在青草期收割无机氟含量低的牧草，供冬、春季补饲，建立棚圈饲养等。奶牛饲料要营养全面，使用全价配合饲料并适量补充优质蛋白质，增强机体的抗中毒能力，防止营养不良对无机氟中毒的协同作用。适当补充维生素C、维生素D、钙、磷等，可缓解无机氟中毒症状。对补饲的磷酸盐应尽可能脱氟，不脱氟磷酸盐无机氟含量不应超过1 000毫克/千克，且在日粮中的比例应低于2%。有试验表明，黄芪、木瓜、防己、乌头、杜仲、当归等中草药有增加机体尿排氟量和粪排氟量，减轻中毒的功效，可以试用。此外，有报道称给奶牛肌内注射亚硒酸钠和投服长效硒缓释丸可预防本病的发生。

第五章 奶牛传染病

第一节 概 述

奶牛的传染病，是指由一定的病原体（包括病原微生物与寄生虫）感染所致，并能通过一定途径，在奶牛之间或奶牛与不同种动物之间感染发病，甚至可以引起动物死亡的一类疾病。由于这类疾病多可造成巨大的经济损失，严重影响奶牛业的发展，并可直接或间接危害人体健康，故世界各国对这类疾病的控制和防治都给予了高度的重视。

传染病的控制与防治，要坚持"预防为主"的原则，主要是以消灭病原、阻断其传播途径与改变动物的易感性等措施为手段，重点对病死及带菌和带毒动物、环境及污染物件等进行控制与处理。然而，由于现代免疫学等技术的广泛应用，使得传染病尤其是一些古老的传染病的发生、发展与转归，已经发生了根本性改变。如由于免疫不全，或疫苗本身就达不到百分之百的保护率，或由于各种因素的影响而造成不全免疫等，使得以往呈暴发流行的所谓烈性传染病，在临床上呈散在或慢性发作已很常见，从而使治疗在传染病的控制与防治中，越来越成为可能，而且也越来越显得重要。当然，传染病的治疗，首先要在严格控制与不散菌（毒）的前提下，才能实施与完成。在这一思想指导下，特制定本类疾病控制与防治的综合防治规范。

一、奶牛传染病的主要预防措施

（一）加强检疫，杜绝疫病传播 对健康牛群每年进行 1～2 次定期检疫，及早发现传染病，防止扩大传染。自繁自养，凡要从外地引种者，须有《检疫证明书》，并经当地兽医机构检查认为是健康牛，方可允许入境。可疑者要依传染病性质及国家法律、法规具体处理。对交易市场的奶牛及其产品进行定期抽样检疫，凡发现有国家相关法律、法规规定的重大疫病，要依法对其进行处理。

(二)加强环境卫生与饲养管理，减少或杜绝疾病发生

1. 隔离 在饲养场地的出入口要设立更衣室、消毒池与紫外线消毒等设施，对进出人员、车辆和物品进行严格消毒。消毒池要定期更换消毒液。

2. 环境卫生管理 定期对奶牛的饲养环境、器具、草料残渣和粪便等进行清洁、消毒与无害化处理，以减少或杜绝病原体的感染与传播。定期杀虫、灭鼠，每年春、秋季使用伊维菌素或虫螨净胶囊等驱除体内外寄生虫，春季使用肝蛭净驱除肝片吸虫。生产区内严禁解剖尸体，禁止养狗、猪和其他畜禽。

3. 消毒 分为预防性消毒、临时性消毒、终末性消毒 3 种。预防性消毒，是平时为了预防传染病的发生，根据制度定期性消毒。临时性消毒，是为及时消灭病牛排出的病原体所进行的不定期消毒。终末性消毒，是为了解除封锁，消灭疫点内残留病原体所进行的全面而彻底的消毒。根据消毒对象的不同，又可分为圈舍消毒、土壤消毒、粪便消毒、污水消毒、皮毛消毒、车船消毒等。常用的消毒剂有酚类消毒药、醛类消毒药、碱类消毒药、含氯消毒药、过氧化物消毒药、季铵盐类消毒药。其选择的原则是对人和奶牛安全、高效、无残留，对设备不易造成破坏，不会在牛体内产生有害积累。

4. 人员管理 工作人员应定期体检，身体健康者方可上岗。生产人员进入生产区应淋浴消毒，更换衣鞋。工作服保持清洁卫生，定期(5～7 天)消毒。牛场应避免外人参观，避免不了时，应进行消毒、更换衣鞋后，方可进入，并按照工作人员指定的路线参观。

5. 加强饲养管理,提高奶牛抗病力 建立健全奶牛的饲养管理制度,提高奶牛机体的抗病力。

(三)制定防疫计划,定期预防接种 在查清本地区奶牛传染病种类和流行特点的基础上,结合实际情况制定合理的防疫计划,有目的的给健康牛群进行疫苗注射,以减少易感奶牛的数量,避免相应传染病的发生与流行。

1. 犊牛免疫程序 见表5-1。

表5-1 犊牛免疫程序

日 龄	疫苗名称	接种方法	免疫期	备 注
5	牛大肠杆菌灭活苗	肌内注射	3个月	疫苗宜自制
30	牛病毒性腹泻弱毒苗	肌内注射	6个月	犊牛于1～6个月龄接种,空怀青年母牛在首次配种前40～60天接种,妊娠母牛在分娩后30天接种
80	气肿疽灭活苗	皮下注射	7个月	
120	Ⅱ号炭疽芽孢苗	皮下注射	1 年	
150	牛O型口蹄疫灭活苗	肌内注射	6个月	可能有变态反应发生,4～6月龄均可
180	气肿疽灭活苗	皮下注射	7个月	
200	布鲁氏菌灭活苗(猪2号)	口 服	2 年	禁止注射
240	牛巴氏杆菌灭活苗	皮下或肌内注射	9个月	断奶前禁用
270	牛羊厌气菌氢氧化铝灭活苗或羊产气荚膜梭菌多价浓缩苗	皮下或肌内注射	6个月	可能有变态反应发生
330	牛焦虫细胞苗	肌内注射	1 年	最好每年3月份接种

2. 成年牛免疫程序 成年牛的免疫程序，主要是根据疫苗的免疫期限而制定的。应本着节省、高效与尽量减少对牛的应激刺激等原则，一般多集中在春、秋两季进行。

(1)口蹄疫 多采用牛O型口蹄疫灭活苗，免疫期约6个月，春、秋季各免疫1次或每年免疫3次，肌内注射，每次3～5毫升。近2年发生过口蹄疫的地区，1个月后再追加免疫1次，以强化免疫效果。以推广使用浓缩的口蹄疫疫苗为佳，但瘦弱、患病、临产前1.5个月、妊娠初期(3个月内)或4月龄以下的牛禁用。

(2)布鲁氏菌病 多采用布鲁氏菌灭活苗(猪2号)，免疫期2年，一般于9月份口服免疫，禁止注射。

(3)巴氏杆菌病 多采用牛巴氏杆菌灭活苗，免疫期9个月，春、秋季各免疫1次，皮下或肌内注射。断奶前的犊牛禁用。

(4)流行性乙型脑炎 多应用流行性乙型脑炎弱毒苗，春、秋季各免疫1次，每次皮下注射1头份。

(5)猝死症 产气荚膜梭菌病多价浓缩苗，春、秋季各免疫1次，每次2毫升，皮下注射。

(6)乳房炎 分娩前2个月皮下注射5毫升，15天后再注射5毫升。由于其抗体水平随时间而下降，故每年需要补强免疫。

3. 疫苗注射时应注意的事项 刚出生和吃初乳期的犊牛，因有获得性母源抗体的干扰，注射疫苗多起不到免疫效果，故不宜接种注射。疫苗在运输、保管过程中应低温(5℃～15℃)避光保存，以防失效。疫苗稀释后，应置于阴凉处，并在1小时内用完。疫苗抽取注射时要充分摇匀，以免造成剂量不准确。禁止弱毒苗与抗菌药物同时应用，以免弱毒苗被杀灭而影响免疫效果。疫区应加大接种剂量或增加接种次数，以保证免疫效果。已发生传染病的牛群，接种时要非常小心，以免引发部分处于潜伏期的奶牛暴发疫病。绝大多数疫苗应在母牛配种前30天前注射，以免影响发情妊娠。妊娠母牛只能应用灭活苗，禁用弱毒苗，以免造成流产。为加强免疫效果，并使动物获得最佳免疫力，部分疫苗需要间隔适当时间重复使用。免疫时要加强饲养管理，做到合理营养、适度密度、圈舍清洁卫生与干燥通风，以提高免疫效果。疫苗使用要严格按照生产说明进行，并注意与其他疫苗联合使用时，要注意间隔一定时间或合理安排其接种的先后次序，以尽量减少疫苗间的互相影响与干扰。

二、奶牛传染病疫情的控制与扑灭

(一)疫情报告　发现奶牛发生传染病时，应立即将病牛和可疑病牛进行隔离，并将疫情上报业务主管部门；尤其是可疑为疯牛病、口蹄疫、炭疽、牛瘟、牛流行热等烈性传染病时，要迅速上报，并通知邻近有关单位，以便及时采取防控措施。

(二)隔离病牛　对于有明显症状的典型病例，应于不易造成病原体扩散与方便消毒处理的地方或牛舍进行隔离。隔离牛要有专人看管，并及时治疗。但对于烈性传染病，应根据有关规定进行扑杀，并对尸体进行焚烧或深埋处理。要定期对环境及用具等进行严格的消毒。隔离区的用具、饲料、粪便等，需经彻底消毒后方可运出。对无任何临床症状，但与病牛及其污染的环境有过明显接触的可疑病牛，如同群、同舍、同槽或使用共同水源、用具的牛等，应立即消毒后转移别处进行隔离饲养，并详细观察。其隔离观察的时间应根据所怀疑或诊断的传染病潜伏期而定。隔离期间如有症状出现者，应按病牛处理。有条件者应立即进行紧急接种或预防性治疗。隔离 1 个潜伏期而不发病者取消限制。除病牛和可疑病牛外，对疫区内的其他易感牛群，应严格隔离饲养，并立即进行紧急免疫接种。

(三)早期诊断　根据可疑传染病的特点，及早采用临床诊断、流行病学诊断、病原学诊断和免疫学诊断等方法，尽早确定传染病的种类、性质等。

（四）封锁疫区 疫区是指疫病正在流行的地区，即病牛所在地及其在发病前后一定时间内曾经停留过的区域。受威胁区是指疫区周围可能受到传染的地区，其大小受所怀疑或诊断的传染病的流行病学特点等的影响。疫区和受威胁区均为非安全区，应严格控制防范。疫情封锁应根据“早、快、严、小”的原则执行，即报告早、行动快、封锁严、范围小。在封锁区确定后，首先要在其边缘立即设立明显标志、指明绕行路线、设置监督岗哨、禁止易感动物通过封锁线。其次，对通过的车辆、行人和非易感动物进行严格消毒或检疫。

（五）紧急消毒 根据疫情，对疫区进行 1 次或多次全面而彻底的紧急消毒，并在疫区封锁解除前，进行 1 次全面而彻底的消毒，以消灭疫区内残留的病原体。

（六）切断病原体传播途径 依据病情的种类和性质不同，采取不同措施。如经消化道传播者，应防止饲料、饮水的污染，粪便进行发酵处理；如经呼吸道传播者，还应增加圈舍空气消毒；如经皮肤、黏膜、伤口传染的，要防止该部位发生损伤并及时处理伤口；经吸血昆虫、鼠类传播的，要开展杀虫、灭鼠工作。

（七）治疗 对传染性不是很强的传染病，或是在老疫区或经过广泛免疫接种且已取得确实效果的牛群，在严格隔离与确保不散菌（毒）的前提下，可进行中西医结合治疗，以减少经济损失。这些病例发病多不典型集中，病程发展也比较缓慢，一般要通过特异性的病原学或血清学诊断才能确诊。

（八）解除封锁 在封锁区内最后一头病牛痊愈、急宰或扑杀后，经过一定的期限，再无疫情发生，可经全面的终末性消毒后，解除封锁。

第二节　奶牛常见传染病的综合防治

一、结 核 病

结核病是指由结核分枝杆菌引起的一种人兽共患慢性消耗性传染病。世界动物卫生组织(OIE)将其列为B类动物疫病,我国将其列为二类动物疫病。本病以干咳、消瘦、产奶量下降等为主要特征,多表现慢性过程,因病原体侵害的组织器官不同,病牛的临床表现也不同。最常见的有肺结核和肠结核,并且伴有淋巴结核。

【病　原】 结核分枝杆菌呈两端钝圆、纤细平直或稍弯曲的杆状。主要分为人型、禽型和牛型菌,奶牛对牛型菌最为敏感。结核分枝杆菌对恶劣环境尤其是对干燥条件的抵抗力较强,其在干燥的痰中能生存10个月,在腐败的痰中能生存6个月,在病变组织和尘埃内能生存2～7个月,在潮湿的地方能生存8～9个月,在水中可生存5个月,在粪便和土壤中可生存6～7个月,在牧场土壤、青草上能生存10个月,寒冷甚至超低温度(－198℃)也不影响它的生存力。

紫外线对其具有很强的杀伤力,日光直射0.5～2小时即可杀死痰内的结核杆菌。其在60℃～70℃条件下处理10～15分钟,或在85℃条件下处理2～5分钟,或煮沸1分钟均可被杀死。氯胺和漂白粉对结核杆菌的消毒效力可靠,在5%来苏儿溶液、5%石炭酸溶液中48小时才能杀死病菌,15%石炭酸和苛性钠溶液混合消毒效果较好。结核杆菌一般染料不易染色,具有抗酸性染色特性,可采集病牛的病灶、尿液、粪便、乳汁及其他分泌物样品制作抹片,用抗酸染色法染色、镜检,并进行病原分离培养和动物接种等试验。

【流行病学特点】 本病的发生无季节性,一年四季均可发生。

结核病患者和患病畜禽，尤其是开放型患者是本病的主要传染源，其鼻液、痰液、粪便、尿液、乳汁和生殖道分泌物都可带菌，通过污染饲料、饮水、空气和环境而散播传染。结核杆菌主要经呼吸道、消化道感染，其随咳嗽、喷嚏排出体外，飘在空气浮沫中，健康人、畜吸入后即可被感染。

【症　状】 结核病潜伏期长短不一，短者十几天，长者数月至数年。病牛的症状随患病器官不同而异，但全身渐进性消瘦和贫血是其共同表现。最常见的是肺结核，病牛初期食欲、反刍多无变化，常发生短而干的咳嗽，遇到冷空气或含尘埃的空气时易发生频繁的咳嗽。随着病情的发展，病牛食欲减退，消化功能紊乱，逐渐消瘦，贫血，产奶量减少，呼出的气体带腐臭味。其次是乳房结核，多表现为发病缓慢，乳房淋巴结肿大，出现硬结，但无热痛，泌乳量减少，乳汁呈水样稀薄。肠道结核多见于犊牛，表现为消化不良，顽固性腹泻，粪便中混有黏液和脓液，迅速消瘦。生殖器官结核时，多见频繁发情，性周期紊乱，阴道有黄白色絮片或黏脓性分泌物流出，常造成病牛不孕或流产。脑结核时多有癫痫、运动障碍等发生。

【诊　断】 目前，国内外对奶牛结核病的检测以临床检疫结合实验室细菌学检查为主，但较费时。而采用牛型结核分枝杆菌PPD(结核菌纯蛋白衍生物，或称纯化结核菌素)皮内变态反应试验或点眼检查，检测方法快捷、易掌握，且检出率高，适用范围广，出生后20日龄以上的奶牛均可应用。

1. PPD皮内变态反应试验 先用卡尺测量并记录奶牛左侧颈中部上1/3处皮肤的厚度。将PPD用注射用水稀释成每毫升含2万单位，3月龄以内犊牛用0.1毫升、3～12月龄牛用0.15毫升、1年以上的牛用0.2毫升，进行皮内注射，注射后72小时进行结果判定。

(1)阳性反应(＋)　局部热、肿、痛，有弥漫性炎性水肿，界限不明显，肿胀面积在35毫米×45毫米以上，或虽反应轻微，但皮肤增加的厚度超过8毫米。

(2)疑似反应(±) 局部有炎性水肿出现，但不明显，其肿胀面积在35毫米×45毫米以下。

(3)阴性反应(-) 注射局部无炎性水肿，只有坚实、无热、界限不明显的肿胀。

检查判为阴性或疑似反应的牛，必须立即于第一次注射的部位以相同剂量进行第二次注射，48小时后再进行1次判定。

2. PPD点眼检查 相隔2～7天，先后用0.2～0.3毫升(3～5滴)PPD在左眼点眼2次。如左眼有疾病时，可在右眼进行。点眼后，分别于3小时、6小时、9小时和24小时各观察1次，并进行结果判定。

(1)阳性反应(+) 结膜明显水肿、充血，流泪羞明，眼角可见有纽带状黏液或脓性分泌物流出，或于结膜囊或眼角内存在有粒状或线状分泌物。

(2)疑似反应(±) 眼结膜水肿或充血不明显，仅在结膜囊内有少量灰白色、半透明的黏液性分泌物积聚，或呈粗粒状挂在眼角外。

(3)阴性反应(-) 眼睛无反应或仅结膜有轻微反应，流出少量浆液性透明分泌物。

用上述2种方法检疫，只要有其一判为阳性的，即为阳性；2种方法均判为疑似，或1种疑似、1种阴性的，则判为疑似；2种方法均为阴性者，才能判为阴性。

【预 防】 当前，对奶牛结核病尚无理想的疫苗，治疗起来也比较困难，因而必须坚持“预防为主”的方针，建立健全相关的规章制度，严格检疫，严防传入。扑杀或隔离治疗，净化污染牛群。消毒灭源，净化环境，培育健康犊牛群。

1. 检疫 凡从外地引进的牛，都要首先进行隔离与结核菌素试验检疫，健康者方可混群饲养。健康牛群每年春、秋季各进行1次结核菌素试验检疫，犊牛出生后20～30天、100～120天与6月龄各进行1次检疫。发生过结核病的牛群，每年要进行3～4次检疫。

2. 隔离处置病牛 凡检出的结核阳性反应牛，立即调离牛群进行隔离治疗。对已丧失生产能力或生产价值不高的阳性牛，要采取就地扑杀、无害化处理。检出的可疑牛，要进行隔离复检。复检阴性者方可按健康牛对待，依然为可疑者按阳性牛处理。对检出的阳性牛和可疑牛要严格与健康牛群分离饲养。对病牛群实行专人饲养，及时治疗或扑杀。当假定健康群无阳性牛出现时，在1～1.5年的时间内检疫3次，全是阴性，即可改称健康群。

3. 消毒 每年春、秋季对牛舍、饲槽、饲养用具、牛栏、牛床、天棚、屋立柱、舍内地面、粪尿沟和墙壁用5%来苏儿溶液或3%苛性钠溶液进行2次大面积的定期消毒，饲槽、饲养用具、牛栏、牛床在消毒后2～6小时用水冲洗后再使用。牛场及牛舍出入口设立与门等宽的消毒池，内盛3%苛性钠溶液或生石灰水进行出入消毒。必须建立更衣消毒室，工作人员必须将工作服、靴、帽、手套等每周进行1次大消毒，并在更衣消毒室内经紫外线照射消毒。隔离病牛群所生产的牛奶，须经巴氏灭菌法或煮沸消毒后出场。健康牛产的奶也要进行灭菌消毒后方可出场销售。粪便要放于距离牛舍较远的地方，用泥土封闭发酵后方可利用。

4. 培育健康犊牛群 应在远离阳性隔离牛群1000米以外处设立犊牛站，母牛分娩前要消毒乳房及后躯，产犊后立即将犊牛与母牛分开，并用2%～5%来苏儿溶液消毒犊牛全身，擦干后送隔离室由专人饲养管理。每头犊牛应设置专用的喂奶器，并经常消毒，保持清洁卫生。犊牛出生后应喂健康母牛的初乳，5～7天后喂健康牛常乳或消毒乳。犊牛应进行6个月的隔离饲养，其间检疫3次。出生后20～30天进行第一次检查，出生后90～120天进行第二次检查,出生后160～180天进行第三次检查。淘汰阳性犊牛,阴性且无任何可疑临床症状的犊牛,经消毒处理后,方可转群。

【治　疗】 奶牛结核病是由结核杆菌感染所致,抗结核杆菌治疗是必不可少的。但根据目前的认识来看,奶牛结核病的发生、发展及转归还与机体的营养及免疫功能状态等有关。中药抗结核杆菌的作用也许并不很强,但用其辨证施治却能有效提高西药治疗结核病的疗效。因此,治疗结核病等传染病的最佳办法就是中西医结合治疗。

1. 西药治疗

(1)异烟肼　2毫升/千克体重,口服,每日2～3次。急性发作时,可肌内或静脉注射。与其他抗结核药物配伍应用,可减少其耐药性的发生。

(2)链霉素、卡那霉素　成年牛每天10～15克,分2次肌内注射。

(3)对氨基水杨酸钠　每天80～100克,分2次口服。与异烟肼有协同作用,联合应用可减缓耐药性结核杆菌的产生。

(4)利福平　成年牛每天6～10克,分2次口服。和异烟肼有协同作用,连用可延缓结核杆菌耐药性的产生。

2. 中药治疗　结核病的中药治疗可参考中兽医学的内伤咳嗽、肾不纳气咳喘与肺痈咳喘等证进行辨证治疗。

(1)内伤咳嗽　证见发病缓慢,干咳日久,声低无力,日轻夜重,痰少黏稠,食欲不振,反刍减少,毛焦体瘦,舌红津少,脉细数。方用百合固金汤,熟地黄60克,生地黄40克,麦门冬30克,百合、芍药(炒)、当归、贝母、生甘草各20克,玄参、桔梗各15克,水煎灌服。或用沙参麦门冬汤加减,沙参、白扁豆各60克,麦门冬、玉竹各50克,桑叶、天花粉各45克,贝母、杏仁、生甘草各30克,水煎灌服,每日1剂。

(2)肾不纳气咳喘　证见咳嗽气喘,日久不愈,呼多吸少,毛焦体瘦，脉细弱。方用肾气丸加减，五味子、熟地黄、党参、肉桂、附子、山药、补骨脂、山茱萸各 30 克，泽泻、茯苓、牡丹皮各 25 克，水煎灌服，每日 1 剂。

(3)肺痈咳喘　证见高热寒战，咳嗽气急，鼻流腥臭脓液，叩诊胸部有疼痛，听诊有湿性啰音，口津少而黏，口色红，苔黄腻，脉滑数。方用千金苇茎汤加减，苇茎 250 克，薏苡仁、桃仁各 120 克，金银花、鱼腥草、蒲公英、紫花地丁、冬瓜仁各 90 克，水煎灌服，每日 1 剂。

二、口 蹄 疫

口蹄疫是指由口蹄疫病毒引起偶蹄动物的一种急性、热性与高度传染性疫病。世界动物卫生组织将其列为为国际 A 类流行病的第一位，为必须报告的一类动物传染病；我国将其规定为一类动物疫病。其主要危害猪、牛、羊等家畜，可感染 30 多种野生动物，偶可感染人类，属于人兽共患性疾病。

【病　原】 口蹄疫病毒属小 RNA 病毒科、口蹄疫病毒属，由假 20 面体对称的核衣壳和病毒核酸构成，对数种动物具有高度传染性，传播迅速、分布广泛，有 7 种血清型与 70 种以上的亚型。欧洲和南美洲流行 O 型、A 型、C 型 3 个型；亚洲主要流行 O 型、A 型、C 型和 Asia Ⅰ型，中东地区少数国家也有 SATⅠ型流行；非洲则不仅有 O 型、A 型、C 型 3 个型，还有独特的 SATⅠ、SATⅡ和 SATⅢ3 个型流行。

口蹄疫病毒对酸、碱、热敏感，但在低温下稳定。紫外线和电离辐射对其有杀灭作用。对蛋白酶、DNA 酶、脂溶剂、蛋白变性剂等有抵抗力。对口蹄疫有效的各种消毒剂，除本身有效浓度影响其效果外，pH 值也是一个决定其有效与无效的关键性因素，酸性消毒剂和碱性消毒剂的 pH 值要分别≤3 与≥13。有机氯等中性消毒剂，消毒液中的有效氯浓度不低于 60 毫克/升，才具有比较可靠的杀灭效果。

【流行病学特点】 口蹄疫病毒对羚羊、鹿、牛、猪、绵羊和山羊等野生或家养的偶蹄动物比较易感,但对骆驼易感性较低。自然感染仅存在于这些动物之中,传染源主要为潜伏期感染和临床发病动物。感染动物的呼出物、唾液、粪便、尿液、乳汁、精液、肉和副产品以及康复期动物均可带毒,尤其是发病初期的病牛是最危险的传染源,因为症状出现的前几天排毒量最多,毒力也最强,病牛排出病毒以舌面水疱皮最多。易感动物可通过呼吸道、消化道、生殖道和伤口感染病毒,通常以直接或间接接触(飞沫等)方式传播,或通过人或犬、蝇、蜱、鸟等动物媒介,或经车辆、器具等污染物传播。如果环境气候适宜,病毒可随风远距离传播。故其不仅危害十分巨大,也给防治带来了极大的困难,应该引起我们足够的重视。

【症　状】 口蹄疫的潜伏期一般为 2～14 天。病牛呆立流涎,唇部、舌面、齿龈、鼻镜、蹄踵、蹄叉、乳房等部位出现水疱和溃疡,偶尔在胃肠也会出现。发病后期,水疱破溃、结痂,严重者蹄壳脱落,可见体温升高、跛行。可致新生犊牛心脏麻痹并急性死亡,死亡率可达 30%～90%,病理剖检可见骨骼肌、心肌表面出现灰白色条纹,形色酷似虎斑。成年动物死亡率低,一般为 4%～5%。发病后 10～15 天开始康复,可见瘢痕并新生蹄甲。

口蹄疫流行的最大特点是传染范围广、传播速度快、发病率高。其发生没有严格的季节性,可以发生在一年中的任何月份。但由于地区和自然条件等的不同,发生季节也略有不同。据大量资料统计与分析,口蹄疫的暴发流行具有周期性的特点,即每隔 1～2 年或 3～5 年就流行 1 次。这可能是由于曾经患病的个体逐渐被新成长的后裔所取代,在数年后又形成一个有易感性的畜群,从而构成了一次新流行的先决条件。

【诊　断】 符合本病的流行病学特点和临床诊断或病理诊

断指标之一，即可定为疑似口蹄疫病例，确诊需进行病原学检查或血清学诊断。

1. 口蹄疫病料的采集、保存与运送 病料采集、保存和运输必须符合下列要求，并填写病料采集登记表。送检时必须附有详细说明，包括采样时间、地点，动物种类，样品名称、数量、保存方式及有关疫病发生流行情况与临床症状等。

(1)病料的采集和保存

①组织病料

病料的选择：用于病毒分离、鉴定的病料以发病牛未破裂的舌面或蹄部、鼻镜、乳头等部位的水疱皮和水疱液为最好；对临床健康但怀疑带毒的牛，可在扑杀后采集淋巴结、脊髓、肌肉等组织样品作为检测材料。

病料的采集和保存：水疱病料采集部位可用清水清洗，切忌使用酒精、碘酊等消毒剂消毒、擦拭。每份病料的包装瓶上均要贴上标签，写明采集地点、动物种类、编号、时间等。

未破裂水疱的水疱液采集，可用灭菌注射器吸取至少1毫升，装入灭菌小瓶中(可加适量抗生素)，加盖密封；已破裂的剪取新鲜水疱皮3～5克，放入灭菌小瓶中，再加2倍体积的50%甘油磷酸盐缓冲液(pH值7.4)，加盖密封；无法采集水疱皮和水疱液时，可采集淋巴结、脊髓、肌肉等组织病料3～5克，装入洁净的小瓶内，加盖密封。采集病料后，病料要尽快冷冻保存。

② 食管-咽部分泌物(O-P液)病料

病料的采集：首先用0.2%柠檬酸溶液或2%氢氧化钠溶液将采样探杯浸泡5分钟，再用自来水冲洗干净。被检牛禁食不禁水12小时，以免其反刍出胃内容物严重污染O-P液。病牛采取站立保定，将探杯随吞咽动作送入食管上部10～15厘米处，轻轻来回移动2～3次，然后将探杯拉出。每采完一头牛，探杯都要重新进行消毒和清洗。如采样时O-P液被反刍胃内容物严重污染，要用生理盐水或自来水冲洗口腔后重新采样。

病料的保存：将探杯中采集到的8～10毫升O-P液倒入25毫升以上的灭菌玻璃容器中，后者应事先加有8～10毫升细胞培养液或磷酸盐缓冲液(0.04摩/升，pH值7.4)，加盖密封后充分摇匀，贴上防水标签，并写明病料编号、采集地点、动物种类、时间等，尽快放入装有冰块的冷藏箱内，然后转往－60℃冰箱冻存。通过病原检测，做出追溯性诊断。

③血清病料　对怀疑曾有疫情发生的牛群，因错过了组织病料采集时机，可无菌操作采集每头牛血液不少于10毫升，自然凝固后无菌分离血清装入灭菌小瓶中。其中可加适量抗生素，加盖密封后冷藏保存。每瓶贴标签并写明病料编号、采集地点、动物种类、采集时间等。通过抗体检测，做出追溯性诊断。

(2)病料运送　首先将病料封装和贴上标签。装入玻璃容器的已预冷或冰冻的病料，连其玻璃容器一起装入金属套筒内，其间应填充防震材料，加盖密封，并与采样记录一同装入专用运输容器中。专用运输容器应隔热坚固，要预先装入适当的冷冻剂和防震材料。外包装上要加贴生物安全警示标志，以最快方式运送到检测单位。为了能及时准确地告知检测结果，请写明送样单位名称和联系人姓名、地址、邮编、电话、传真等。

2. 病原学检查　可采用间接夹心酶联免疫吸附试验、反转录聚合酶链式反应技术、反向间接血凝试验和病毒分离试验等。

3. 血清学检测　可采用中和试验、液相阻断酶联免疫吸附试验、非结构蛋白酶联免疫吸附试验、正向间接血凝试验等。

4. 检测结果判定

(1)疑似口蹄疫病例　符合本病的流行病学特点和临床诊断或病理诊断指标之一，即可定为疑似口蹄疫病例。

(2)确诊口蹄疫病例　疑似口蹄疫病例进行病原学检测，任何一项检测结果为阳性，均可判定为确诊口蹄疫病例；疑似口蹄疫病例在不能获得病原学检测病料的情况下,未免疫奶牛血清抗体检测阳性或免疫奶牛非结构蛋白抗体酶联免疫吸附试验检测阳性,可判定为确诊口蹄疫病例。

(3)疫情报告　任何单位和个人发现奶牛有上述临床异常情况的,应及时向当地动物防疫监督机构报告,动物防疫监督机构应立即按照有关规定赴现场进行核实。

①疑似疫情的报告　县级动物防疫监督机构接到报告后,立即派出2名以上具有相关资格的防疫人员到现场进行临床和病理诊断。确认为疑似口蹄疫疫情的,应在2小时内报告同级兽医行政管理部门,并逐级上报至省级动物防疫监督机构。省级动物防疫监督机构在接到报告后,1小时内向省级兽医行政管理部门和国家动物防疫监督机构报告。诊断为疑似口蹄疫病例时,按规定采集病料,并将病料送省级动物防疫监督机构检验,必要时送国家口蹄疫参考实验室检验。

②确诊疫情的报告　省级动物防疫监督机构确诊为口蹄疫疫情时,应立即报告省级兽医行政管理部门和国家动物防疫监督机构;省级兽医管理部门在1小时内报省级人民政府和国务院兽医行政管理部门。国家参考实验室确诊为口蹄疫疫情时应立即通知疫情发生地省级动物防疫监督机构和兽医行政管理部门,同时报国家动物防疫监督机构和国务院兽医行政管理部门。省级动物防疫监督机构诊断新血清型口蹄疫疫情时,将病料送至国家口蹄疫参考实验室检验。

(4)疫情确认　国务院兽医行政管理部门根据省级动物防疫监督机构或国家口蹄疫参考实验室的确诊结果,确认口蹄疫疫情。

【预防和扑灭措施】

1. 预防措施

(1)严格执行卫生防疫制度　对于口蹄疫的防治,我国已经制定有《口蹄疫防治技术规范》,规定了口蹄疫疫情确认、疫情处置、疫情监测、免疫、检疫监督的操作程序、技术标准及保障措施，适用于中华人民共和国境内一切与口蹄疫防治活动有关的单位和个人，应严格参照执行。

(2)加强检疫制度

①加强产地检疫　即在牛、羊、猪等偶蹄动物离开饲养地之前，养殖场(户)必须向当地动物防疫监督机构报检，由动物防疫监督机构到场、到户实施检疫。检查合格后，收回动物免疫证，出具检疫合格证明；对运载工具进行消毒，出具消毒证明，对检疫不合格的按照有关规定处理。

②加强屠宰检疫　在牛、羊、猪等偶蹄动物屠宰前，必须由动物防疫监督机构的检疫人员进行验证查物，证物相符检疫合格后方可入厂(场)屠宰。宰后检疫合格，出具检疫合格证明；检疫不合格的按照有关规定处理。

③加强种畜、非屠宰畜异地调运检疫　国内跨省调运种畜、乳用畜、非屠宰畜时，应当先到调入地、省级动物防疫监督机构办理检疫审批手续，经调出地按规定检疫合格，方可调运。起运前2周，进行1次口蹄疫强化免疫，到达后须隔离饲养14天以上，由动物防疫监督机构检疫合格后方可进场饲养。

(3)定期接种疫苗　国家对口蹄疫实行强制免疫，由各级政府负责组织实施，当地动物防疫监督机构进行监督指导。免疫密度必须达到100%，所用疫苗必须采用农业部批准使用的产品，并由动物防疫监督机构统一组织、逐级供应。所有养殖场(户)必须按免疫程序做好免疫接种，并建立完整的免疫档案(包括免疫登记表、免疫证、免疫标志等)。各级动物防疫监督机构定期对免疫畜群进行免疫水平监测，根据群体抗体水平及时加强免疫。

2. 扑灭措施

(1)及时上报，按国家有关法规进行防治　任何单位和个人发现口蹄疫疑似病例时，应及时向当地动物防疫监督机构报告。动物防疫监督机构应立即按照有关规定赴现场进行核实。确认为疑似口蹄疫疫情的,应在2小时内报告同级兽医行政管理部门,并逐级上报至省级动物防疫监督机构。省级动物防疫监督机构在接到报告后,1小时内向省级兽医行政管理部门和国家动物防疫监督机构报告。国务院兽医行政管理部门根据省级动物防疫监督机构或国家口蹄疫参考实验室的确诊结果,确认口蹄疫疫情。

(2)*严格封锁疫点、疫区,消灭疫源,杜绝疫病向外散播* 疫点为发病牛所在的地点。相对独立的规模化养殖场(户),以病牛所在的养殖场(户)为疫点;散养牛以病牛所在的自然村为疫点;放牧牛以病牛所在的牧场及其活动场地为疫点;病牛在运输过程中发生疫情,以运载病牛的车、船、飞机等为疫点;在市场发生疫情,以病牛所在市场为疫点;在屠宰加工过程中发生疫情,以屠宰加工厂(场)为疫点。疫区则是由疫点边缘向外延伸3千米内的区域。受威胁区指由疫区边缘向外延伸10千米的区域。

疫情发生所在地、县级以上兽医行政管理部门报请同级人民政府对疫区实行封锁,人民政府在接到报告后,应在24小时内发布封锁令。跨行政区域发生疫情的,由共同上级兽医行政管理部门报请同级人民政府对疫区发布封锁令。

对疫点实施隔离、监控,禁止家畜、畜产品及有关物品移动,并对其内外环境实施严格的消毒。

(3)*扑杀病牛,并对尸体进行无害化处理* 扑杀疫点内所有的病牛及同群易感牛,并对病死牛、被扑杀牛及其产品、排泄物和被污染的饲料、垫料、污水等其他物品,依据如下规定进行无害化处理。处理应符合环保要求,所涉及的运输、装卸等环节要避免洒漏,运输装卸工具用后要彻底消毒清洗。

①深埋 掩埋地应选择远离学校、公共场所、居民住宅区、动物饲养和屠宰场所、村庄、饮用水源地、河流等,并避免公共视线。坑的深度应保证动物尸体、产品、饲料、污染物等被掩埋物的上层

距地表1.5米以上。坑的位置和类型应有利于防洪。掩埋前，要对需掩埋的动物尸体、产品、饲料、污染物等实施焚烧处理。掩埋坑底需铺2厘米厚的生石灰；焚烧后的动物尸体、产品、饲料、污染物等表面，以及掩埋后的地表环境应使用有效消毒药品喷洒消毒。用土掩埋后，应与周围持平。填土不要太实，以免尸腐产气造成气泡冒出和液体渗漏，掩埋后应设立明显标记。

②焚化　疫区附近有大型焚尸炉的，可采用焚化的方式。

③发酵　饲料、粪便可在指定地点堆积，密封发酵，表面进行消毒。

(4)解除封锁

①解除封锁的条件　疫点内最后一头病牛死亡或扑杀后连续观察至少14天没有新发病例；疫区、受威胁区紧急免疫接种完成；疫点经终末消毒；对疫区和受威胁区的易感动物进行疫情监测，结果为阴性。

②解除封锁的程序　动物防疫监督机构按照上述条件审验合格后，或必要时由上级动物防疫监督机构组织验收后，由兽医行政管理部门向原发布封锁令的人民政府申请解除封锁，由该人民政府发布解除封锁令。

【治　疗】　口蹄疫一般情况下不允许治疗，尤其是在新疫区或发现新血清型口蹄疫时严禁治疗，要严格彻底地执行扑杀政策。但在老疫区或经过确实免疫的牛群，在能做到严格隔离与保证不散毒的前提下，可进行治疗，以减少经济损失。

1. 西药治疗

(1)环境消毒　1%～2%氢氧化钠溶液、30%热草木灰水、1%～2%甲醛溶液等酸碱物质，对口蹄疫病毒有良好的杀灭作用，在环境消毒中可酌情选用。

(2)口腔处理　先用清水、食醋或0.1%高锰酸钾溶液冲洗，再用1%～2%明矾溶液、碘甘油(碘7克、碘化钾5克、酒精100

毫升，溶解后加入甘油10毫升）或龙胆紫涂于糜烂创面。

(3)蹄部处理　先用1%～2%来苏儿溶液或3%克辽林溶液洗涤，擦干后涂松馏油、鱼石脂软膏或青霉素软膏，再用绷带包扎。溃烂创面可用5%碘酊涂擦处理。

(4)乳房处理　先用2%～3%硼酸溶液或肥皂水清洗，再涂以抗生素软膏或氧化锌鱼肝油软膏。

(5)对症治疗　对于哺乳犊牛的出血性肠炎和心肌麻痹，可采用强心、补液、补糖和与抗肠炎治疗；对发热引起的食欲减退，可口服结晶樟脑5～8克，每日2次。

(6)病愈牛全血或血清疗法　犊牛可注射1～1.5毫升/千克体重。

2. 中药治疗　如果仅为口舌溃烂，全身症状不明显者，可仅做局部处理。如果全身症状明显，可参考中兽医学的心经积热与胃经积热等进行辨证施治。

(1)创面处理　对于糜烂创面，可撒布冰硼散，硼砂150克，冰片15克，芒硝18克，混合后共研为细末。

(2)心经积热　证见发热，尿色黄赤，脉洪数等。方用洗心散，天花粉、黄连、连翘、茯神、黄柏、栀子、桔梗、木通、牛蒡子、白芷各30克，共研为末，加蜂蜜60克，开水冲服。

(3)胃经积热　证见发热，齿龈肿胀，食欲不振或废绝，粪便干，喜饮水等。方用三黄败毒散加味，大黄、黄柏、黄芩、栀子、连翘、山豆根、射干、牛蒡子各30克，金银花45克，黄连40克，水煎灌服。或用贯仲15克，大黄、木通、桔梗、荆芥、连翘各12克，赤芍、天花粉、甘草、牡丹皮各10克，生地黄7克，共研为末，以蜂蜜150克为引，开水冲服。

三、牛海绵状脑病

牛海绵状脑病又称疯牛病，是以大脑灰质出现海绵状病变为主要特征的一种亚急性、渐进性、致死性神经系统变性。本病于1985年4月份首先发现于英国，并于1986年11月份定名为牛海绵状脑病。本病是一种人兽共患病，在全球呈蔓延趋势，且目前尚无有效的治疗方法，死亡率接近100%，一旦发生，所造成的直接和间接经济损失将无法估量。因此，本病是世界各国口岸动植物检疫部门重点防范传入的家畜传染病之一。

【病　原】 牛海绵状脑病的病原是一种无核酸的蛋白性侵染颗粒，目前将其命名为朊病毒或朊粒。它不同于一般的病毒、细菌、寄生虫等病原微生物，不含核酸，是一种新型致病因子。在病毒分类上将其归入亚病毒因子。朊病毒除了能引起牛海绵状脑病以外，还能引起人的库鲁病、克雅氏病、格-史氏综合征和致死性家族失眠病，以及动物中的绵羊痒病和貂传染性脑病等。

2%～5%次氯酸钠溶液或90%石炭酸溶液处理24小时，以及十二烷基硫酸钠、尿素、苯酚等蛋白质变性剂均能使朊病毒灭活，但氯仿和甲醇仅能使其感染性降低。朊病毒对紫外线、离子辐射、超声波、非离子型去污剂、蛋白酶等能使普通病毒灭活的理化因子具有较强的抗性。高温(134℃～138℃)下作用30分钟不能使朊病毒完全灭活，乙醇、甲醛、过氧化氢、酚等也不能使其灭活。37℃下8%甲醛溶液处理18小时或0.14%甲醛溶液处理3个月不能使其完全灭活，室温下在4%溶液中可存活28个月，病牛脑组织经常规40%甲醛溶液固定，不能使其完全灭活。动物组织中的病原，经过油脂提炼后仍有部分存活。病原在土壤中可存活3年。

致病因子无免疫原性，机体感染后不发热，不发生炎性反应，不产生免疫应答。1克牛海绵状脑病病牛的脑组织经口摄入即可引起牛发病，1克纯的朊病毒抽提物可使1 000万头牛感染发病。病牛体内的牛海绵状脑病病原因子，以脑、颈部脊髓、脊髓末端和视网膜等组织具有感染性，牛经口感染后6～18个月，回肠远端组织始终具有感染性，除此以外包括外周神经在内的40多种组织都无感染性。朊病毒主要分布在中枢神经系统，脾脏、淋巴结、肌肉和血液中较少，粪便和尿液几乎无感染性。

【流行病学特点】 目前普遍认为，本病流行的3个要素是存栏绵羊数量较大并有痒病流行或从国外进口了被痒病朊病毒污染的动物及动物产品；肉骨粉加工时未能灭活朊病毒；用反刍动物的肉骨粉喂牛。而造成本病大规模暴发的主要原因是由于牛食用了含有绵羊痒病朊病毒的肉骨粉所致。但亦有学者认为本病发生的原因与生活在干草中的螨虫有关，从螨虫上提取的化学物质注射小鼠后，小鼠可发生痒病。目前尚未发现本病在牛群内个体之间相互传染，其虽能经母源传播，但概率较低。有研究已证实，牛精液不会传染本病。

本病多见于4～6岁的牛，2岁以下罕见。调查表明，小牛感染本病的危险性是成年牛的30倍，且多于出生后1年内被感染。这可能与牛肠道生理功能和非特异性免疫随年龄增长而发生改变等因素有关。奶牛多发，可能与奶牛饲养时间比肉牛长，肉骨粉用量大有关。猫科动物（包括家猫、虎、豹、貂、狮等）和其他食肉动物亦有一定易感性。易感性与品种、性别、遗传等因素无关。

【症　状】 本病潜伏期为2～8年，平均4～5年。主要表现为神经症状和全身症状。前者较早出现，以行为异常、共济失调和感觉过敏为特征。多见病牛离群独处、焦虑不安、恐惧、狂暴或沉郁、精神恍惚、不自主地运动（如磨牙、肌肉抽搐、震颤和痉挛等），不愿通过水泥地面、拐弯、进入牛栏、过门或挤奶等。当有人靠近或追逼时常常出现攻击性行为，故又称疯牛病。共济失调以后肢运动失调为主，尤其是急转弯时明显。先是快速行走时步态异常，同侧前后肢同时起步，而后发展为行走时后躯摇晃、步幅短缩、转弯困难、易摔倒，甚至起立困难或不能站立而终日卧地。感觉过敏常表现为对触摸、光和声音的过度敏感。用手触摸或用钝器触压牛的颈部、肋部时，病牛会异常紧张、颤抖；轻碰后肢，会出现紧张的踢腿反应；听到金属器械敲击音，会出现震惊和颤抖反应；在黑暗中对突然出现的光亮会出现惊恐和颤抖。这是海绵状脑病病牛很重要的临床诊断特征。近半的病牛在挤奶时乱踢乱蹬。安静环境可使感觉过敏症状明显减轻，其他神经症状也可有所缓解。病牛最常见的全身症状是体重下降和产奶量减少，但绝大多数病牛食欲变化不明显。从最初出现症状到病牛死亡或急宰，病程可持续几周至 12 个月。

病理剖检变化不明显，肝脏等实质器官多无肉眼可见的异常变化。病理组织学变化主要局限于中枢神经系统，可见脑灰质呈空泡变性、神经元消失和胶质细胞肥大。由于神经细胞发生凋亡并形成空泡状结构，使有关信号传导发生紊乱，从而使动物表现出自主运动失调、恐惧、生物钟紊乱等神经症状。

【诊　断】 本病的诊断主要是根据临床症状、病理变化、脑电图以及免疫学检测等。病理组织学检查发现本病的特征性病变即可确诊。目前已建立的血清学检测方法有免疫印迹、组织印迹和酶联免疫吸附试验、免疫化法等。Oberdieck 等(1994)使用特异血清，以 Western 印迹检测朊病毒蛋白，在 24 小时内即可得出结果。最近还发展了尿样检测、骨髓测试、酶检测法、同位素测定、电镜检查等诊断牛海绵状脑病的新方法。

【防　治】 机体对海绵状脑病的感染不产生保护性的免疫应答反应，所以不能采用免疫接种的方法对牛海绵状脑病进行预防。牛海绵状脑病不属于烈性传染病，主要是通过消化道的感染而致病。所以，对其的预防主要是严禁从有牛海绵状脑病的国家或地区进口活牛及其产品或被污染的饲料，或从有绵羊痒病的国家或地区进口活羊及其产品或被污染的饲料。

为防止牛海绵状脑病传入我国，农业部要求严格执行禁止使用同种动物原性蛋白质饲料喂养动物的规定。对擅自经营和使用欧盟成员国家以及有牛海绵状脑病国家生产的动物性饲料产品、反刍动物饲料或有绵羊痒病国家的羊肉骨粉者，必须立即就地销毁产品并依法追究当事人责任。禁止个人和非主管企业对牛海绵状脑病进行研究（包括病原、用病原或病料做动物试验等）或引进相关生物性研究材料等。

1. 禁止从疫区进口动物饲料 禁止从欧盟国家等进口动物性饲料产品。规定将肉骨粉等动物性饲料作为法定检疫检验产品，凭农业部颁发的进口饲料《登记许可证》接受报检。凡不符合规定的或没有办理有关进口检疫审批手续的动物性饲料一律做退回处理。综合国际技术，我国已建立了3个国家级的牛海绵状脑病检测实验室，即农业部动物检疫所（青岛）、北京出入境检验检疫局和中国农业大学牛海绵状脑病检测实验室，专门用于对进口的牛源性制品及可疑动物组织进行严格的检测。

2. 加强对牛海绵状脑病的监测 指定农业部动物检疫所为全国牛海绵状脑病的检测中心。规定全国各地必须对本地区所有进口牛（包括胚胎）及其后代以及喂过进口反刍动物性饲料的牛进行全面的追踪调查，并把调查结果报国家畜牧兽医局。发现有类似牛海绵状脑病症状且经过鉴别排除其他疾病的牛时，应立即上报监测部门予以确诊。

3. 建立完善的健康记录档案 有关单位对进口牛（包括胚胎）及其后代均应建立完善的健康记录档案，以备检查。

四、布鲁氏菌病

布鲁氏菌病是由布鲁氏菌属细菌引起的一种以感染家畜为主的人兽共患传染病，其中以牛、羊、猪最常发生，多呈慢性经过，以母畜流产和公畜睾丸炎、腱鞘炎、关节炎为主要临床特征，以全身弥漫性网状内皮细胞增生和肉芽肿结节形成为主要病理特征。世界动物卫生组织将本病列为B类动物疫病，我国将其列为二类动物疫病。

【病 原】 布鲁氏菌分为牛、羊、猪、沙林鼠、绵羊和犬布鲁氏菌6种。我国发现的主要为前3种。布鲁氏菌为细小的短杆状或球杆状，不产生芽孢，革兰氏染色阴性。布鲁氏菌对热敏感，70℃下作用10分钟即可死亡，阳光直射1小时死亡，在腐败病料中迅速失去活力，一般常用消毒药都能很快将其杀死。

【流行病学特点】 人和多种动物对布鲁氏菌易感，自然病例主要见于牛、山羊、绵羊和猪。母畜比公畜多发，成年畜比幼年畜多发。在母畜中，第一次妊娠的母畜发病较多。带菌动物，尤其是病畜、流产胎儿、胎衣是其主要传染源，多经接触流产时的排出物及乳汁或交配而传播，也可通过损伤的皮肤、黏膜等感染。常呈地方性流行，新疫区常使大批妊娠母牛流产，老疫区流产减少，但关节炎、子宫内膜炎、胎衣不下、屡配不孕、睾丸炎等逐渐增多。人主要是通过皮肤、黏膜和呼吸道感染。

【症 状】 潜伏期为14～180天。妊娠母牛发生流产是其最主要的临床表现，并可继发胎衣不下和子宫内膜炎，从阴道流出污秽不洁、恶臭的红褐色分泌物，可持续2～3周；或者子宫蓄脓长期不愈，甚至因慢性子宫内膜炎而造成不孕。新发病的牛群流产较多，老疫区牛群发生流产的较少，但发生子宫内膜炎、乳房炎、关节炎、胎衣不下、久配不孕的较多。公牛常常发生睾丸炎、附睾炎或关节炎。

母牛的主要病理变化是生殖器官的炎性坏死，可见子宫绒毛膜间隙有污灰色或黄色无气味的胶样渗出物，或有坏死病灶，表面覆以黄色坏死物或污灰色脓液；胎膜因水肿而肥厚，呈胶样浸润，表面覆以纤维素和脓液。流产的胎儿以败血症变化为主，浆膜和黏膜有出血点和出血斑，皮下结缔组织发生浆液性、出血性炎症；可见脾脏与淋巴结肿大，肝脏中有坏死灶，肺部常见支气管肺炎。母牛流产之后常继发慢性子宫炎，子宫内膜充血、水肿，呈污红色，或见弥漫性红色斑纹、局灶性坏死或溃疡；输卵管肿大，或见卵巢囊肿；严重时乳腺可因间质性炎症而发生萎缩和硬化。公牛主要是化脓性坏死性睾丸炎或附睾炎，睾丸显著肿大，被膜与外浆膜层粘连，切面可见到坏死灶或化脓灶。可见阴茎红肿，黏膜上出现小而硬的结节。

【诊　断】 依据流行病学特点、临床症状与病理变化等，可对本病做出初步诊断，但确诊需要做血清学试验或细菌学分离。

1. 细菌学诊断

(1)显微镜检查　用流产胎衣、绒毛膜水肿液、肝脏、脾脏、淋巴结、胎儿胃内容物等组织制成抹片，用柯兹罗夫斯基染色法染色镜检，如果发现有红色球杆状小杆菌时，而其他菌为蓝色，即可确诊。

(2)分离培养　若为新鲜病料，可用胰蛋白胨琼脂斜面或血液琼脂斜面、肝汤琼脂斜面、3%甘油与0.5%葡萄糖肝汤琼脂斜面等培养基进行培养；若为陈旧病料，则需在培养基中加入0.000 5%龙胆紫进行培养。不论是新旧病料培养，均应同时培养2份，一份在普通条件下培养，另一份在含有5%～10%二氧化碳的环境中，37℃培养7～10天。然后进行菌落特征检查和单价特异性抗血清凝集试验，即可确诊布鲁氏菌病。

(3)动物试验　如病料被污染或含菌极少时，可先将病料用生理盐水做5～10倍稀释，然后于健康豚鼠腹腔注射0.1～0.3毫升。如果病料已发生腐败，可采用豚鼠的股内侧皮下接种的方法进行复壮，4～8周后再将豚鼠扑杀，从其肝脏、脾脏中分离培养布鲁氏菌。

2. 血清学试验　初筛试验可选择虎红平板凝集试验或全乳环状试验。

正式试验可选择动物布鲁氏菌病试管凝集试验或动物布鲁氏菌病补体结合试验。

3. 结果判定　初筛试验出现阳性反应，并有相应的流行病学史和临床症状或分离出布鲁氏菌者，判为布鲁氏菌病病牛。血清学正式试验中试管凝集试验呈阳性或补体结合试验呈阳性，可判定为布鲁氏菌病病牛，判定时应注意排除其他疑似疾病和菌苗接种引起的血清学反应。

【预　防】　对布鲁氏菌病的预防，在非疫区主要以监测为主，而在稳定控制区，则以监测净化为主。在控制区和疫区，则实行监测、扑杀和免疫相结合的综合防治措施。

1. 监测　采用流行病学调查和血清学方法，结合细菌分离等，划分免疫地区与非免疫地区，对牛、羊、猪、鹿等易感动物进行监测，并按要求使用和填写监测结果报告及时上报。在免疫地区，要求对新生动物、未免疫动物、免疫 18 个月或口服免疫 1 年以上的动物（猪口服免疫 6 个月）开始进行监测，每年至少进行 1 次。牧区每县抽检 500 头（只）以上，农区和半农半牧区抽检 200 头（只）以上，交通不便的边远地区抽检 3 个乡 9 个村 50%的牲畜进行血清学监测；在非免疫地区，奶牛、奶山羊和种畜每年必须进行 2 次血清学监测，其他家畜每年至少进行 1 次。达到控制标准的牧区县要求抽检 1 000 头（只）以上，农区和半农半牧区抽检 500 头（只）以上；达到稳定控制标准的牧区县要求抽检 500 头（只）以上，农区和半农半牧区抽检 200 头（只）以上；成年猪、羊在 5 月龄以上，牛在 8 月龄以上，妊娠动物则在第一胎产后 0.5～1 个月，进行监测；对免疫接种过的动物，在接种后 18 个月（猪接种后 6 个月）进行监测。发现疑似病牛，须隔离复检。隔离牛舍应处在距健康牛舍 50 米以外的下风口。

2. 免疫接种　根据当地疫情流行情况，将牛、羊、猪、鹿等易感动物确定为重点免疫对象。疫区内易感动物可选用猪 2 号布鲁氏菌苗、羊 5 号布鲁氏菌苗、牛 19 号布鲁氏菌苗或经农业部批准生产的其他菌苗进行免疫。牛、羊首免后每 2 年再免疫 1 次。猪首免后3个月加强免疫1次，以后每年免疫1次。或按疫苗产品说明要求的时间进行接种。种用、乳用动物的免疫按国家有关规定执行。异地引种，动物必须来自于非疫区。动物调出前，须经当地动物防疫监督机构检疫合格，并出具检疫证明后，方可起运。动物调入后，首先要隔离饲养30天，经当地动物防疫监督机构确认健康后，方可混养。

3. 饲养管理 因布鲁氏菌可经人的健康皮肤进入人体而使人感染，所以兽医人员必须做好自身防护。每年要对饲养场工作人员定期进行健康检查，发现有患布鲁氏菌病的应及时调离岗位，并隔离治疗。饲养场生产区应与生活区隔离，奶牛场内禁止饲养猫、狗、猪、鸡、鸭等动物，并禁止其他动物出入。消灭鼠、蝇等传播媒介。工作人员的工作服、用具要保持清洁，不得带出场。

4. 防疫监督 动物防疫监督机构要对辖区内奶牛场、种牛场登记造册，并建立档案。监测合格后可向奶牛场或种牛场发放《动物防疫合格证》或通过年度审验。鲜奶收购站(点)必须收购有《动物防疫合格证》奶牛场(户)的鲜奶。

5. 消毒 分为临时消毒、定期消毒与经常性消毒3种情况。前两者采用前述规定方法进行，临时消毒是在奶牛群中检出并剔除布鲁氏菌病病牛后，对牛舍、用具和运动场等进行的紧急消毒；定期消毒则是养牛场每年应进行2～4次大消毒。饲养场及牛舍出入口处，应设置消毒池，内置3%～5%来苏儿溶液或20%石灰乳等有效消毒剂，且消毒药要定期更换，以保证一定的药效；牛舍内的一切用具应定期消毒；产房每周要进行1次大消毒；分娩室在临产牛生产前后各进行1次消毒。

【治 疗】 病牛价值不大者，以淘汰为宜，或高温处理后利用；若病牛数量多，价值又高，可在隔离条件下适当治疗。

1. 西药治疗 若发生流产，或伴发子宫内膜炎和胎衣不下的病牛，可于300毫升蒸馏水中加1克金霉素粉或2克土霉素粉，进行子宫灌注，隔日1次，直至分泌物清亮透明为止；或剥离胎衣后，用0.1%高锰酸钾溶液洗涤阴道和子宫，严重病例可用抗生素和磺胺类药物进行治疗。

2. 中药治疗

(1)加味生化汤 当归60克，党参、益母草各30克，川芎、桃仁各20克，炮姜、炙甘草各15克，以黄酒120毫升为引，研末冲服。

(2)参灵汤 党参、当归各60克，五灵脂、生蒲黄、川芎、益母草各30克，共研为细末，同调灌服。

(3)益母散 益母草30克，黄芩18克，川芎、当归、熟地黄、白术、金银花、连翘、白芍各15克，共研为细末，开水冲调，候温灌服。

五、炭 疽

炭疽是指由炭疽芽孢杆菌引起的一种人兽共患急性、热性、败血性传染病。临床上以高热、黏膜发绀、天然孔出血、血液凝固不良，或于体表出现局灶性炎性肿胀(炭疽痈)，病理剖检脾脏显著肿大，皮下和浆膜下结缔组织出血性胶样浸润等为特征。

【病 原】 炭疽杆菌是革兰氏阳性大杆菌，为需氧菌或兼性需氧菌，长3～8微米，宽1～5微米。体内的菌体无芽孢，但在体外与空气接触后很快形成芽孢。在血液中单个或成对存在，少数呈3～5个菌体组成的短链，菌体两端平直，有明显的荚膜。在培养物中菌体呈钉带状的长链，但不易形成荚膜。在普通琼脂平板上生长成灰白色、不透明、扁平、表面粗糙的菌落。边缘不整齐，低倍镜检查时呈卷发状。自病畜分离的有毒炭疽杆菌在50%血清琼脂上，在含有65%～70%二氧化碳的空气下培养时可生长成带荚膜的细菌菌落。炭疽杆菌具有缓慢发酵水杨苷和液化明胶，使石蕊牛乳凝固、褪色并胨化，以及缓慢地使美蓝还原等性质。炭疽杆菌对外界理化因素的抵抗力不强，但其芽孢的抵抗力很强，可在干燥的高氮碱性土壤中存活数十年。在多雨潮湿的环境中，当温度高于15℃时，芽孢即可发芽增殖；而干燥时，生长的炭疽杆菌又可形成芽孢。因此，病畜的排出物或病死动物的组织可造成土壤等长期污染，致使本病不断发生。

炭疽杆菌对青霉素敏感，但其芽孢的抵抗力却特别强。100℃ 2小时能杀死其全部芽孢。乙醇对芽孢无杀灭作用。3%～5%石炭酸溶液作用1～3天、3%～5%来苏儿溶液作用12～24小时、4%碘酊作用2小时、0.8%甲醛溶液、0.1%升汞溶液作用20分钟、0.1%升汞溶液加入0.5%盐酸作用1～5分钟，可杀死炭疽杆菌芽孢。据报道，20%漂白粉溶液或10%氢氧化钠溶液对炭疽杆菌芽孢有显著的杀灭作用。

【流行病学特点】 各种家畜与人均可感染，但牛、马、绵羊的易感性最强，山羊、水牛、骆驼和鹿次之，猪最低。本病主要通过消化道、皮肤和呼吸道感染，其侵入门户主要是咽、扁桃体、肺脏和皮肤。患病动物的分泌物、排泄物和尸体都可作为传染来源。疫区动物的副产品如皮革、屠宰场的下脚料、骨粉等常带有炭疽杆菌或芽孢，当动物和人与这些物品接触时，就有感染的危险。本病多为散发，常发生于夏季，多见于在被污染的土地上放牧，牛食入芽孢并在体内形成增殖体，口腔黏膜和消化道黏膜的损伤可形成局部炭疽肿，随后炭疽杆菌进入淋巴管，最终导致菌血症；局部炭疽也可能发生在皮肤伤口。

【症　状】 牛炭疽病的潜伏期很短，一般只有1～3天。多呈急性经过，发病时体温可达40℃～42℃，精神委顿、拒食、呼吸困难、排含血粪便、腹痛起伏不安、回头顾腹，在1～2天内即告死亡。死亡牛尸体尸僵不全，口、鼻、直肠和阴道等天然孔流血，血色污黑，凝固不完全；全身淋巴结出血、水肿，各脏器黏膜与浆液下出血，皮下发生出血性胶样物浸润；脾脏急剧肿大，多为正常的3～5倍；脾髓如泥状，呈污黑色或沥青样。

【诊　断】 无论何时，只要出现相关症状和天然孔出血凝固不完全，即可怀疑为炭疽。本病确诊需要进行细菌培养、动物接种和血清学检查等方法，应由专业兽医人员在专门的实验室里进行。在排除炭疽以前，禁止尸体剖检。当鉴别诊断中认为有可能是炭疽时，如确实需要剖检，应戴手套、口罩，穿着工作服。

当尸体新鲜时，可从颈静脉、乳房静脉或耳静脉收集血液进行细胞学检查或细菌培养。尸体腐烂或超过 12 小时梭状芽孢杆菌会大量增殖，造成细菌学诊断的混淆。最急性炭疽感染可致牛突然死亡，注意与致死性内出血、臌气或代谢性疾病等原因引起的突然死亡相鉴别。牛急性炭疽死亡时天然孔流出暗红色的血样液体，注意与后腔静脉血栓形成出血性皱胃溃疡、砷中毒或最急性沙门氏菌病造成的死亡相鉴别。牛伤口处的局部炭疽较少见，且很难诊断，要特别留意。牛场或地区性的炭疽病史可增强最急性和急性病例的怀疑程度。

1. 细菌学检查

(1)涂片镜检　取病死牛心血、肝脏、脾脏或淋巴组织等涂片，美蓝染色后镜检可见大量密集、少数单在的 4～9 微米长，1.5 微米宽，革兰氏染色阳性，两端直切或稍凹陷的短链带荚膜大杆菌，部分菌体有荚膜但不清楚。

(2)分离培养　取肝脏、脾脏、淋巴结等组织，分别接种于普通琼脂平板与血琼脂平板上，37℃培养 24 小时。前者长出旺盛的灰白色、扁平状粗糙不透明、边缘不整的大菌落，低倍镜下观察，菌落周边呈明显的卷发状；培养 48 小时后，菌落中间凹陷，边缘凸起。后者的菌落与前者相同，但不溶血。取少量菌落涂片，美蓝染色镜检，可见有多个互相连接着的杆菌，其多数两端凹陷，呈竹节状，中央有椭圆形芽孢，无荚膜，革兰氏染色阳性。

(3)生化试验　于微量糖发酵管内，37℃培养 24 小时，葡萄糖、蔗糖、麦芽糖、木糖、阿拉伯糖、甘露醇产酸不产气，颜色变黄；

乳糖、鼠李糖、硫化氢阴性，不变色。

(4)**串珠试验** 取12小时肉汤培养物，滴于青霉素琼脂平板(0.5单位/毫升)，涂布均匀，37℃孵育2小时，加盖玻片，于低倍镜下观察，呈典型的串珠状；或取分离培养的菌落，接种于青霉素琼脂平板(0.2单位/毫升)上，37℃培养6小时，再取接种点上的细菌涂片，美蓝染色镜检，可见到多量大而圆，且排列整齐的串珠状菌链与散在性菌体。

2. 血清学反应 取肝脏、脾脏组织各1克，制成沉淀原后作炭疽沉淀反应，结果为阳性。4个对照组的结果分别为：标准沉淀素加标准沉淀原，呈阳性；健康奶牛血清加标准沉淀原，呈阴性；标准沉淀素加灭菌注射用水，呈阴性；灭菌用水加自备沉淀原，呈阴性。

3. 动物接种试验 取病死牛淋巴结、肝脏组织适量，制成1∶10乳剂，皮下接种于4只体重为15克左右的小白鼠，每只0.2毫升，接种后21～27小时全部死亡，从其心血、皮下浸润液和脾脏抹片中均能回收到炭疽杆菌。

4. 明胶穿刺 经穿刺培养(37℃、48小时)沿穿刺线呈倒置枝状生长。表面轻度液化，72小时后表面液化呈漏斗状。

5. 运动力检查 用悬滴法和半固体培养基法检查，无运动性。

【预　防】 非疫区(即安全区)应加强牛群检疫工作，严防引进外来病牛。每年春、秋两季必须定期给牛只接种1次炭疽芽孢苗。发生炭疽的牛场，要立即实行隔离封锁。病死牛尸体严禁剖检，应立即焚毁或深埋，更严禁食用。对污染的场地要用杀菌消毒药液彻底消毒，焚毁污染的垫草、饲料及其他杂物等。在最后一头病牛死亡或治愈后15天，再未发现新病牛时，经彻底消毒杀菌后，才可以解除封锁。

【治　疗】 发现病牛应尽快隔离治疗。大剂量的青霉素或四环素对早期病例和较少见的局部炭疽是有效的，配合使用抗炭疽血清静脉注射效果更好；但急性和最急性病例，多因病牛很快死亡而无法治疗。

1. 西药治疗

(1)血清疗法　抗炭疽血清，成年牛每次100～300毫升，犊牛30～60毫升，皮下或静脉注射，必要时12小时后再注射1次。用同种动物血清最好。

(2)抗生素疗法　青霉素250万～400万单位，肌内注射，每日3～4次，连用3天；也可用四环素、金霉素、土霉素、链霉素或氯霉素。

(3)磺胺类药物疗法　磺胺嘧啶钠注射液，每天0.05～0.1克/千克体重，分3次肌内注射，首次用量加倍。

另外，皮肤炭疽痈的治疗可在其周围分点注射抗生素，并在局部热敷，或用石炭酸棉纱布包扎。

2. 中药治疗　在配合西药治疗的同时，对急性或亚急性病牛可参考营热证、血热妄行证与气血两燔证等进行辨证施治。

(1)营热证　证见高热不退，精神沉郁，躁动不安，呼吸喘粗，舌红绛，斑疹隐隐，脉细数。治宜清营解毒，透热养阴，方用清营汤，水牛角、生地黄、玄参、金银花各60克，连翘、黄连、丹参、麦门冬各45克，竹叶心30克，水煎服。

(2)血热妄行证　证见身热，神昏，尿血，便血，口色深绛，脉数。治宜清热解毒，凉血散瘀，方用犀角地黄汤，犀角90克，生地黄150克，芍药60克，牡丹皮45克，水煎服。

(3)气血两燔证　证见身大热，狂躁不安，喜饮，鼻出血，便血，黏膜皮肤可见疽痈，舌红绛，苔焦黄带刺，脉洪大而数或沉数。治宜清热解毒，凉血养阴，方用清瘟败毒饮，石膏120克，水牛角(研细末用药液冲服)60克，生地黄、赤芍、栀子、牡丹皮、黄芩、玄参、知母、竹叶各30克，连翘、桔梗各25克，黄连20克，甘草10克，水煎服。或用藏药五鹏丸，诃子35克，木香20克，石菖蒲27克，乌头15克，麝香2克，研为细末，小牛用6～7克，大牛用10～15克，加入250～500毫升温开水中搅匀灌服，早、晚各1次，连用2天。

六、巴氏杆菌病

巴氏杆菌病是指由多杀性巴氏杆菌或溶血性巴氏杆菌引起的以败血症和组织器官炎性出血为主要特征的一种急性传染病。病牛常发生头颈、咽喉和胸部炎性水肿，故民间也将本病称为“牛肿脖子”、“牛响脖子”、“锁口癀”等。本病多发生于产奶牛群，尤其是新产奶牛、体况较差或产后虚弱的奶牛，发病率和死亡率较高。

【病　原】 巴氏杆菌属细菌已报道有20多种，多杀性巴氏杆菌是其中最重要的畜禽致病菌。多杀性巴氏杆菌是一种细小、两端钝圆的球状短杆菌，长0.6～2.5微米，宽0.25～0.6微米，多散在、不运动、不形成芽孢，革兰氏染色阴性。碱性美蓝染色镜检，呈两极浓染，故又称两极杆菌，这一点具有诊断意义。本菌在血琼脂上生长良好，生成灰白色、湿润而黏稠的菌落，不溶血；在普通琼脂上形成细小透明的露珠状菌落；在普通肉汤中培养，初期均匀混浊，以后形成黏性沉淀和菲薄的附壁菌膜；明胶穿刺培养，沿穿刺孔呈线状生长，上粗下细。根据荚膜抗原和菌体抗原区分血清型，前者有6个型，后者分为16个型。本菌抵抗力弱，阳光直射下数分钟死亡，在干燥空气中仅存活2～3天，高温下立即死亡，60℃10分钟即可将其杀死；在血液、排泄物或分泌物中可生存6～10天，但在腐败尸体中可存活1～6个月。一般消毒液均能将其杀死，3%石炭酸溶液和0.1%升汞溶液在1分钟内、10%石灰乳及常用的甲醛溶液在3～4分钟内可使之死亡。其对磺胺类药物、土霉素等药物敏感。

溶血性巴氏杆菌的形态、培养方法和抵抗力与多杀性巴氏杆菌基本相似，但在血液琼脂上新分离菌菌落产生β溶血，连续继代培养后，溶血性减弱或消失，在羔羊血液琼脂上可生成双溶血环。

根据生化反应和致病性的不同，可分为A和T两个生物型；按其可溶性荚膜抗原(K抗原)用间接红细胞凝集试验分为12个血清型，其中3型、4型、10型属于T生物型，其余各型均属于A生物型，牛仅见1型。

【流行病学特点】 本菌可使鸡、鸭等发生禽霍乱，使猪发生猪肺疫，使牛、羊、兔、马以及许多野生动物发生败血症，其病型、宿主特异性、致病性、免疫性等，都与血清型有关。本病主要经消化道感染，其次通过飞沫经呼吸道感染，亦可经皮肤伤口或蚊、蝇叮咬而感染。本菌为条件性病原菌，常存在于健康动物的呼吸道，与动物呈共栖状态。当牛感受风寒、过度疲劳、饥饿或饮用不洁水料等时，致使机体抵抗力降低，本菌可乘虚侵入体内，经淋巴液入血液引起败血症。本病可常年发生，但多见于秋末、春初气候突变或温度剧变之时，常呈散发性或地方流行性发生。本病多见于3岁以下的牛，多数为急性经过，来不及治疗即死亡，尤其是犊牛的病死率较高。

【症　状】 本病的潜伏期一般为2～5天，根据临床特征，可将其分为败血型、水肿型和肺炎型3种。一般情况下，前两者较多见，后者发生较少。病程通常为5～7天，部分病例转为慢性，治愈病例很少复发。

【诊　断】 根据流行特点、临床症状和病理变化可对巴氏杆菌病做出初步诊断。

1. 临床诊断

(1)败血型　病牛体温升高，达41.3℃～42.5℃，精神沉郁，被毛粗乱，鼻镜干燥，结膜潮红。食欲不振，反刍减少或停止，腹痛下痢，粪便呈糊状，后变为水样，较臭，混有黏液、血液。病牛四肢肌肉震颤，呻吟，有时空嚼，听诊心跳加快，心音区扩大，肺泡呼吸音粗厉。病程多为5～7天。有时鼻孔有血，常来不及查清病因和治疗，病牛就已死亡。剖检以多发性出血及咽喉部水肿为特征。

病牛皮下组织和肌肉有出血点,肺脏和胸腔表面有黄红色积液或大量纤维素性渗出物,表面粗糙;肺小叶间结缔组织增宽,肺脏出血,呈不同时期的肝变;气管弥漫性出血,气管内有带血的泡沫状液体;心包膜表面有纤维素性渗出物,心包腔内有少量液体,有时心包膜与胸腔粘连;心脏内膜出血,表面有纤维素性渗出物;肝脏肿大,边缘钝圆;脾脏有小出血点;肾脏肿大出血;皱胃黏膜、小肠黏膜出血。

(2)肺炎型　以胸膜肺炎症状为主要特征。病牛呼吸困难,干咳,鼻孔流出红色泡沫性、脓性液体,严重者伸头引颈,张口呼吸。听诊有支气管呼吸音,心跳加快,心音区扩大。叩诊胸部疼痛,躲闪。粪便初期呈糊状.后期变为水样,其中夹杂有血液和黏液。病程较长,可达 15～20 天。剖检以纤维素性肺炎与浆液性纤维素性胸膜炎为特征。胸腔内有大量的浆液性、纤维素性渗出物。肺脏和胸腔表面粗糙,有时发生粘连。肺脏呈现不同时期的肝变,切面呈大理石状,肺小叶间组织变宽。肺组织坏死,有化脓灶。肺门淋巴结肿大出血。气管出血,喉头有出血点和胶冻样浸润。心脏内外膜出血,表面有纤维素性渗出物。皱胃黏膜、肠道黏膜出血、坏死。肝脏和肾脏肿大、出血。

(3)水肿型　除具有以上症状外,最明显的症状是病牛头颈、咽喉等部位发生炎性水肿,也可蔓延至前胸、舌及周围组织。呼吸极度困难,卧地不起,常因此而窒息死亡。局部敏感,触摸时躲闪,初期红、肿、热、痛比较明显,以后变凉,痛苦减轻,口腔、舌、咽喉伴发炎性出血点,局部肿胀。当喉炎发生后,病牛呼吸困难,鼻孔有大量分泌物,流涎,磨牙,流泪,出现急性结膜炎,黏膜点状出血。体温升高达 41℃左右,食欲、反刍、泌乳均减少或停止,有时奶牛四肢交替出现水肿。

2. 实验室诊断

(1)染色镜检　选取水肿组织、肝脏、心脏制作触片,瑞氏染色镜检可见少量两极着色的球状杆菌，看起来很像两个并列的球菌。触片中的细菌数量较少。

(2)细菌培养　无菌选取肺门淋巴结、水肿组织、肝脏、脾脏或心血，接种于普通营养琼脂、血液琼脂和营养肉汤中，37℃培养24～48小时。普通营养琼脂培养基上生长不良，菌落呈细小的针尖状，灰白色，不透明；血液琼脂培养基上生长较好，菌落呈灰白色、闪光的露珠状，边缘整齐，表面光滑；在营养肉汤中生长不良，1～2天后肉汤浑浊，4～6天后肉汤变清亮，表面形成菌环，底部形成黏稠沉淀。革兰氏染色呈阴性球状菌，两端钝圆。

(3)生化反应　本菌可分解葡萄糖、果糖、蔗糖、甘露糖和半乳糖，产酸不产气；不发酵乳糖、鼠李糖、杨苷、山梨醇；靛基质、氧化酶、硫化氢试验阳性，V-P、M. R试验阴性，不液化明胶。

(4)动物接种　试验取0.2～0.5毫升1∶10病料乳剂或24小时营养肉汤培养物，皮下或肌内注射于小白鼠或家兔体内，经24～48小时死亡，剖检观察病理变化，并进行细菌学检查。若要鉴定荚膜抗原和菌体抗原型，则要用抗血清或单克隆抗体进行血清学试验。检测动物血清中的抗体，可用试管凝集试验、间接凝集试验、琼脂扩散试验或酶联免疫吸附试验。

【预　防】对发病牛群采取严格的消毒、隔离措施，立即进行治疗；对假定健康牛，立即采用牛出血性败血症氢氧化铝疫苗进行紧急免疫接种；对病死动物进行无害化处理。加强饲养管理，增强抵抗力，搞好牛舍卫生，合理使役，注意气温变化，防止牛突然受寒受热，是预防本病的有效方法。曾经发病地区，每年春季防疫时，采用出血性败血症氢氧化铝甲醛苗对所有易感动物进行预防接种，每头牛5毫升，肌内注射，可获得9个月的免疫力。

【治　疗】

1. 西药治疗

(1)抗感染　最好在药敏试验的基础上，用抗生素和磺胺类药物治疗，并给予解热、强心等对症治疗，重症者还应进行补液等。可选用氧氟沙星3.5～4克、地塞米松25～50毫克、25%葡萄糖注射液1000毫升，每日1次，静脉注射，连用5～7天，同时肌内注射安乃近注射液40毫升、牛羊康泰50～60毫升，每日2次，连用5～7天。或用10%磺胺嘧啶钠注射液150～200毫升，维生素C 40～60毫升，静脉注射，每日2次，连用3天。重症者可同时肌内注射青霉素800万单位，每日2次，连用3天。

(2)*支持疗法* 病情较重、体质较差的病牛，可采用5%碳酸氢钠注射液500毫升、25%葡萄糖注射液500～1500毫升、复方氯化钠注射液50毫升、10%氯化钠注射液500毫升、钙磷镁注射液500毫升、氧氟沙星3.5～4克、地塞米松25～50毫克、维生素C 50毫升、三磷酸腺苷20～25毫升静脉注射，每日1次，连用5～7天。为制止渗出，可酌情肌内注射呋塞米40～50毫升、阿托品5～10毫升。食欲不佳者，可灌服反刍健胃散200～300克，每日1次。

(3)*手术疗法* 水肿型晚期病牛往往因窒息导致死亡，故在上述药物治疗的同时，可以采取气管切开术，插入气导管，缓解病牛的呼吸困难，以提高治疗效果。

2. 中药治疗 可参考卫气营血辨证之热入营血或其并证等进行治疗。

(1)*营热证* 证见高热不退，躁动不安，呼吸喘粗，舌红绛，斑疹隐隐，脉细数。方用清营汤，水牛角、生地黄、金银花、玄参各60克，连翘、丹参、麦门冬各45克，竹叶心、黄连各30克，水煎服。

(2)*血热妄行证* 证见身热，神昏，黏膜、皮肤发斑，便血，口色深绛，脉数。方用犀角地黄汤，犀角90克，生地黄150克，赤芍60克，牡丹皮45克，水煎服。

(3)*气血两燔证* 证见身大热，狂躁不安，喜饮，鼻出血，便血，黏膜、皮肤发斑，舌红绛，苔焦黄带刺，脉洪大而数或沉数。方用清瘟败毒饮，石膏120克，水牛角60克，生地黄、栀子、牡丹皮、黄芩、赤芍、玄参、知母、竹叶各30克，连翘、桔梗各30克，黄连20克，甘草10克，水煎服。

(4)血热伤阴　证见低热绵绵，倦怠喜卧，口干舌燥，色红无苔，尿赤，粪干，脉细数无力。方用青蒿鳖甲汤，鳖甲90克，生地黄、牡丹皮各60克，青蒿、知母各45克，水煎服。

(5)肺脾两虚　证见久咳不止，咳喘无力，草料迟细，肚腹虚胀，粪便稀薄，甚则胸腹下水肿，口色淡白，脉细弱。方用参苓白术散或六君子汤加减，党参、茯苓、炒白术、陈皮、半夏、山药、炙甘草各45克，扁豆60克，莲肉、砂仁、薏苡仁各30克，水煎服。

3. 针刺疗法　对上下颌及咽喉部肿胀严重的病牛，可用5%碘酊消毒后，用三棱针乱刺舌根背部或其他肿胀处，使渗出液由针孔中流出或挤出，再用西瓜霜(人用)和喉炎王两种粉剂喷喉，以尽快消除水肿而防止窒息死亡。同时，用中草药射干根60克，捣烂取汁加酒，冲水内服，药渣抹擦肿胀处；或用四块瓦(土细辛)、大黄、白头翁、山豆根各150克，连翘、栀子、金银花各200克，水煎去渣，灌服，早、晚各1次，连用3天。

七、牛流行热

牛流行热又称三日热或暂时热，是由牛流行热病毒引起的一种急性、热性传染病。本病以传播迅速，发病率极高，但死亡率较低，护理好一般经2～3天便可恢复为特征。不同品种、年龄、性别的牛均会感染，但以奶牛最为易感，尤其是3～5岁的壮年奶牛最易感染发病。对奶牛尤其是高产奶牛的产奶量有明显影响，部分病牛常因呼吸困难而死亡或因瘫痪而遭淘汰，妊娠母牛常发生流产或早产，从而给奶牛业带来相当大的经济损失。

【病　原】　牛流行热病毒是一种弹状病毒，其病毒形态似棒状或子弹状，大小为130～380纳米×70纳米，内含连续线型单链

RNA，外层具脂蛋白包膜，膜上有糖蛋白凸起。是一种虫媒病毒，主要通过吸血昆虫中的库蚊进行传播，因此牛流行热主要发生在夏、秋两季，在我国南方地区较为严重，并呈现由南向北流行的趋势。

【流行病学】 牛流行热主要侵害奶牛和役用黄牛，水牛较少发病，以1～8岁牛多发，尤以3～5岁的牛发病率高，老龄牛和犊牛较少发病。其传播不受山川河流等自然屏障的影响，可呈现跳跃式蔓延。其发生具有明显的季节性，但当传播昆虫密度大，气候突然高温高湿，环境突然改变以及奶牛抗体水平低下时，也有暴发本病的可能。本病有一定的规律性，每隔3～4年或6～7年就大流行1次。由于吸血昆虫传播，加上气候突变与恶化，每年也有零星散发，尤其是自主免疫力低下的牛只，更易发病。

【临床症状】 牛流行热的潜伏期为2～11天，病程为3～4天，多数病例为良性经过。病牛突然出现高热，恶寒战栗，体温达39.5℃～42.5℃，畏光流泪，眼结膜充血，眼睑水肿；呼吸困难，咽喉区疼痛，鼻镜干燥，流水样鼻液，口角流涎，呈泡沫样；食欲先减弱后废绝，反刍减少，瘤胃蠕动减弱甚至停止，大便干少或腹泻；或因四肢关节水肿、僵硬、疼痛而引起跛行，最后因站立困难而卧倒。妊娠母牛可发生流产、产死胎，泌乳量大幅度下降或停止。少数严重者可于1～3天死亡，但病死率一般不超过1%。由于病毒侵害呼吸器官和运动神经等的不同，而使其临床症状呈多样性，分为呼吸型、神经型、消化型等。

1. 呼吸型 以呼吸加快为主要特征。初期呼吸促迫而快，达100～130次/分以上，呈吸气性困难。发展迅速者，发病数小时后即出现张口伸舌，喘息明显，如同拉风箱，远近可闻；不停呻吟，口吐白色泡沫状涎液，唇舌发蓝，结膜暗红，眼球凸起，不眨眼，站立不动；或见狂躁不安，受扰易惊。或因肺气肿，肺纵膈破裂，气体蔓延到肩背部，导致皮下气肿，病牛最终死于窒息。胸型病牛听诊，心悸动，音亢进，第二心音增强高朗，有杂音；肺界听诊有破裂音，下界肺区有支气管音，个别有湿性啰音；肠音低沉，胃蠕动 0～1 次/分，个别病牛继发急性心肌炎，因心力衰竭致死。

2. 神经型　主要是由于病毒通过血脑屏障侵害中枢神经，引起脑脊髓炎与脑水肿综合征表现，如兴奋不安、倒地痉挛、狂躁易惊或昏迷不醒、卧地呈瘫软状。个别病例后期继发咽喉麻痹、肺炎和病毒血症，最终导致死亡或淘汰。

3. 消化型　以消化道功能障碍为主要特征。表现为先便秘后腹泻，便带黏液。若发生严重肠炎，则里急后重，腹痛努责，剧烈腹泻，目光无神，双眼流泪，或排暗黑色便或血便，久泻不止，肛门松弛，食欲废绝，卧地不起。严重脱水者，很快死亡。

4. 瘫痪型　多见于病后 2～3 天，病牛卧多立少，站立不稳，站立时肌肉抖动，卧地不能站立；体温不高，精神、食欲、反刍及大小便基本正常。轻者卧地 2～3 天后可自行站立，重者卧地20～30天，预后多不良。长期卧地不起后，绝大多数病牛继发肺炎或臌胀，产奶量明显下降，久治无效者，只能淘汰。

【病理变化】　扑杀的急性病牛，仅见淋巴结有不同程度的肿胀。急性死亡的牛，可见明显的肺间质气肿，或可见有肺充血、肺水肿。其肺高度膨隆，间质增宽，内含气泡，压迫时呈捻发音。气管内充盈大量的泡沫状黏液，淋巴结充血、肿胀及出血，舌、骨骼肌、心内膜、心外膜及膀胱出血，皱胃、小肠和盲肠有卡他性和出血性炎症。有的病牛由于肺气肿引起肺泡壁破裂，故在背、腰、肩和四肢等部位出现皮下气肿。皱胃、小肠偶见卡他性炎症或渗出性出血。

【诊　断】　根据流行病学特点、临床症状和发病史等情况可以对本病做出初步诊断，但确诊需要通过实验室检验，并注意与呼吸型牛传染性鼻气管炎、牛副流感、类蓝舌病等的鉴别诊断。

1. 临床血液学检验　高热初期，病牛的白细胞有明显变化，尤其是嗜中性粒细胞幼稚型核细胞异常增多。而到高热期，血浆纤维蛋白的含量超出正常值的1～3倍。

2. 病毒分离鉴定 首先，将高热期的脱纤或抗凝血液脑内接种于1～3日龄乳鼠，并传代。其次，用脱纤血或传代发病乳鼠的脑悬液接种于BHK21细胞单层，进行传代培养。最后，病毒增殖出现致细胞病变效应(CPE)后，用特异性血清做中和试验，鉴定分离的病毒。

3. 血清学检验 采集急性期和恢复期病牛的血清，进行微量血清中和试验、补体结合试验、间接免疫荧光试验和间接酶联免疫吸附试验，是牛流行热血清学检验比较敏感的方法，各实验室可根据设备条件、技术力量及试剂供应情况加以选择。

4. 鉴别诊断

(1)与呼吸型牛传染性鼻气管炎的鉴别 该病多发于寒冷季节，以鼻气管炎症状为主，鼻黏膜充血，有脓疱形成，剖检时在鼻和气管内有纤维素性渗出物，可见喉头水肿。而牛流行热则以肺气肿为特征。

(2)与恶性卡他热的鉴别 恶性卡他热散在发生，以眼球炎为主要症状，病死率较高。

(3)与牛副流感的鉴别 该病多发于冬春季节，除呼吸道症状外，还可见乳房炎，但无跛行，肺部病灶细胞内可见胞浆包涵体和合胞体形成。

(4)与茨城病的鉴别 茨城病目前见于日本，我国尚未发现。该病除发热、流泪、呼吸困难外，重要的表现是舌、咽、食管麻痹，引起大量流涎，饮食障碍和舌脱出。

另外，牛感染腺病毒、牛呼吸道合胞体病毒、牛鼻病毒等后，也可出现发热、鼻炎、气管炎、支气管炎、肺炎等症状，应注意鉴别。

【预　防】 搞好免疫接种，每年春、夏季对奶牛进行流行热疫苗预防注射，免疫密度不少于95%～98%。有条件的牛场，可考虑犊牛转群前注苗。为防止免疫失败，可实行双针注射，以强化免疫。消灭传播媒介，做好杀虫、消毒、灭虱、灭蚊、灭蝇等工作，消除传播媒介，确保安全。做好疫情控制，一旦发现疫情，首先对局部地区进行封锁、隔离，并对环境进行消毒。其次进行病牛隔离治疗，专人管理，轮流值班，坚守岗位。同时，对无症状的牛群，可普遍进行紧急接种。

【治　疗】　本病无特效治疗药物，发病后主要是对症治疗。值得注意的是，发病初期只能肌内注射或食管内直接投药，不宜静脉输液，以免加重肺水肿的程度，导致呼吸更加困难而窒息死亡。

1. 西药治疗　一是解热镇痛、抗病毒、抗菌，防止继发感染；二是兴奋呼吸中枢；三是强心、利尿。2～3 天后可通过静脉滴注 20％甘露醇或 25％山梨醇注射液 500～1 000 毫升治疗间质性肺水肿，每日 1 次，连用 3 天。

2. 中药治疗　可参考中兽医学的外感风热、温热在肺及外感风寒湿邪等进行辨证施治。

(1)外感风热　证见发热重，恶寒轻，咳嗽，口干舌燥，色微红，苔薄黄，脉浮数。方用银翘散，芦根 60 克，金银花、连翘、竹叶各 30 克，淡豆豉、桔梗、牛蒡子、荆芥穗各 25 克，薄荷 15 克，甘草 10 克，研末开水冲服。热在皮毛而发热重者，热在肺而咳嗽重者，方用桑菊饮，桑叶 25 克，杏仁、芦根、桔梗各 20 克，菊花、连翘各 15 克，薄荷、甘草各 10 克。

(2)温热在肺　证见发热不恶寒，呼吸急促，咳嗽喘急，口鲜红，苔黄燥，脉洪数。方用麻杏石甘汤，石膏 150 克，杏仁、甘草各 25 克，麻黄 15 克，水煎服。

(3)外感风寒湿邪　证见恶寒壮热，肌肤无汗，头痛项强，口渴喜饮，四肢关节有轻度肿胀和疼痛，且长时间跛行等。方用九味羌活汤加减，羌活、防风、苍术各 50 克，黄芩、白芷、川芎、甘草、生姜各 45 克，细辛 30 克，以大葱 3 根为引，水煎服。寒热往来者加柴胡,跛行者加木瓜、牛膝、千年健,腹胀者加青皮、枳壳、青果,咳嗽重者加杏仁、瓜蒌,粪便干者加大黄、芒硝等。

3. 针灸治疗 不能站立的牛,可针刺缠腕、耳尖穴、蹄头、涌泉(蹄叉正中)、滴水、鼻中、尾尖、百会、山根等穴,配合中药、小米萝卜汤连用3天。

八、病毒性腹泻

牛病毒性腹泻是由牛病毒性腹泻病毒感染所致,以6～18月龄的小母牛感染为主,临床上以低发病率与高死亡率为特征,病牛口腔糜烂、发热、消瘦、腹泻、胃肠道黏膜发炎、糜烂,以持续感染、免疫耐受和淋巴组织显著损害为特征,故又称黏膜病。

【病　原】 牛病毒性腹泻病毒属于黄病毒科、瘟病毒属的一种单股RNA病毒,与猪瘟病毒和羊边界病病毒有密切关系。病毒呈球状,直径为35～55纳米。其对乙醚、氯仿及其他脂溶剂敏感,pH值在3以下或56℃即被破坏灭活。26℃～37℃条件下放置24小时,其毒价降低至1/10;在冻干或－60℃条件下可保存多年;能在牛胎肾细胞与牛鼻甲骨细胞上生长繁殖。根据其在细胞培养中的表现可以分为2种生物型,即致细胞病变性生物型(CP)与非致细胞病变性生物型(NCP),前者如C24V株,后者如NY株。

【流行病学特点】 本病毒可感染牛、羊、鹿等多种动物,尤其是近年来的研究表明,其可自然感染猪,引起类似猪瘟的症状和病理变化。在新疫区急性病例一般不超过5%,但死亡率可达80%～100%;老疫区急性病例更少,发病率和死亡率也很低。病牛和带毒牛是本病的主要传染源,病毒可通过鼻液、唾液、精液、粪便、尿液、泪液、乳汁等排出,污染饲料、饮水和用具等,经消化道和呼吸道感染,也可经胎盘感染。急性发热期病牛血液中含有大量病毒,一般可保持21天;随着中和抗体的出现,血液中的病毒逐渐消失,脾脏、骨髓、肠系膜淋巴结和直肠组织含毒量较高。本病发病无季节性,可常年发病,但多发生于冬、春季节。

【症　状】 本病的潜伏期为7～14天,根据临床症状和病程可分急性型和慢性型。

1. 急性型 多见于犊牛。表现为突然发病,病牛精神不振,食欲减退,鼻、眼有黏液性分泌物。体温达40℃～42℃,持续4～7天,或有第二次体温升高者。病牛呼吸加快,流涎,鼻镜和口腔黏膜表面糜烂,呼出气体恶臭。之后病牛常出现严重的腹泻、脱水、白细胞减少。粪便恶臭,呈水样,混有黏液、血液和小气泡。多在发病后1～2周死亡。有些病牛发生蹄叶炎和指(趾)间皮肤糜烂、坏死、跛行及角膜水肿,或见黏膜液化脓性鼻液。妊娠母牛发生流产或产下小脑发育不全的犊牛,共济失调,不能站立。

2. 慢性型 少数病牛在急性期内不死亡而转为慢性,其特征是体温变化不明显,主要是鼻镜成片糜烂,口腔少有糜烂,门齿齿龈发红,眼有浆液性分泌物。病牛食欲不振,进行性消瘦及发育不良,间歇性腹泻。剖检呈典型的溃疡病变。颈部和耳后的皮肤皲裂,局限性脱毛和皮肤角化为皮屑状。出现严重的蹄叶炎和指(趾)间皮肤糜烂、坏死,导致明显跛行、死亡或遭淘汰。妊娠母牛常发生流产或产下有先天性缺陷的犊牛,最常见的是小脑发育不全。

另外,牛病毒性腹泻病毒具有免疫抑制的特点,其结果就是损害机体的免疫功能,增加副流感病毒3型、传染性鼻气管炎病毒、冠状病毒、轮状病毒、巴氏杆菌、沙门氏菌与球虫等其他病原体的致病性,有诱发其他疾病的可能。其主要通过抑制干扰素产生,降低外周淋巴细胞对各种有丝分裂原的应答,降低循环中B细胞及T细胞绝对数与T细胞的百分率,损害体液抗体产生,降低单核细胞的趋化性,改变嗜中性粒细胞的功能,损害外周淋巴细胞免疫球蛋白的分泌,诱发自发性菌血症,损害血液对细菌的清除,有助于其他嗜肺性病原体继发感染的发生。

非免疫妊娠母牛感染非致细胞病变性生物型牛病毒性腹泻病毒后，病毒能够穿过胎盘屏障感染胎儿，妊娠早期胎儿的免疫系统尚未发育成熟，不能识别外来的非致细胞病变性生物型牛病毒性腹泻病毒，这种胎儿生后呈现持续性感染，多数外观健康，但常在2岁以前死亡，且可终生带毒、排毒，故一方面可造成后裔可能仍是持续性感染牛；另一方面，健康牛群中引进持续性感染牛后，往往发生繁殖障碍，造成发病率增加。

【诊　断】 根据临床症状与流行病学特点，可以做出初步诊断，但确诊须进行实验室诊断，并注意与引起牛腹泻和口腔病变的其他疫病，尤其是与牛瘟、恶性卡他热、蓝舌病等进行鉴别。

1. 病料采集 发病奶牛颈静脉采血，反复冻融3次后，于无菌条件下进行组织研磨。病死牛、流产胎儿无菌采取脾脏、小肠、骨组织，直接于无菌条件下进行组织研磨。之后用pH值为7.4的杜氏磷酸盐缓冲液进行1∶5稀释，4℃条件下8 000转/分离心30分钟。取其上清液，按每毫升200单位的比例加入双抗，再用0.22微米微孔滤膜过滤除菌，－20℃条件下保存备用。

2. 病毒分离培养 本病毒能在细胞培养中繁殖，实验室常用牛肾继代细胞(M-DBK二倍体细胞株)增殖病毒。待其细胞长成单层后，每瓶接种病料处理液1毫升，置于37℃条件下培养1～2小时，每隔10分钟轻摇细胞瓶1次，使其均匀感作。感作后加入不含血清的细胞维持液，置于37℃条件下培养。培养4天为1代，连续自传8代。每天用倒置显微镜观察细胞。另设阳性对照组接种Oregon C 24V标准病毒。

3. 电镜观察 获得的新鲜病料或培养物可采用直接负染法，在电镜下观察病毒粒子的特征，也可用铬投影的电子显微照相技术测量病毒的大小和形态。

4. 血清学检查 可采用免疫琼脂扩散试验、双抗体夹心酶联免疫吸附试验、中和试验、酶联免疫吸附试验、免疫荧光试验或补体结合反应等，进行血清学检查。

【预 防】 做好疫情处理，一旦发现疫情，病死牛全部焚烧、深埋，对牛场进行严格的封锁、隔离、消毒，严格控制人员和货物出入。牛舍用5%漂白粉溶液进行彻底消毒，及时清除粪便和污物，保持牛舍清洁、干燥。进行免疫接种，犊牛出生后0.5～1小时及时饲喂初乳，每次喂量2千克，以使其尽早获得母源抗体。除妊娠母牛和发病牛外，对全场牛接种猪瘟兔化弱毒疫苗，间隔30天再注射1次。做好预防工作，完善管理措施，严格免疫程序，避免购入未检疫牛。用灭活苗进行充分免疫，初始免疫至少接种2次。对从未获得初始免疫的头胎小母牛每年进行1次加强免疫。最好采用从血液单核细胞分离病毒的方法，鉴定并淘汰持续感染牛。

【治 疗】

1. 西药治疗 本病没有特效治疗药物，临床治疗以止泻、补液和防止电解质紊乱为原则，对发病牛进行隔离、对症治疗。高热病牛用30%安乃近注射液10～20毫升，一次肌内注射；腹泻病牛用5%糖盐水1 000～1 500毫升、海达注射液8～14毫升、利巴韦林注射液10毫升、维生素C 2～4克、5%碳酸氢钠注射液400毫升，混合静脉注射，每日1次；间歇性腹泻犊牛，同时采用纤维素酶30～50克，加温开水适量，一次灌服，每日1次，连用3天。同时，可考虑静脉注射磺胺嘧啶钠注射液300毫升和5%葡萄糖注射液1 000毫升，每日1～2次，以防止继发性细菌感染。

2. 中药治疗 在西药治疗的同时灌服补中益气汤，有利于疾病康复。党参、黄芪各25克，甘草20克，白术、当归、白芍、柴胡、陈皮各15克，诃子10克，水煎灌服，每日1次，连用6天。或用党参80克，柴胡、黄芪、白头翁、茯苓、槟榔、生姜、连翘各60克，甘草、半夏、炒白术各40克，黄连30克，大枣10枚，水煎，候温一次灌服，每日1剂，连用3天。

九、附红细胞体病

附红细胞体病是由于附红细胞体寄生在人与动物的血液或骨髓中，附着在红细胞表面或游离在血浆中，从而引起的一种以贫血、黄疸、发热等为主要临床症状的人兽共患病。奶牛附红细胞体病在世界范围内已有广泛报道，我国许多省份也相继报道了本病。

【病　原】 奶牛附红细胞体病的病原是牛温氏附红细胞体，从基因水平分析，这类血营养菌与柔膜体纲、支原体科、支原体属的成员最接近。于高倍镜下观察，附红细胞体形态为环形、顿点形、球形、杆形、蛇形等，多聚集在红细胞表面，活动灵活自如，可见伸展、旋转、前后、左右、上下运动。姬姆萨染色后在油镜下观察，其呈淡紫色，当调动微调旋钮时，可见折光性较强，其中央发亮，呈空泡状。

【流行病学特点】 本病通过吸血昆虫进行传播，扁虱、刺蝇、蚊、蜱和小型啮齿动物是本病的传播媒介。本病也可以通过垂直途径、接触性与血缘性进行传播，但并非所有的犊牛都可以感染，其具体机制有待于进一步研究。本病可感染猪、牛、羊、兔等，近年来不断有家畜附红细胞体感染的暴发流行。据调查，牛、羊、猪附红细胞体病的发病率平均高达 82.3%。本病流行无明显的季节性，一年四季均可发生，但春、夏季发病较多。附红细胞体是条件性致病微生物，家畜被感染后，在营养不良、应激、免疫力下降等情况下，可导致家畜发病，且多发病突然，病程进展快，死亡率高。

【症　状】 病牛高热稽留，体温为 39.8℃～41.5℃，精神不振，食欲减少或废绝，反刍减弱或停止，瘤胃蠕动音减弱。呼吸加快，呼吸音粗厉，运动后气喘，有的咳嗽，且随病情的加重而加重。心音减弱，颈静脉怒张。病牛的口唇、鼻镜、乳房、外阴及白色被毛皮肤黄染，产奶量减少，或见乳房发炎、流产、胎衣不下等症状，重症病例发生死亡。耐过牛常转为慢性，呈渐进性消瘦，结膜发白，贫血，颌下、胸前发生水肿，不愿活动，卧于地上；或见关节肿胀、跛行、瘫痪、皮肤增厚、皲裂。粪便时干时稀，病情时好时差。

急性病例病理变化不明显，慢性病例尸体极度消瘦，皮肤缺乏弹性，皮下组织干燥或呈黄色胶冻状浸润，尸僵明显；可视黏膜苍白、黄染，并有大小不等的暗红色瘀血斑点；血液稀薄暗红，凝固不良，胸、腹腔积液；淋巴结肿大，切面外翻多汁，皮质呈紫红色或灰褐色；肺脏水肿，表面有针尖大小的出血点，间质明显增宽，切面可见泡沫状液体溢出；心肌扩张、苍白、松软，心外膜、心冠脂肪黄染，并有散在性大小不等的出血点；脾脏肿大，肝脏肿胀变性，呈土黄色，质地脆弱，被膜上散在针尖大或米粒大的出血点或坏死灶；胆囊膨胀，胆汁浓稠，呈墨绿色或绿褐色，黏膜有散在性出血点；肾脏肿大变性，皮质层和髓质层分界不清，肾盂积尿，膀胱黏膜黄染并有散在的暗红色出血点；胃、肠黏膜充血、瘀血，并有散在性出血点，肠系膜脂肪黄染、出血。

【诊　断】 根据高热、贫血、黄疸等临床症状与病理变化可做出初步诊断，确诊须进行实验室诊断。

1. 悬滴检查　取抗凝血 1 滴，于载玻片上与等量生理盐水混合，覆以盖玻片，先在低倍镜下观察，然后转到油镜下观察，可见到红细胞变形，周围附着 7～12 个球状、环形或杆形的附红细胞体；或在血浆中可见到游离出来的单个附红细胞体，不停地转动。变动显微镜微调，可见附有虫体的红细胞比正常的红细胞要小，严重者只有正常的 1/4，呈刺球状、环状或不规则的多边形等。发病后期，附红细胞体在血液中消失，很难检测出来。

2. 涂片检查　取抗凝血涂片，用无水乙醇固定，姬姆萨染色，油镜检查；或于离心管中加 2～3 毫升 2%柠檬酸钠生理盐水，再加血液 2 毫升，混匀后以 500 转/分离心 5 分钟，取上清液再以 2 500 转/分离心 10 分钟，取沉渣涂片，姬姆萨染色检查，可见红细胞变得不规则，边缘不光滑，凹凸不平，其周围有许多圆形、椭圆形、柳叶状或鳞片状的紫红色小体。

3. 动物接种试验 颈静脉采血抗凝，于 3 小时内给小鼠腹腔注射，每只 0.5 毫升，每 2 天剪尾采血，涂片检查 1 次。接种小鼠多表现正常，前 2 天血液中可见有附红细胞体存在，接下来减少，1 周后又增多。血涂片中未发现其他原虫。

【预　防】 本病目前还没有疫苗用于预防，发现病牛立即隔离治疗，平时预防要坚持定期驱虫，杀灭虱、疥螨和吸血昆虫。注意环境卫生，保持牛舍干燥、通风；病牛用过的针头、手术器械等，应彻底消毒，以免相互感染。附红细胞体病的主要危害是对红细胞的破坏与对血糖的消耗，引起血管内凝血功能与机体免疫功能的变化，以及这些致病性因素引起机体代谢紊乱、贫血、血红蛋白产物聚集、酸中毒等，尤其是其直接对红细胞产生破坏作用与引起免疫系统对红细胞的攻击，从而可使贫血加剧。

【治　疗】 治疗原则为杀灭虫体、防止继发感染、强心补液、增加能量、促进造血功能恢复等。

1. 西药治疗

(1)杀灭虫体　最常用的是贝尼尔，但也有报道称用咪唑苯脲或土霉素治疗效果更好，牛体对药物的反应要轻。

①贝尼尔　将贝尼尔用灭菌注射用水稀释成 5% 的溶液，按 3～5 毫克/千克体重做深部肌内注射，每日 1 次，连用 3～5 天为 1 个疗程；或以 0.4% 浓度溶于 5% 糖盐水中，按 7 毫克/千克体重剂量，缓慢静脉滴注（80～120 滴/分），每日 1 次，3～5 天为 1 个疗程。

②咪唑苯脲　1 毫克/千克体重，肌内注射，每日 1 次，连用 2 天。

③土霉素　长效土霉素注射液，0.1 毫升/千克体重，一次肌内注射；严重者，每隔 48 小时注射 1 次，连用 2～3 次。或用 20% 盐酸土霉素油佐液，20 毫克/千克体重，多点深部肌内注射，注射浅表或药量过于集中，可引起局部剧痛、肿胀以至于形成化脓性包

块，经久不消。

(2)对症治疗 对病程较长、体质虚弱，黄疸、贫血较严重的病牛，可酌情静脉注射17种氨基酸500～1 000毫升、维生素B_{12} 1～2毫克和5%碳酸氢钠注射液500毫升。心衰乏力者，可肌内注射安钠咖注射液30～40毫升。对呼吸困难、肺水肿明显者，可静脉滴注10%葡萄糖酸钙注射液500～750毫升，肌内注射呋塞米注射液30毫升。有并发症者，可同时应用抗生素。对于贫血严重者，可以考虑输血疗法。

2. 中药治疗 在西药治疗的同时，配合中药治疗可以促进机体恢复与提高治愈率。中药治疗以杀虫、清热养阴、补气补血为治则，可用鲜青蒿2千克，知母、生地黄、柴胡、熟地黄、大枣各25克，党参、酒当归、常山各20克，牡丹皮、炙黄芪各15克，炙甘草、阿胶(烊化)各8克。将鲜青蒿捣碎，用其余药物的煎液浸泡，用胃导管一次灌服，每日2次，连用2～3天。

十、吸虫病

奶牛吸虫病是指由肝片吸虫、前后盘吸虫和东毕吸虫等寄生于奶牛肝脏、胆管、胆囊、瘤胃、小肠，或门静脉与肠系膜动脉等部位，引起奶牛发生严重疾患甚至死亡的一类寄生虫病，是对奶牛危害最严重的寄生虫病之一。

【病 原】

1. 肝片吸虫病 肝片吸虫病是由片形科肝片形吸虫寄生于奶牛肝脏、胆管与胆囊中，引起奶牛发生急性或慢性肝炎和胆管炎，并伴有全身性中毒现象和营养障碍的一种疾病，又称肝蛭病。本病在奶牛多呈慢性经过，但发病由于受中间宿主——锥实螺的限制而有地区性，易在低洼地、湖泊草场、沼泽地带及多雨的年份与季节流行，在干旱的年份与季节发病较少。常由于牛吞食了大量囊蚴而发生急性感染，可严重影响奶牛的生产性能，尤其是可致犊牛大批死亡。

2. 前后盘吸虫病 前后盘吸虫病是由前后盘科的多种前后盘吸虫的成虫或童虫寄生于奶牛瘤胃和胆囊壁上而引起的一种严重疾患,严重者可导致奶牛死亡。本病一般呈慢性感染,虽大多数不能在短时间内引起奶牛死亡,但却对其生产性能有很大影响。前后盘吸虫的中间宿主为淡水螺。全国各地尤其是南方地区的牛,大都不同程度地感染有前后盘吸虫,且感染率和感染强度往往很高,严重者虫体数竟达万个以上。急性病例多出现在 10 月中下旬,慢性病例一般于翌年春季发病。

3. 东毕吸虫病 东毕吸虫病是由裂体科东毕吸虫属的各种吸虫寄生于牛、羊等哺乳动物的门静脉和肠系膜静脉而引起的一种血吸虫病。慢性感染可引起家畜贫血，腹泻，水肿，发育不良，影响受胎或发生流产，急性感染可引起牛、羊等家畜死亡。同时，东毕吸虫的尾蚴可使人患尾蚴性皮炎，也称稻田皮炎，严重影响人类的身体健康，是一种非常重要的人兽共患寄生虫病。本病在奶牛多为慢性经过,其发生与年度降雨量有直接关系。降雨时间越早、雨量越充足,其发病时间就越早,症状也越严重。

【症　状】 取决于奶牛的体质和感染强度,虫体寄生数量较少时往往不表现临床症状;而当虫体寄生达到一定量时,则表现出明显的临床症状。

1. 肝片吸虫病 急性病例主要发生于犊牛,成年奶牛多呈慢性经过,症状不明显。病牛逐渐消瘦,精神沉郁,黏膜苍白,食欲减退,反应异常,流涎,产奶量急剧下降。后期可出现周期性前胃弛缓,粪便稀黑,尿液呈黄色,行动缓慢。体温升高至 42℃以上,呈间歇热,呼吸、心跳加快,严重者因恶病质而死亡。

2. 前后盘吸虫病 当虫体大量寄生时,病牛消瘦、下颌水肿、贫血等。童虫寄生常可致病牛发生顽固性腹泻,危害更加严重。粪便呈粥样或水样,常有腥臭味。体温或见升高,食欲不振,精神委顿，消瘦，贫血，黏膜苍白。病牛最后极度衰弱，卧地不起，因衰竭而死亡。某些犊牛可以痊愈，症状消失，但通常不易恢复肥壮。病牛红细胞减少，嗜中性粒细胞增多时核左移，嗜酸性粒细胞和淋巴细胞增多，并出现红细胞大小不均症和异形红细胞。

3. 东毕吸虫病　多呈慢性经过，犊牛表现为生长发育不良，个体小、体重轻，出现黄疸，颌下与腹下水肿。成年奶牛可出现发情受胎率降低、流产等。病牛精神不振，食欲废绝，反刍停止，可视黏膜苍白黄染；心跳快数，心音亢进，心律失常；腹式呼吸，呼吸急促，肺泡音粗厉；胃肠蠕动音减弱或消失，粪便呈褐色且较稀，尿色橙黄；运动障碍，举步维艰，或卧地不起，伸颈呼吸，呻吟不止，自鼻孔或口角流出少量黏液或带泡沫的粉红色液体，哞叫、挣扎而死。

【诊　断】根据临床症状和流行病学特点，只能做出疑似或初步诊断，确诊须进行病理剖检与实验室诊断。

1. 肝片吸虫病

(1)实验室诊断　采用水洗沉淀法检查，当奶牛每克粪便中的肝片吸虫虫卵超过100个时，便可确定为肝片吸虫病。

(2)病理剖检　对病死奶牛进行剖检，在肝脏和胆管中发现肝片吸虫虫体，即可确诊。而对于急性病死牛，则可将肝脏撕碎，在水中反复挤压淘洗，如找到大量童虫，即可做出诊断。

2. 前后盘吸虫病

(1)实验室诊断　同肝片吸虫病，若采用水洗沉淀法在奶牛粪便中发现大量灰白色大型虫卵，即可确诊，但要注意与肝片吸虫虫卵进行区别。前后盘吸虫卵为淡灰色，虫卵的一端细胞多而拥挤，另一端细胞较稀而留有空隙，虫卵的一端两侧不对称而变尖；而肝片吸虫虫卵呈椭圆形、金黄色，前端较窄，有一个不明显的卵盖，后端较钝，卵壳薄而透明。

(2)病理剖检　在胆囊、小肠等处检出童虫或在瘤胃壁上检出成虫者，即可确诊。

3. 东毕吸虫病

(1)实验室诊断　可采用水洗沉淀法与毛蚴孵化法相结合的方法。这是由于东毕吸虫雌虫在血管内产卵,粪便虫卵检查法检出率较低,对于前法检查呈阴性的牛可再采用毛蚴孵化法。只要检出虫卵或虫体,即可确诊。对于这两种方法检查都是阴性的奶牛,若又怀疑为本病时,可采用免疫学等诊断方法。

(2)病理剖检　通过对病死或濒死奶牛进行剖检,在肠系膜静脉或肝门静脉血管中检出大量虫体者,即可确诊。

【预　防】　定期驱虫,每年春、秋 2 次进行预防性驱虫,雨水较多的年份,可增加 1～2 次。放牧牛驱虫要在划定的草场上进行,以避免污染草场与水源。加强饲养管理,将粪便堆积发酵,以杀灭虫卵。放牧牛要实行划区轮牧制度,严禁到吸虫尾蚴污染的水源和牧地放牧。发现本病,要及时隔离治疗,并对同群牛进行实验室检查或预防性驱虫。

【治　疗】

1. 西药治疗

(1)肝片吸虫病　氯氰碘柳胺钠注射液,2.5～5 毫克/千克体重,皮下或肌内注射。硝氯酚注射液,0.5～1 毫克/千克体重,皮下或肌内注射,也可按 3 毫克/千克体重剂量口服,间隔 7 天左右,再用药 1 次,用于全群驱虫。重症者应强心、补液、健胃,并给予易消化的饲料和加强护理。本药对童虫无效,虽然有一定副作用,但因其价格低廉,适用于慢性病例。碘醚柳胺,10 毫克/千克体重,口服。本药对成虫和童虫均有明显杀灭效果,对急、慢性病例疗效均较好。丙硫苯咪唑,10 毫克/千克体重,口服,间隔 20 天,再用药 1 次。本药治疗效果较好,但价格较贵。

(2)前后盘吸虫病　硫双二氯酚(别丁),60～80 毫克/千克体重,口服。本药对瘤胃壁上的童虫驱净率为 87%,对成虫则是 100%。氯硝柳胺,50～60 毫克/千克体重,一次口服。溴羟苯酰苯胺，65 毫克/千克体重，一次口服。

(3)东毕吸虫病 复方吡喹酮，15～30 毫克/千克体重，多点肌内注射，7 日后重复用药 1 次。

2. 中药治疗 主要是在西药驱虫的同时，针对吸虫感染过程对机体所造成的功能与组织损害，进行辨证施治，能显著提高西药疗效。奶牛吸虫病的辨证施治可以参考中兽医学的肝胆湿热、寒湿困脾等证进行。

(1)肝胆湿热 证见可视黏膜黄染，发热，尿液短赤或黄浊，苔黄腻，脉象弦数。方用加味茵陈蒿汤，茵陈蒿 150 克，栀子 60 克，大黄、黄芩、黄柏、连翘各 45 克，木通 30 克，甘草 20 克，水煎服。

(2)寒湿困脾 证见头低耳耷，四肢沉重，倦怠喜卧，食欲不振，无饮欲，粪便稀薄，排尿不爽，水肿、白带清稀而多，口腔黏滑，口色青白或黄白，舌苔白腻，脉象迟细。方用胃苓汤加减，苍术 60 克，泽泻 45 克，厚朴、陈皮各 40 克，甘草、大枣各 20 克，猪苓、生姜、茯苓、白术各 30 克，桂枝 25 克，水煎服。

此外，还可用贯众 150 克，槟榔、榧子、苍术、陈皮、厚朴、胆草、藿香各 50 克，水煎服；或用蜂蜜 120 克，黄泥水 2 000 毫升，麻油 500 毫升，混合灌服；或用红糖 90 克，化水服，1 小时后灌服 20% 澄清石灰水 1 000 毫升，12 小时后即可在粪便中发现虫体；或用白砂糖 500～1 000 克，禁食 1 天后灌服。

十一、疥螨病

奶牛疥螨病又叫疥癣、疥疮等，是由疥螨寄生在其表皮而引起的一种接触性、传染性皮肤寄生虫病。其临床特征是剧痒，湿疹性皮炎，脱毛，患部逐渐向周围扩展和具有高度传染性。一旦感染，传播快，发病率高，往往蔓延全群。尤其是它可使犊牛、青年牛生长发育受阻，泌乳牛产奶量下降，因此危害十分严重。

【病 原】 牛疥螨病的病原为牛疥螨，形体小，呈浅黄色龟形，肉眼不易见。其背面隆起，有细横纹、锥突、圆锥形鳞片和刚毛。腹面扁平，有4对粗短的足。虫体前端有一假头（咀嚼式口器）。雌螨较大，为0.25～0.51毫米×0.24～0.39毫米；雄螨较小，为0.19～0.25毫米×0.14～0.29毫米。雌螨的第一、第二对足，雄螨的第一、第二、第四对足的附节末端，长有一带长柄的膜质钟形吸盘。

疥螨的发育包括虫卵、幼虫、若虫和成虫4个阶段，都在宿主体上度过。雄螨有1个若虫期，雌螨有2个若虫期。疥螨在牛的表皮内不断挖掘隧道，并在其中不断繁殖和发育，1个发育周期为8～22天。本病的传播是由于健康牛与病牛的直接接触，也可以通过被污染的圈舍、用具或饲养、兽医人员的衣服和手等间接接触而感染。

【症　状】 本病多发生于秋末、冬季和初春，开始于牛的头、颈、背及尾根等被毛较短的部位，严重时可波及全身。初发时，病牛皮肤发痒，尤其在阴雨天、夜间、圈舍通风不良以及随着病情的加重，痒觉加剧，病牛不断在圈墙、栏柱等处摩擦或啃咬患部，造成局部脱毛。局部观察皮肤上出现小结节，继而形成小水疱，皮肤损伤、破裂，流出淋巴液，形成痂皮。痂皮脱落后遗留下无毛的皮肤。皮肤变厚，出现皱褶、龟裂，病变向四周延伸。因啃咬和摩擦患部，病牛烦躁不安，影响其正常的采食和休息，导致牛只食欲减退、日渐消瘦、衰弱、生长停滞，有时可导致死亡。

【诊　断】 根据临床症状和流行病学特点，采取刮取皮肤组织查找病原的方法即可进行确诊。首先用火焰消毒凸刃小刀，在刀刃涂上50%甘油水溶液或煤油，在患部与健部交界处皮肤上用力刮取皮屑，直至皮肤轻微出血为止。然后，将刮取的皮屑放入10%氢氧化钾或氢氧化钠溶液中煮沸，待大部分溶解后静置或离心，取其沉渣镜检虫体。或将刮取物置于平皿内，用热水或日光照射加热平皿后，将平皿放在黑色背景上，用放大镜仔细观察有无螨虫在皮屑间爬动。注意与其他可以引起皮痒的病症如湿疹、秃毛癣、虱和毛虱进行鉴别。湿疹痒觉比较缓和，受环境、温度等影响不大，无传染性，检查皮屑内无虫体；秃毛癣痒觉不明显，患部界限明显，呈圆形或椭圆形，其上的浅黄色干痂易于剥落，毛根或皮屑经10%氢氧化钾溶液处理后镜检，可发现癣菌的菌丝或孢子；虱和毛虱引起的皮肤炎症、落屑及形成痂皮程度均较轻，病料中容易发现虱与虱卵。

【预　防】　每年定期药浴，可取得预防与治疗的双重效果。购入新牛要加强检疫，应隔离检查确认无病后再混群饲养。加强饲养管理，保持牛舍卫生、干燥和通风良好，定期对牛舍和用具进行清扫和消毒。发现病牛及时治疗，对可疑牛应隔离饲养。治疗期间，应对牛舍、用具和饲管人员等进行消毒，以免病原散布与重复感染的发生。

【治　疗】

1. 西药治疗

(1)*全身用药*　伊维菌素类药物不仅对螨病，而且对其他节肢动物疾病和大部分线虫病均有良好疗效，是防治奶牛疥螨病比较理想的药物，通常按100～200微克/千克体重剂量，皮下注射或口服；也可用阿维菌素粉剂或片剂，0.6克/千克体重，口服或混饲。

(2)*局部用药*　病牛数量少、患部面积小时，可选择局部涂药的方法。本方法在任何季节都可以应用，但每次面积不得超过体表面积的1/3。可用克辽林擦剂，克辽林1份，软肥皂1份，酒精8份，调和即成；也可用5%敌百虫溶液5份，2%来苏儿溶液5份，溶于温水100份中，混合后涂于患处。此外，亦可应用单甲脒、双甲脒、溴氰菊酯(倍特)等药物，按说明书涂擦使用。

(3)*药浴*　病牛数量多且气候温暖时，可选用0.025%～0.03%林丹乳油水溶液、0.05%蝇毒磷乳剂水溶液、0.5%～1%敌百虫水溶液、0.05%辛硫磷油水溶液或0.05%双甲脒溶液等，进行药浴治疗。

2. 中药治疗 烟叶 1 千克，加 2 升温水浸泡 2 天，加 50 克硫黄，混匀后涂于去痂后的患处；或用狼毒 50 克，硫黄 10 克(煅)，白胡椒 5 克(炒)，共研为末，加 1 千克豆油，混匀后涂于去痂后的患处；或用三氯杀螨醇(农药)和植物油，按 1∶10 的比例混匀，每 4 天涂擦 1 次，严重者 3～4 次即可痊愈，轻者 2 次即愈。亦可用花椒、苦参各 50 克，雄黄、白矾各 40 克，冰片 30 克，水煎 20～30 分钟，用纱布过滤去渣备用，先用刀片刮取患部结痂，再用药液擦洗患部，每日 1～2 次，连用 7～10 天。

参考文献

[1] 罗超应. 牛病中西医结合治疗. 北京:金盾出版社, 2008.

[2] 瞿自明. 新编中兽医治疗大全. 北京:中国农业出版社,1993.

[3] 王天益. 中兽医牛病诊治医案选. 长沙:湖南科学技术出版社,1985.

[4] 瞿自明. 兽用中草药大全. 北京:中国农业科技出版社,1990.

[5] 郑继方. 中兽医诊疗手册. 北京:金盾出版社,2006.

[6] 兽医针灸学编写组. 兽医针灸学. 北京:中国农业出版社,1981.

[7] 中国农业科学院中兽医研究所. 新编中兽医学. 兰州:甘肃人民出版社,1979.

[8] 杨国林. 奶牛高效养殖及疾病防治. 北京:台海出版社,2005.

[9] 中国农业科学院中兽医研究所. 中兽医诊疗. 兰州:甘肃人民出版社,1979.

[10] 陆纲. 牛病中药防治. 北京:中国农业大学出版社, 1997.

[11] 李建国. 养牛手册. 石家庄:河北科学技术出版社, 1997.

[12] 徐照学. 奶牛饲养技术手册. 北京:中国农业出版社, 2000.

[13] 李光辉. 畜禽微量元素性疾病. 合肥:安徽科学技术

出版社,1990.

［14］ 阎明伟. 畜禽疾病防治验方精选. 南昌:江西科学技术出版社,1994.

［15］ 王建华.家畜内科学(第三版).北京:中国农业出版社,2007.

［16］ 崔中林.奶牛疾病学. 北京:中国农业出版社,2007.

［17］ 齐长明.奶牛疾病学. 北京:中国农业科技出版社,2006.

［18］ 黄有德,刘宗平. 动物中毒与营养代谢病学.兰州:甘肃科学技术出版社,2001.

［19］ 刘宗平.现代动物营养代谢病学. 北京:化学工业出版社,2003.

［20］ 杨志强. 微量元素与动物疾病. 北京:中国农业科技出版社,1998.

常用饲料原料质量简易鉴别 14.00
饲料添加剂的配制及应用 10.00
中草药饲料添加剂的配制与应用 14.00
饲料作物栽培与利用 11.00
饲料作物良种引种指导 6.00
实用高效种草养畜技术 10.00
猪饲料科学配制与应用（第 2 版） 17.00
猪饲料添加剂安全使用 13.00
猪饲料配方 700 例(修订版) 12.00
怎样应用猪饲养标准与常用饲料成分表 14.00
猪人工授精技术 100 题 6.00
猪人工授精技术图解 16.00
猪标准化生产技术 9.00
快速养猪法(第四次修订版) 9.00
科学养猪(修订版) 14.00
科学养猪指南(修订版) 35.00
现代中国养猪 98.00
家庭科学养猪(修订版) 7.50
简明科学养猪手册 9.00
猪良种引种指导 9.00
种猪选育利用与饲养管理 11.00
怎样提高养猪效益 11.00
图说高效养猪关键技术 18.00
怎样提高中小型猪场效益 15.00
怎样提高规模猪场繁殖效率 18.00
规模养猪实用技术 22.00
生猪养殖小区规划设计图册 28.00
猪高效养殖教材 6.00
猪无公害高效养殖 12.00
猪健康高效养殖 12.00
猪养殖技术问答 14.00
塑料暖棚养猪技术 11.00
图说生物发酵床养猪关键技术 13.00
母猪科学饲养技术(修订版) 10.00
小猪科学饲养技术(修订版) 8.00
瘦肉型猪饲养技术(修订版) 8.00
肥育猪科学饲养技术(修订版) 12.00
科学养牛指南 42.00
种草养牛技术手册 19.00
养牛与牛病防治(修订版) 8.00
奶牛标准化生产技术 10.00
奶牛规模养殖新技术 21.00
奶牛养殖小区建设与管理 12.00
奶牛健康高效养殖 14.00
奶牛高产关键技术 12.00
奶牛肉牛高产技术(修订版) 10.00
奶牛高效益饲养技术(修订版) 16.00
奶牛养殖关键技术 200 题 13.00
奶牛良种引种指导 11.00
怎样提高养奶牛效益（第 2 版） 15.00
农户科学养奶牛 16.00
奶牛高效养殖教材 5.50